研究生卓越人才教育培养系列教材

碳资产管理

主　编	刘震宇	司林波	
副主编	杨婷婷	韩亚军	
	田洪志	滕海鹏	
参　编	刘　丹	汪　潭	康治蓉
	陶　俊	高思文	吴田田
	刘皓瑛	田春元	宋兆祥
	倪　萍	闫卉晴	

西北大学出版社

·西安·

图书在版编目（CIP）数据

碳资产管理 / 刘震宇，司林波主编. —西安：西北大学出版社，2024.5

ISBN 978-7-5604-5388-0

Ⅰ. ①碳… Ⅱ. ①刘… ②司… Ⅲ. ①二氧化碳—废气排放量—市场管理—中国—教材 Ⅳ. ①X510.6

中国国家版本馆 CIP 数据核字（2024）第 098350 号

碳 资 产 管 理
TANZICHAN GUANLI

刘震宇　司林波　主编

出版发行　西北大学出版社
（西北大学校内　邮编：710069　电话：029-88303042 88303593）
http://nwupress.nwu.edu.cn　E-mail: xdpress@nwu.edu.cn

经　销	全国新华书店	
印　刷	西安博睿印刷有限公司	
开　本	787 毫米×1092 毫米　1/16	
印　张	19	

版　次	2024 年 5 月第 1 版
印　次	2025 年 3 月第 2 次印刷
字　数	348 千字

书　号	ISBN 978-7-5604-5388-0
定　价	49.00 元

本版图书如有印装质量问题，请拨打 029-88302966 予以调换。

前　言

　　面对气候变化的挑战，全球各国对以二氧化碳为代表的温室气体排放高度关注。碳排放不仅成为政府、企业和公众的核心议题，更是被视为当前社会所面临的巨大变革与挑战之一。在此背景下，碳资产概念作为应对全球气候变化问题的解决思路应运而生，并逐渐成为绿色低碳发展领域中的热门议题。

　　碳资产作为代表温室气体排放权的可交易许可证或信贷，不仅改变了温室气体的经济属性，还成为各国应对气候变化的关键机制。人们对碳管理的关注持续增加，碳资产逐渐成为碳管理的核心工具，其策略性的管理方法则被视为推动资金流向低碳项目与技术的主要手段。我国"双碳"战略的提出和加快推进，对加强碳资产管理提出了更加迫切的要求。

　　为了适应"双碳"战略下对碳中和学科建设和碳资产管理人才培养的需要，西北大学和西安中碳生态技术咨询有限公司的相关专家和研究人员组成编委会，共同编写了这本《碳资产管理》教材。本教材理论联系实际，是校企合作的重要研究成果。

　　本教材具体编写分工如下：第 1 章由司林波、田春元、宋兆祥、刘震宇编写；第 2 章由陶俊、田洪志、倪萍编写；第 3 章由杨婷婷、滕海鹏、高思文、吴田田、刘皓瑛编写；第 4 章由韩亚军、刘丹、刘震宇编写；第 5 章由汪潭、韩亚军、刘震宇编写；第 6 章由刘震宇、康治蓉、杨婷婷编写；第 7 章由田洪志、刘皓瑛、刘震宇、闫卉晴编写。此外，刘震宇、杨婷婷、韩亚军、司林波负责教材的整体指导、审阅和修订工作。各章节编写人员文责自负。

其中：司林波、田洪志、滕海鹏、陶俊、田春元、宋兆祥、闫卉晴、倪萍为西北大学参编人员，刘震宇（兼任西安联易得绿碳科技有限公司总经理）、韩亚军、杨婷婷、汪潭、刘丹、康治蓉、高思文、吴田田、刘皓瑛为西安中碳生态技术咨询有限公司参编人员。

在教材的编写过程中，编委会组织了多次研讨会，对内容框架和章节安排进行反复论证。但限于编者水平有限，错漏之处在所难免，恳请广大读者批评指正，以便我们对教材内容进行修订完善。

编者

2024 年 5 月

目　录

第1章　绪论

1.1 碳资产概述

1.1.1 碳资产的形成背景

在 20 世纪的工业化浪潮中，人类活动尤其是大规模的化石燃料燃烧，导致温室气体排放急剧增加，加速了全球气候变化。大量科学证据显示，人为活动是导致气候变化的主要原因。国际社会的担忧逐渐加深，促使各国进行前所未有的合作以限制温室气体排放。在此背景下，各国政府试图采用市场化机制来控制温室气体排放，碳定价机制应运而生。碳定价机制旨在通过政策工具赋予单位或组织一定的温室气体排放的权利，并对温室气体排放权进行定价，从而将温室气体排放造成的环境负外部性转回给有责任的相关方。通过碳定价机制，政府将企业的温室气体排放权转化为一种有价资产，碳资产这一概念应运而生。在《联合国气候变化框架公约》下，碳资产交易得以制度化，成为发达国家与发展中国家共同应对气候变化的重要机制，为各国依据自身发展状况和能力参与全球气候治理提供了高度专业的体系化平台。①

1. 全球气候变化

在 20 世纪，大气中的二氧化碳以及其他温室气体浓度急剧增加，导致全球明显变暖。据政府间气候变化专门委员会（Intergovernmental Panel on Climate Change，IPCC）报告，近 40 年里的每个 10 年的全球平均温度均超过了 1850 年至 1980 年间任何一个 10 年的均值。而 21 世纪的前 20 年可能是过去 1 400 年中最热的时期。这种气候趋势与人类活动，如大规模燃烧化石燃料和大面积砍伐森林所导致的温室气体增加，特别是二氧

---

① 江玉国，范莉莉.碳无形资产视角下企业低碳竞争力评价研究［J］.商业经济与管理，2014（09）：42-51.

化碳浓度的上升趋势高度一致。① IPCC 明确指出，人为活动是导致全球气候变暖的主要原因。据估算，人类活动，如燃烧石油、煤炭和天然气等，导致全球气温上升大约 1℃。

众多的科学研究都证实，全球气候正以空前的速度发生变化。根据 IPCC 的报告，如果温室气体排放继续保持在高水平，21 世纪的全球平均气温和海平面预计还会进一步上升。②已经观测到的气候变化带来的负面影响，如更加频繁的热浪、大雨和干旱，预期会对人类和生态系统产生更大的威胁。因此，气候变化已成为 21 世纪人类所面临的最大挑战之一。为了应对这一挑战，各国必须联手减少温室气体排放并适应变化中的气候环境。随着证明人为因素导致气候变化的证据日益增多，全球为遏制进一步的气候变暖所做的努力也在持续增强。其中，碳资产的概念逐渐浮现，它代表了二氧化碳和其他温室气体的排放权，是可交易的许可证或信贷。

2. 全球气候关切

20 世纪末以来，随着有关人为原因导致气候变化的科学证据增多，气候变化这一议题在国际上受到前所未有的重视。1979 年的第一次世界气候大会昭示了全球对气候变化作为一个需国际协同应对的问题的早期认知。到了 20 世纪 90 年代，人们更加明确地认为气候变化已成为人类的巨大挑战。这种加剧的警觉促成了新的控制温室气体排放的国际合作形式，其中包括了碳资产这一手段。

1988 年，联合国环境规划署与世界气象组织共同创建了政府间气候变化专门委员会，该组织负责整合最新的气候科学研究，为政策制定提供科学依据。1990 年，IPCC的首份评估报告指出，人类活动导致的温室气体排放已显著增加，引发了气候变暖现象。1995 年的第二次评估报告进一步证明人类活动对全球气候产生了明显影响。

这些研究强调了全球性应对气候变化的迫切性，进而催生了 1992 年的《联合国气候变化框架公约》。这一公约明确指出，气候变化是全人类必须关注的问题，并呼吁采取统一的行动措施。此外，公约还提出了"共同但有区别的责任"原则，明确了发达国家要率先应对气候变化，成为工业化国家支持发展中国家应对气候变化的重要手段，③

---

① IPCC. Climate Change 2021：The Physical Science Basis［EB/OL］.（2021-08-09）［2023-07-21］. https：//www.ipcc.ch/report/ar6/wg1/.

② IPCC. Climate Change 2022：Impacts，Adaptation and Vulnerability［EB/OL］.（2022-04-04）［2023-07-22］. https：//www.ipcc.ch/report/ar6/wg2/.

③ 联合国. 联合国气候变化框架公约［EB/OL］.（1992）［2023-07-24］. https：//unfccc.int/sites/default/files/convchin.pdf.

为碳资产交易提供了理论基础。因此，对气候变化的关切催生了如碳资产交易这样的新策略，以增强全球协同合作。

3. 国际气候公约

1992 年 5 月，联合国总部通过了人类第一部限制温室气体排放的国际法案《联合国气候变化框架公约》，目标是将大气中温室气体浓度维持于稳定的水平，避免或减少人为的干扰对气候系统造成危害。1997 年 12 月，联合国气候大会通过了《京都议定书》，制定了工业化国家和市场转型国家量化减排目标，该议定书规定了三种碳排放的交易机制，分别为排放贸易机制（ET）、联合履行机制（JI）和清洁发展机制（CDM），这三种碳交易机制形成了碳排放权交易体系的雏形。①自 1997 年《京都议定书》签署以来，全球范围内出现了多种形式的碳市场，包括强制性的合规性碳市场（CCM）和自愿性的自愿性碳市场（VCM）。前者是指根据国际或国家或地区的强制性减排目标而建立的碳交易制度，如欧盟排放交易体系（EU ETS）、中国碳排放权交易市场等；②后者是指企业或个人出于自愿或社会责任等动机而参与的碳交易活动，如清洁发展机制、可再生能源证书（REC）等。2007 年，联合国气候大会通过了"巴厘路线图"，该路线图强调加强国际长期合作，提升履行气候公约的行动，从而在全球范围内减少温室气体排放，以实现气候公约制定的目标；联合国气候变化大会在 2009 年 12 月通过《哥本哈根协议》，该协议正式承认全球平均气温相对工业化以前气温水平升高的度数不应超过 2℃。2015 年，里程碑式的《巴黎协定》达成，这是史上第一份覆盖近 200 个国家和地区的全球减排协定，标志着全球应对气候变化迈出了历史性的重要一步。

1.1.2 碳资产的界定

碳资产作为一种新兴资产，其内涵界定和属性特征直接影响企业的碳资产管理实践。本节从资产的通用定义入手，提出了碳资产的狭义和广义两个层面的内涵，强调了碳资产必须具备的四个要素。其次，分析了碳资产的四大特征属性，即稀缺性、消耗性、投资性和政策性，这些属性决定了碳资产的价格形成和交易规则。最后，明确了碳资产

---

① 联合国.《联合国气候变化框架公约》京都议定书［EB/OL］.（1998）［2023-08-24］. https：//unfccc.int/resource/docs/convkp/kpchinese.pdf.

② 文亚，张弢. 中国与欧盟碳市场建设理念与实践比较研究：历史沿革、差异分析与决策建议［J］. 中国软科学，2023（05）：12-22.

的政策属性，要求企业密切关注国家的政策方向，以便及时调整碳资产管理策略。

1. 资产的定义

资产如何界定？《国际财务报告准则》（IFRS）将资产定义为："资产是实体由于过去事件而控制的现有经济资源。"美国财务会计准则委员会制定的《公认会计原则》（GAAP）将资产定义为："资产是指实体对经济利益的现有权利。"中国在 2014 年颁布的《企业会计准则》中指出："资产是指由企业过去的交易或事项形成的、由企业拥有或控制的、预期会给企业带来经济利益的资源。"①因此，将某一资源确定为资产，需要满足三个条件：

①资产是由企业过去的交易或者事项所形成的资源。这意味着资产必须是企业已经发生的事实，而非未来可能发生的事情。

②资产是由企业拥有或控制的资源。这意味着资产必须是企业可以自由支配和使用的资源，而不是受到其他方面的限制或干扰的资源。

③资产是预期会给企业带来经济利益的资源。这意味着资产必须是企业可以通过使用、出售、转让或者处置等方式，增加企业的收入或者减少企业的支出的资源，而不是一些无用或者损耗的资源。

2. 狭义的碳资产

碳资产作为资产的一种类型，具有资产的一般特征。因此可将其定义为：碳资产是指由企业过去的交易或事项形成的，经由权威机构认证，由企业拥有或控制的，减少温室气体排放的气候资源。②要理解狭义的碳资产，可以从其来源、认证、所有权和资源主体出发进行界定。

①碳资产的来源是企业过去的交易或事项。这意味着碳资产必须是企业已经减少的排放额度，而不是企业未来可能的减排量。例如，企业通过节能降耗、使用可再生能源、参与 CDM 项目等方式，减少了自身的碳排放，从而获得了相应的碳资产。

②碳资产经由权威机构认证。这意味着碳资产必须是经过第三方机构的审核和核查，符合相关的标准和规则，具有可信性和合法性。例如，企业通过国家或者国际组织的认证机构，获得了减排信用额或者碳排放配额的证书。

③碳资产的所有权由企业拥有或控制。这意味着碳资产必须是企业可以自由支配和

---

① 中国会计准则委员会. 企业会计准则[EB/OL].（2018-08-15）[2023-07-28]. https://www.casc.org.cn/ 2018/0815/ 202818.shtml.

② 徐苗，张凌霜，林琳. 碳资产管理［M］. 广州：华南理工大学出版社，2015.

使用的资源，而不是受到其他方面的限制或干扰的资源。例如，企业可以在市场上买卖碳资产，也可以用于抵消自身的超额排放或者满足社会责任。①

④碳资产的资源主体是减少温室气体排放的额度。这意味着碳资产必须是能够体现企业对环境保护的贡献和价值的资源。企业要想持有碳资产，就必须有碳减排量，碳资产就是企业通过技术创新或工艺更新使二氧化碳排放量减少的数量。要形成碳资产，就应当设定企业单位产品的碳排放量标准；如果不设定标准，就无法确定碳排放量是增加或减少，也就无法形成可信且有效的碳资产。

除此之外，碳资产能够为企业带来预期的经济利益。也就是说，企业可以通过出售、使用或转让碳资产增加企业的收入或者减少企业的支出。随着全球低碳转型的步伐不断加快，世界各国相继出台减排承诺，碳排放限制不断收紧，碳资产的价格也随之上升。因此，企业通过技术创新等手段减少的碳排放量所形成的碳资产可以在碳排放交易市场上进行交易，从而给企业带来额外的经济利益。

3. 广义的碳资产

碳资产并非仅限于企业自身减少温室气体排放的额度，还包括交易获得的、政府无偿配置以及通过其他手段获得的减排额度。2022 年 4 月，中国证券监督管理委员会（以下简称"中国证监会"）发布的《碳金融产品》中首次以标准形式对碳资产做出界定，即"碳资产是由碳排放交易机制产生的新型资产，主要包括碳配额和碳信用"②。因此，广义的碳资产是指由分配、交易以及其他事项形成的，由企业拥有或控制的，预期能够为企业带来经济利益的气候资源。 从广义的碳资产定义来看，企业获得碳资产的方式主要包括以下三种：

①政府无偿发放的碳排放指标。政府根据一定的标准和规则，给企业或个人分配一定数量的碳配额，允许其在一定期限内排放一定量的温室气体。这种方式旨在通过市场机制激励企业或个人减少碳排放，从而达到控制全球气候变暖的目的。

假设政府给 A 公司和 B 公司各发放了 100 吨的碳配额，如果 A 公司实际排放了80 吨，那么它就可以把剩余的 20 吨卖给 B 公司或其他需要的企业，从而获得收益。

① Patrick Karani. Greenhouse Gas Control Technologies—6th International Conference ［M］. Oxford：Pergamon，2003.
② 中国证券监督管理委员会.碳金融产品［EB/OL］.（2022-04-12）［2023-07-29］. http://www.csrc.gov.cn/csrc/c101954/c2334725/2334725/files/ %E9%99%84%E4%BB%B62%EF%BC%9A%E7%A2%B3%E9%87%91%E8%9E%8D%E4%BA%A7%E5%93%81.pdf.

如果 B 公司实际排放了 120 吨，那么它就需要从市场上购买 20 吨的碳配额，否则就要面临罚款或其他惩罚。这样一来，A 公司就有动力节约能源，减少排放，而 B 公司就有压力提高效率，改善技术，降低排放。这种碳排放指标也可以称为碳预算或可允许排放量。

②通过减排项目获得的温室气体减排额度。企业或个人通过实施一些能够降低温室气体排放的项目，如清洁发展机制项目（CDM）和国家自愿核证减排项目（CCER），从而获得相应的碳资产，可以用于自身抵消或在市场上交易。这种方式旨在通过项目机制，促进温室气体减排技术的推广和应用，从而达到控制全球气候变暖的目的。

假设 C 公司是一家发电厂，它原本使用煤炭作为燃料，每年排放 1 000 吨的二氧化碳。如果 C 公司开发了一个 CCER 项目，通过增加林业碳汇等方式减少二氧化碳的排放。该项目符合 CCER 项目开发的真实性、唯一性和额外性的要求，并遵循相关方法学的规定，经过主管部门的评估、备案和审批后获得相当于 1 000 吨二氧化碳的减排额度。这些减排额度就是 C 公司的碳资产，它可以用来抵消 C 公司的其他排放，或者通过全国统一的交易机构卖给其他需要的企业或个人，从而获得收益。

③通过交易获得的碳资产。企业或个人通过在市场上购买或出售碳排放指标或温室气体减排额度，从而增加或减少自己的碳排放权。这种方式旨在通过市场机制，形成碳排放的价格信号，促进碳排放的优化配置，从而达到控制全球气候变暖的目的。

假设 D 公司是一家钢铁厂，它每年需要排放 2 000 吨二氧化碳，但政府只给它发放了 1 500 吨的碳排放指标。为了避免超额排放而面临罚款或其他惩罚，D 公司就需要从市场上购买 500 吨的碳资产，来补足自己的缺口。这些碳资产可能来自其他低排放或减排的企业或个人，比如 A 公司、B 公司或 C 公司。这种通过交易获得碳排放配额的方式也可以称为碳交易。

1.1.3 碳资产的属性

碳资产作为一种新型资产，在我国落实"双碳"战略过程中将持续发挥重要作用。通过了解碳资产的稀缺性、消耗性、投资性和政策性，企业可以更好地评估碳资产的价值和风险，制定合理的碳资产配置和交易策略，优化碳资产结构和效率，有助于企业应对碳市场环境和政策的变化，提高碳资产管理的灵活性和适应性，充分发挥碳资产在应对气候变化和促进低碳发展方面的积极作用。

1. 稀缺性

碳资产的稀缺性是指碳资产的供给量受到碳排放总量控制的限制，导致碳资产具有稀缺价值。[①]碳资产的稀缺性可以从两个方面理解：

①物理稀缺性。这是指碳资产本身的有限性，如可再生能源、低碳技术、碳汇等，它们的开发和利用受到自然条件、技术水平、成本效益等因素的影响，不能无限扩大。

②政策稀缺性。这是指碳资产受到政策规范和约束的影响，如碳排放配额、碳税、碳市场等，它们的制定和实施受到国际协议、国家目标、市场机制等因素的影响，不能无限增加。

碳资产的稀缺性对碳资产的价格和需求有重要影响：一方面，碳资产的稀缺性会提高碳资产的价格，为企业提供节能减排和低碳创新的激励，也为投资者提供收益机会；另一方面，碳资产的稀缺性也会增加碳资产的需求，促进碳市场的发展和活跃，也促进社会对低碳发展的认识和参与。

2. 消耗性

碳资产的消耗性是指碳资产在使用后会消失，不能再次使用，因此碳资产具有消耗价值。[②]碳资产的使用途径主要有两种：抵消和交易。抵消是指碳资产的所有者运用自己持有的碳资产来抵消自己排放的温室气体，从而达成碳中和或碳减排的目标。交易是指碳资产的所有者出售自己拥有的碳资产给需要减排的买方，从而获取收入。碳资产的消耗性对碳资产的管理和利用有重要影响：一方面，碳资产的消耗性会增加碳资产的成本和风险，要求企业提高碳资源的利用效率和节约程度，避免浪费和损失；另一方面，碳资产的消耗性也会促进企业进行低碳创新和转型，开发新的碳资源和市场。无论是抵消还是交易，碳资产在使用后就会失去价值，无法再行利用。因此，碳资产具有消耗性的特征。

3. 投资性

碳资产的投资性是指碳资产可以作为一种有价值的资本，在市场上进行交易、转让或抵押，从而为持有者带来收益或融资的能力。碳资产的投资性取决于碳交易机制的规则、市场需求和价格波动等因素。碳资产的投资性可以从两个方面理解：

①直接投资。这是指投资者直接购买或出售碳资源，如碳信用、碳税等，以期获得

---

① 刘楠峰，范莉莉. 基于低碳经济视角的企业碳资产识别研究 [J]. 生态经济，2016，32（10）：84-86，92.

② 吴宏杰. 碳资产管理 [M]. 北京：清华大学出版社，2018.

价格差异或政策补贴所带来的收益。

②间接投资。这是指投资者通过购买或出售与碳资源相关的金融产品，如碳基金、碳期货、碳期权等，以期获得市场波动或风险转移所带来的收益。

碳资产的投资性对碳资产的发展和利用有重要影响。一方面，碳资产的投资性会增加碳资产的需求和流动性，促进碳市场的扩大和活跃，也能促进社会对低碳发展的支持和参与；另一方面，碳资产的投资性也会增加碳资产的风险和不确定性，①要求投资者提高碳资源的分析和评估能力，避免市场失灵。

4. 政策性

碳资产的政策性是指碳资产的形成、流通和价值受到政府的法律法规、行政规章和市场规则等因素的影响，因为碳资产的法律地位是由国家政策制度赋予的，其价值的彰显也依托于相关政策、法规的规定。碳资产的政策性体现了国家对气候变化问题的态度和立场，也反映了国家对低碳发展的支持和引导。碳资产的政策性要求企业关注国内外的碳减排目标、碳交易制度和碳税等政策动向，以便及时调整自身的碳管理策略，把握碳资产的机遇和风险。

案例链接

碳资产交易案例：欧盟排放交易体系（EU ETS）②

背景： 欧盟排放交易体系（EU ETS）是全球最大、最早成立的温室气体排放交易体系，启动于 2005 年。该体系是欧盟为实现其气候和能源目标而采取的关键措施之一，覆盖了能源、工业和航空等领域的约一万个排放源，占欧盟总排放量的 40% 左右。

操作机制： EU ETS 采用了"限额与交易"的原则，即为每个参与者设定一个碳排放上限，并允许其在市场上买卖碳排放配额。每年，欧盟会根据其减排目标确定总配额量，并通过拍卖或免费分配的方式分发给各个参与者。每个参与者必须在每年年底向监管机构提交足够数量的配额来抵消其实际排放量，否则将面临罚款。这样，碳排放就有了一个价格，从而激励参与者采取措施降低其碳足迹，同时也为低碳技术和绿色经济提供了资金支持。

---

① Takashi Kanamura. Handbook of Energy Economics and Policy［M］. Cambridge，Massachusetts：Academic Press，2021.

② European Commission. EU Emissions Trading System （EU ETS）［EB/OL］.［2023-07-30］. https：//climate.ec.europa.eu/eu-action/eu-emissions-trading-system-eu-ets_en.

影响与成果：经过十多年的运行，EU ETS 已经取得了显著的成效。根据欧盟委员会的数据，EU ETS 覆盖领域的碳排放在 2005 年至 2019 年间下降了 35%，超过了在 2020 年之前减排 21% 的目标。同时，EU ETS 也没有对参与者的竞争力和经济表现造成负面影响，反而促进了低碳技术的创新和投资。EU ETS 也为其他国家和地区提供了碳市场建设和合作的经验和模式。

结论：欧盟排放交易体系是碳资产交易的成功案例，它证明通过市场机制对碳排放进行定价能有效地促进温室气体减排，同时为企业提供了经济上的激励，推动了技术创新和绿色经济发展。

1.2 碳资产管理概述

为体现我国应对气候变化的决心和推动生态文明建设进程，我国制订了严格的"3060"目标，即在 2030 年前实现碳排放达峰，在 2060 年前完成碳排放中和。在新的政策环境和商业机遇面前，企业急需绿色转型，构建低碳、清洁的发展模式。在此背景下，碳资产管理成为企业适应碳排放限制、提高竞争力、实现可持续发展的重要手段。本节旨在向读者介绍碳资产管理的基本概念和理论基础，着重阐明碳资产管理的定义，以及碳资产管理的理论基础，包括外部性理论、科斯定理、可持续发展理论和公平转型理论，为后续章节的学习奠定坚实的基础。

1.2.1 碳资产管理的定义

碳资产管理是以碳资产的取得为基础，战略性、系统性地围绕碳资产的取得开发、规划、控制、交易和创新的一系列管理行为，是依靠碳资产实现企业价值增值的完整过程。[①] 也就是说，碳资产管理是一种利用碳资产来提高企业竞争力和效益的管理方式，主要包括碳资产的取得、开发、规划、控制、交易和创新等方面的内容。

1. 碳资产的取得

碳资产的取得，是企业通过国家或地方政府的免费分配、实施节能减排项目或参与

[①] 万卷敏. 非试点控排企业碳资产管理最优决策的研究 [J]. 有色冶金节能，2019，35（04）：51-54，65.

市场交易，获取碳资产的过程。碳资产是指企业获得的减排量或减排证书，它们可以在碳市场上进行交易或使用。碳资产的取得是碳资产管理的基础，因为碳资产的取得可以帮助企业降低温室气体排放，提高环境、社会和治理（ESG）评价，满足社会责任和可持续发展的要求；碳资产的取得可以为企业带来经济收益，通过出售或使用碳资产，企业可以获得额外的收入或节省成本；碳资产的取得可以促进企业的创新能力，通过开发新的节能减排技术或产品，企业可以提高自身的技术水平和核心竞争力。

2. 碳资产的开发

碳资产的开发，是企业根据自身的发展目标和市场需求，制定碳资产的开发策略和计划，包括选择合适的项目类型、技术方案、合作伙伴等。碳资产的开发需要遵循一定的法规体系和基本要求，包括项目的附加性、验证、核证、审批、备案、注册、发行、交易等环节。国内减排碳资产主要包括清洁发展机制项目和国家核证自愿减排项目，分别对应国际和国内的市场机制。碳资产的开发是一种有效促进低碳发展和应对气候变化的途径，也是一种具有广阔前景和潜力的新兴产业。简而言之，碳资产的开发是企业利用碳资产来实现低碳发展的前期准备工作。

3. 碳资产的规划

碳资产的规划是碳资产管理的重要环节，是在应对气候变化的背景下，根据碳市场的变化和预测，对碳排放的影响、风险和机遇进行系统分析，制定相应的目标、策略和措施，以实现碳排放的减少或抵消，提高碳资产的价值和竞争力。碳资产的规划涉及多个方面，主要包括制定碳资产的目标和策略以及配置和优化碳资产这两方面的内容。制定碳资产的目标和策略就是企业根据自身的情况和目标，确定碳资产的持有、出售或使用的比例和时机，制定碳资产的减排、抵消等方面的具体目标和策略，为后续的交易和创新提供指导方向。①配置和优化碳资产是指根据碳市场的波动和机会，灵活地调整碳资产的数量和质量，优化碳资产的结构和组合，为后续的交易和创新提供灵活性保障。总之，碳资产的规划是企业利用碳资产来实现低碳发展和提高 ESG 评价的中期安排工作，是企业参与碳市场、实现碳中和、提升社会责任感和品牌形象等不可或缺的环节。

4. 碳资产的控制

企业通过建立和完善碳资产的管理体系和流程，对碳资产的取得、开发、规划等环节进行有效的监督和控制，保证碳资产的合规性和可靠性。碳资产的控制包括以下内容：碳盘查，指企业对碳资产的来源、数量、质量、位置等信息进行准确的记录和报告，以

---

① 万林葳，朱学义. 低碳经济背景下我国企业碳资产管理初探［J］. 商业会计，2010（17）：68-69.

便于后续的审计和验证；碳足迹的测量，指用一定的方法和标准，对个人、组织或产品在一定的时间和范围内，直接或间接产生的温室气体排放量进行估算和评估的过程；碳资产的监测和验证，指企业对碳资产的实际减排效果进行定期的检测和评估，以便于后续的认证和交易；碳审查和认证，指企业对碳资产的合规性和真实性进行定期的审查和证明，以便于后续的交易和使用。①碳资产的存储和保护，指企业对碳资产的安全性和稳定性进行有效的保障和维护。简而言之，碳资产的控制是企业利用碳资产来实现低碳发展和提高 ESG 评价的后期保障工作。

5. 碳资产的交易

企业根据自身的需求和市场情况，选择合适的交易平台、交易模式、交易时机、交易价格等，对碳资产进行买卖或转让。碳资产交易可以帮助企业实现碳资产的价值化，通过出售或使用碳资产，企业可以获得额外的收入或节省成本，提高经济效益；碳资产交易可以实现碳资产的优化，通过买卖或转让碳资产，企业可以调整碳资产的结构和组合，平衡碳资产的风险和收益，提高投资效益。简而言之，碳资产交易是企业利用碳资产来实现低碳发展和 ESG 评价增长的关键环节。

6. 碳资产的创新

有关组织通过不断研究和探索，开发出新的碳资产项目、技术、产品、服务等，提高碳资产的附加值和竞争力。碳资产的创新内容可以分为以下几类：碳资产项目的创新，指企业开发新的节能减排项目，涉及新的行业、领域、地区等，如农业、林业、交通、城市等；②碳资产技术的创新，指企业引入新的节能减排技术，涉及新的方法、工具、设备等，如数字化、人工智能、物联网等；碳资产产品的创新，指企业开发新的碳资产产品，涉及新的形式、功能、属性等，如碳中和产品、碳标签产品、碳积分产品等；碳资产服务的创新，指企业提供新的碳资产服务，涉及新的模式、渠道、平台等，如碳咨询服务、碳金融服务、碳交易平台等。简而言之，碳资产的创新是企业利用碳资产来实现低碳发展和提高 ESG 评价的多方面表现。

1.2.2 碳资产管理的理论基础

碳资产管理建立在多个理论基础之上，外部性理论、科斯定理、可持续发展理论和

---

① 赵智丽，董秀良. 企业碳资产管理财务核算问题研究［J］. 科学决策，2014（07）：63-76.
② Simone Orlandini, Anna Dalla Marta, Marco Mancini, Leonardo Verdi. Sustainable Agriculture and the Environment［M］. Cambridge, Massachusetts：Academic Press, 2023.

公正转型理论是其中的重要支撑。外部性理论认为,碳排放是负外部性的体现,需要政府干预来纠正市场失灵,碳资产管理正是一种有效的应对手段。科斯定理强调,明确碳排放产权和建立碳交易机制的重要性,为碳资产管理提供了理论指导。可持续发展理论与碳资产管理追求的资源永续利用和环境保护理念一致,使其更好地融入全球可持续发展进程。公正转型理论提供了一个框架,帮助我们确保在追求气候目标的同时,不会损害任何社区或个人的权益。上述四大理论为碳资产管理实务提供了概念框架和行动指南。

1. 外部性理论

外部性理论是经济学的一个分支,它研究的是某些活动的成本或收益"溢出"到第三方的情况。外部性理论最早在 1890 年由阿尔弗莱德·马歇尔提出,之后庇古接受和发展了外部性思想,并系统地论述了外部性理论,形成了现在外部性研究的理论基础。当一个经济主体(个人、企业或组织)在进行经济活动时,其所产生的成本或收益会影响其他不直接参与这个交易的个体或企业,从而导致外部性效应。[①]外部性可以分为正外部性和负外部性。正外部性指一个人或一群人的行动和决策使另一个人或一群人受益而又无法向后者收费的现象;负外部性则相反,指一个人或一群人的行动和决策使另一个人或一群人受损而前者无法补偿后者的现象。外部经济的存在使市场交易可能会产生不完全的资源配置,因为市场价格无法全面反映所有影响。为了解决外部经济问题,通常需要政府干预和制定相应的公共政策。

外部性理论是碳资产管理的基础,因为碳排放就是一种典型的负外部性,它会导致全球气候变化和环境污染,给社会和未来带来巨大的损失,而这些损失并没有被市场价格反映出来。因此,为了解决碳排放问题,需要政府通过税收、补贴、监管措施等方式来纠正市场失灵,激励企业和个人减少碳排放,增加碳汇,开发低碳技术,参与碳交易等活动,从而形成碳资产。碳资产是应对碳排放这种负外部性的有效方法,它通过利用市场机制和政策手段,使碳排放的社会成本和私人成本相一致,从而实现社会资源的最优配置和可持续发展。碳资产管理既可以纠正市场失灵,又可以促进企业创新和竞争力,是一种符合外部性理论的低碳发展策略。[②]

2. 科斯定理

科斯定理是由诺贝尔经济学奖得主罗纳德·科斯在 20 世纪 60 年代的论文中提出的。科斯定理阐述了在某些条件下,即使存在外部性或市场失灵,通过充分的市场交易和产

① 庇古. 福利经济学(上册)[M]. 台北:台湾银行经济研究室,1971.

② 卢现祥,柯赞贤,张翼. 论发展低碳经济中的市场失灵 [J]. 当代财经,2013(01):12-22.

权划分，个体之间可以通过协商私下解决资源配置问题，从而实现社会资源的最优分配①。科斯定理的核心要素是产权和交易费用，核心观点可以概括为在没有交易费用的情况下，如果产权清晰明确且可以自由交易，那么个体之间会根据资源的价值和效用来进行资源交换，从而达到最优的资源配置。这意味着，个体之间可以通过协商、谈判和交易的方式，解决由外部性导致的资源分配问题，而无须依赖政府干预。在科斯看来，产权的初始分配并不影响资源配置的效率，因为当事人可以通过谈判来重新分配产权。但是，交易费用可能会阻碍当事人之间的谈判，从而导致资源配置的低效率。

科斯定理为碳资产管理提供了理论基础和指导思想。首先，科斯定理强调了产权的重要性。只有当产权被清晰界定，并且可以自由交易时，市场才能够自发调节，实现资源的最优配置。因此，在建立碳资产管理体系时，需要明确各方的碳排放权和责任，并建立有效的碳交易机制，使得碳排放权可以在市场上进行买卖。其次，科斯定理强调了交易费用的影响。只有当交易费用为零或者很小时，个体之间才能够通过协商私下解决资源配置问题。因此，在建立碳资产管理体系时，需要降低交易费用，提高交易效率和透明度，并建立相应的监管和保护机制，避免市场操纵和信息不对称等问题。最后，科斯定理强调了政府干预的必要性和限度。当存在外部性或市场失灵时，政府需要通过税收、补贴、监管措施等方式来纠正市场失灵，并创造有利于市场交易的条件。但是，政府干预也不能过度或者不当，否则会造成资源配置的进一步失效。科斯定理提供了一个理论框架，政府、企业和国际组织可以利用科斯定理的思想，促进碳减排和可持续发展目标的实现。

3. 可持续发展理论

可持续发展这一概念最早是由挪威政治学家布伦特兰在 1987 年的报告《我们共同的未来》（*Our Common Future*）中提出的，②该报告是由联合国环境与发展委员会发布的。布伦特兰定义了可持续发展为"满足当前世代的需求，而不会危害子孙后代满足其需求的能力"。这一概念首次明确了环境保护与经济发展之间的关系，并强调了在保护自然资源的前提下，实现经济增长和社会进步的重要性。随着全球人口的不断增加和经济的持续发展，资源消耗和环境压力日益加剧。过度开发和过度消耗导致自然资源

---

① 沈满洪，何灵巧. 外部性的分类及外部性理论的演化［J］. 浙江大学学报（人文社会科学版），2002（01）：152-160.

② World Commission on Environment and Development. Our Common Future［M］. Oxford：Oxford University Press，1987.

的枯竭和生态系统的崩溃，严重影响了生态平衡和生态环境的可持续性。可持续发展不仅是应对气候变化和环境挑战的必然选择，更是解决全球性问题和推进社会进步的必要途径。可持续发展是一个全球性问题，需要各国共同努力，形成协调一致的政策和行动。然而，由于各国的利益和发展阶段不同，国际合作和政策协调存在一定的困难。在应对气候变化和环境污染等问题上，需要建立国际合作机制，共同制定和落实应对措施。

可持续发展与碳资产管理密切相关，二者都关注着资源的可持续利用和环境的保护。碳资产管理是在碳减排的背景下，优化资源配置和经济效益的过程，而可持续发展则是在经济、社会和环境三个维度上的长期稳定发展目标。碳资产管理是实现可持续发展的重要途径之一。①通过减少碳排放、推动绿色投资、加强环境保护等措施，碳资产管理可以为实现经济、社会和环境三方面可持续性目标做出积极贡献，推动全球可持续发展的进程。同时，可持续发展的理念也为碳资产管理提供了更宏大的背景和指导，使其更好地融入全球可持续发展的大局中。

4. 公正转型理论

随着全球气候变化议题日益受到关注，碳资产的管理和转型变得尤为重要。在这一过程中，确保所有参与者（特别是那些在传统能源产业中的工人和社区）受益，是一个核心的挑战。这就引出了"公正转型"这一概念。根据公正转型中心（Just Transition Centre）撰写的报告②，公平转型是指在向环境可持续的经济和社会转型的过程中，考虑到工人、雇主和政府的利益，通过社会保障和就业政策等手段，实现零排放、消除贫困和增加社会包容性的目标。公正转型（Just Transition）关注的是在应对气候变化过程中，如何确保所有社会成员得到公平对待，无论他们的地理位置、经济地位或其他社会属性如何。它强调在过渡到低碳经济时，需要权衡经济、社会和环境的利益，确保没有人被遗漏。

在碳资产的语境下，公正转型关注的是如何在减少温室气体排放的同时，确保那些受此转型影响最大的人们和社区受益。③这可能涉及为失业的化石燃料工人提供再培训，为依赖传统能源产业的社区提供经济支持，或为受气候变化影响最严重的地区提供更多

---

① 王爱国，武锐，王一川. 碳会计问题的新思考 [J]. 山东社会科学，2011（10）：88-92.

② Just Transition Center. Just Transition: A Report for the OECD [EB/OL]. (2017-05) [2023-08-04]. https://www.oecd.org/env/cc/g20-climate/collapsecontents/Just-Transition-Centre-report-just-transition.pdf.

③ 张莹，姬潇然，王谋. 国际气候治理中的公正转型议题：概念辨析与治理进展 [J]. 气候变化研究进展，2021，17（02）：245-254.

的资源。为了确保公正转型,碳资产的管理和策略需要考虑到所有相关方的利益和需求。这可能意味着在分配碳资产和信贷时,需要特别考虑到那些最容易受到负面影响的社区和个人,为低收入群体、中小微企业和农村地区提供可持续的金融支持,帮助其应对气候变化带来的风险和机遇,以实现碳普惠。此外,公正转型还强调了透明度、参与和问责制的重要性,确保碳资产的管理不仅是有效的,而且是公正的。

公正转型理论主张在追求环境和气候目标时确保社会公正与包容性。其核心思想在于,在转型为低碳、可持续的经济体系过程中,所有人都应享有公平的机会,并受到保护,确保没有任何个人或社群因此受到不公平的经济、社会或文化的影响。[1]这涉及转型策略的设计和实施,包括为受影响最大的群体提供必要的资源、培训和支持,以及确保政策制定过程中的参与性、透明度和问责制。公正转型的目标不仅是环境的可持续性,还要确保这一转型过程中的社会和经济公正。公正转型的重要性在于它确保了气候行动的社会接受性和可行性。历史经验表明,忽视某一社群或区域的利益往往会导致反弹和抵抗,从而妨碍气候政策的实施。而公正转型确保了所有人都在转型中受益,从而增加了气候政策的社会支持度。此外,公正转型还有助于实现更广泛的社会目标,如减少不平等、促进社会团结和确保经济的长期可持续性。当今,人们对公正和平等的关注日益增加,公正转型为我们提供了一个既能应对气候变化又能确保社会公正的路径。

案例链接

碳资产管理案例：加拿大阿尔伯塔省的油砂项目[2]

背景： 阿尔伯塔省位于加拿大西部,拥有世界上最大的油砂沉积层。油砂开采和加工过程中的碳排放量较高,因此,该省一直面临国际压力,要求其减少温室气体排放。

项目概述： 为了提高碳资产管理能力,阿尔伯塔省启动了油砂碳捕获和存储（CCS）项目。该项目旨在捕获油砂生产过程中产生的二氧化碳,并将其存储在地下,以减少排放到大气中的温室气体。2008 年,阿尔伯塔省政府宣布了碳捕获与存储基金项目,计划投资 20 亿加元,用于建设 4 个大规模的碳捕获和存储项目。2012 年,壳牌公司开始建

① Climate Justice Alliance. Just Transition Principles［EB/OL］［2023-08-07］. https：//climatejusticealliance. org/wp-content/uploads/2019/11/CJA_JustTransition_highres.pdf.

② Pathways Alliance Carbon Capture Storage Hub［EB/OL］.［2023-08-09］. https：//majorprojects. alberta.ca/details/Pathways-Alliance-Carbon-Capture-Storage-Hub-Phase-1/10695.

设世界上第一个商业规模的油砂碳捕获和存储项目——Quest 项目。该项目位于阿尔伯塔省北部的 Athabasca 油砂区，计划每年捕获并存储 100 万吨二氧化碳。2021 年，阿尔伯塔省最大的 6 家油砂生产商组成了一个名为 Pathways Alliance 的联盟。该联盟旨在通过建立一个覆盖 14 个油砂设施的碳捕获和存储网络，实现油砂生产过程中的净零排放。该计划预计需要投资 150 亿加元，并将在 2050 年前完成。

项目内容： 技术应用——项目采用先进的碳捕获技术，将油砂生产过程中产生的二氧化碳从烟气中分离出来。地下存储——分离出来的二氧化碳被压缩成液态，然后通过管道输送到适合的地下地质结构中进行长期存储。监测与验证——为确保二氧化碳安全存储，项目采用了一系列的监测技术，对存储地点进行长期监控，确保没有泄漏。

影响与成果： 减排效果——通过该项目，阿尔伯塔省每年减少数百万吨的二氧化碳排放，显著提高了碳资产管理效率。经济效益——减少的碳排放为阿尔伯塔省带来了经济利益，包括碳排放配额交易所带来的收入，以及由于满足国际碳排放标准而获得的市场优势。技术创新——该项目推动了碳捕获和存储技术的研发和应用，为全球其他地区提供了宝贵的经验。

结论： 阿尔伯塔省的油砂碳捕获和存储项目是一个成功的碳资产管理案例，它展示了通过技术创新和合理管理，即使在高排放行业，也可以有效地减少温室气体排放，同时带来经济利益。

1.3 "双碳"战略下碳资产管理新要求

随着全球气候变化的日益严峻，我国作为世界上最大的发展中国家，提出了在 2030 年前实现碳达峰，2060 年前实现碳中和的"双碳"战略，以应对气候危机，推动绿色低碳发展。"双碳"战略与碳资产管理有着密切而复杂的关系，也对碳资产管理提出了新的更严峻的要求。

1.3.1 "双碳"战略的提出

气候变化是人类面临的共同挑战，也是影响全球可持续发展的关键因素。根据《联合国气候变化框架公约》和《巴黎协定》的要求，各国应当采取行动减少温室气体排放，全球平均气温升幅控制在 2℃ 以内，努力限制在 1.5℃ 以内。我国作为世界上最大的发展中国家，承担着应对气候变化的重大责任和义务，需要积极参与全球气候治理，为推动构建人类命运共同体做出贡献。同时，我国也面临着资源环境约束日益突出、经济社会发展不平衡不充分等问题，需要加快推进生态文明建设，实现经济社会发展与生态环境保护协调统一。因此，我国提出了"双碳"战略，既是对国际社会的庄严承诺，也是对自身发展的必然选择。

2020 年 9 月 22 日，习近平主席在第七十五届联合国大会一般性辩论上宣布了"双碳"目标。① "双碳"战略是指我国承诺在 2030 年前实现碳达峰，即二氧化碳排放达到最高点后逐渐下降，以及在 2060 年前实现碳中和，即二氧化碳排放和吸收达到平衡，实现净零排放。2021 年 10 月 24 日，中共中央、国务院印发了《关于完整准确全面贯彻新发展理念做好碳达峰碳中和工作的意见》。这是我国实施"双碳"战略的纲领性文件，从总体要求、主要目标、工作任务和保障措施等方面，系统阐述了我国做好"双碳"工作的思路和举措。② "双碳"战略不仅是应对全球气候变化的重要贡献，也是推动我国经济社会转型升级的重大机遇。

为实现"双碳"目标，我国需要深度调整产业结构、能源结构、交通结构和土地利用结构，加快推进绿色低碳循环发展的经济体系和清洁低碳安全高效的能源体系的建设。随着"双碳"战略的提出和落实，"碳"成为影响企业经营和竞争力的重要因素。如何对自身的碳排放进行监测、核算、报告和验证，如何通过节能减排、技术创新、市场交易等方式降低碳成本和增加碳收益，碳资产管理就显得十分重要。

1.3.2　"双碳"战略与碳资产管理的关系

"双碳"战略和碳资产管理的关系是密切而复杂的。简单来说，"双碳"战略是碳资产管理的目标，碳资产管理是"双碳"战略的手段。具体来说，包括以下三个方面。

1. "双碳"战略为碳资产管理提供了清晰的方向

"双碳"战略要求我国在 2030 年前达到碳达峰，2060 年前达到碳中和。这意味着我国需要在有限的时间内实现大幅度的碳减排，这就需要通过碳资产管理来激励和约束各方的行为，促进碳排放权的合理配置和有效利用。

① 习近平. 在第七十五届联合国大会一般性辩论上的讲话［N］. 人民日报，2020-09-23（003）.
② 中共中央 国务院关于完整准确全面贯彻新发展理念做好碳达峰碳中和工作的意见［N］. 人民日报，2021-10-25（001）.

2. 碳资产管理为"双碳"战略提供了有效的工具

碳资产管理通过市场化的手段，将碳排放权转化为有价值的资产，使之能够在市场上进行交易、流通、投资等活动。这样可以通过价格信号和市场竞争，引导各方降低自身的碳排放强度，增加低碳能源的使用比例，推动低碳技术的创新和应用，实现经济社会发展与环境保护的协调。

3. "双碳"战略和碳资产管理相互制约

"双碳"战略与碳资产管理相辅相成，但也相互制约。例如：如何平衡经济增长与碳减排的关系，如何协调中央与地方、行业与企业、国内与国际的利益和责任，如何解决数据不透明、监管不到位、市场不成熟等问题。这些问题需要通过制度创新、政策协调、深化合作等方式来解决。

总而言之，"双碳"战略和碳资产管理是相互依存、相互促进、相互制约的关系。只有建立健全的碳资产管理体系，才能有效地实现"双碳"目标；只有坚定地执行"双碳"战略，才能持续地推动碳资产管理发展。

1.3.3 我国碳资产管理现状

碳资产管理是指通过市场化手段，对碳排放权进行定价、交易、监管等活动，以实现碳减排的目标。我国的碳资产管理现状可以从碳市场建设、碳金融创新和碳信息披露这三个方面进行分析。

1. 碳市场建设

我国已经建立起了全球最大的碳排放交易市场，涵盖了电力、钢铁、水泥、化工等高耗能行业，纳入发电行业的重点排放单位超过 2 000 家，碳排放量超过 40 亿吨二氧化碳。[①]我国的碳市场采用了"两步走"的策略，即先在部分省市开展地方性的碳排放交易试点，再在全国范围内推广统一的碳排放交易制度。当前我国的碳市场还处于初级阶段，需要在相关的法律法规、监测报告、交易平台、价格机制等方面进行完善。

2. 碳金融创新

2016 年 8 月，人民银行、财政部等七部委根据中央总体战略部署制定并公布了《关于构建绿色金融体系的指导意见》，明确提出开展地方试点示范建设绿色金融体系

---

① 中国政府网. 中国碳排放权交易市场将成为全球覆盖温室气体排放量规模最大的碳市场［EB/OL］.（2021-07-16）［2023-08-14］. https：//www.gov.cn/zhengce/2021-07/16/content_5625374.htm.

的行动。①到目前，我国已经探索了多种碳金融产品和服务，如碳信托、碳基金、碳配额质押、国家核证自愿减排量（CCER）质押、碳基金等，以促进碳资产的流动性和多元化。②各省市也陆续出台各类政策与法规进一步推动碳金融市场完善，如广东参考国家 CCER 制度构建了本地区核证自愿减排与碳汇制度，衢州金融办在 2020 年金融机构绿色金融考核办法中新增了保险、证券、担保等考核内容，用以撬动更多的社会资本投资绿色金融领域。与此同时，我国碳金融的发展还面临着法律法规、标准体系、数据信息、风险管理等方面的不足和挑战，需要加快完善相关制度建设和能力建设。

3. 碳信息披露

我国不断深化碳信息披露的要求。2021 年 7 月，中国人民银行印发《金融机构环境信息披露指南》，系统描述了金融机构环境信息披露的原则、形式与内容要求，以提高企业和投资者的环境意识和责任感。生态环境部于 2021 年 12 月发布《企业环境信息依法披露管理办法》，并于 2022 年 1 月发布《企业环境信息依法披露格式准则》。到目前，我国已经建立了一套较为完善的碳信息披露制度，要求上市公司和金融机构按照相关规定，定期向社会公开自身的碳排放情况和应对措施。③然而，我国的碳信息披露还存在着一些问题，如数据质量和可比性不高、披露内容和形式不统一、披露效果和影响不明显等，需要进一步完善法律法规，在实践中完善体系建设。

综上所述，我国的碳资产管理已经取得了一定的进展，但仍存在很大的提升空间。随着"双碳"战略的实施，我国需要加快推进碳资产管理的规范化、市场化、国际化，以实现低碳转型和绿色发展。

1.3.4 碳资产管理新要求

"双碳"战略要求我国在 2030 年前实现碳达峰，在 2060 年前实现碳中和。这一战略决策对各行各业都提出了新的要求和挑战，碳资产管理也不例外。我国"双碳"战略下碳资产管理新要求主要包含四个部分。

---

① 中国人民银行. 关于构建绿色金融体系的指导意见［EB/OL］.（2016-08-31）［2023-08-15］. https：//www.mee.gov.cn/gkml/hbb/gwy/201611/t20161124_368163.htm.

② 朱民，郑重阳，潘泓宇. 构建世界领先的零碳金融地区模式——中国的实践创新［J］. 金融论坛，2022，27（04）：3-11，30.

③ 王鹏程. 构建我国碳信息披露体系的战略思考［J］. 北京工商大学学报（社会科学版），2023，38（01）：109-117.

1. 提高政策法规意识

提高碳资产管理的政策意识和法律意识，遵守国家和地方的相关法规和标准，积极参与国家和地方的碳市场建设和运行，及时应对政策变化和风险。[①]这包含以下几个方面的要求：首先，积极向国家和地方的立法机关和行政机关反馈碳资产管理的实际情况和需求，建议出台更具体、明确、完善的碳资产管理相关的法律法规和政策文件，如《中华人民共和国应对气候变化法》《碳排放权交易管理条例》等。其次，积极参与国家和地方碳市场的规则制定和改革，建议优化碳市场的交易机制和监管体系，如交易平台、交易模式、交易价格、交易监督等。此外，积极参与国家和地方碳市场的评估和监督，建议完善碳市场的评估指标和监督手段，如碳市场的效率、公平、透明、安全等。

2. 优化技术创新能力

提高碳资产管理的技术水平和创新能力，引入新的节能减排技术和方法，开发新的碳资产项目和产品，提高碳资产的质量和效率。这一新要求包含以下几个方面的内容：一是引入新的节能减排技术和方法，如清洁能源、循环经济、碳捕集利用和封存（CCUS）等，提高碳资产项目的节能减排效果，增加碳资产项目的数量和质量。二是开发新的碳资产项目和产品，如碳中和认证、碳补偿、碳金融、碳信用等，拓展碳资产的应用领域和市场需求，提升碳资产的附加值和竞争力。三是提高碳资产的管理水平和运行效率，如建立完善的碳资产核算、监测、报告、核查体系，优化碳资产的配置和交易机制，提高碳资产的流动性和透明度。[②]

3. 强化协作联动机制

提高碳资产管理的协调性和协作性，加强与其他行业和领域的沟通和合作，形成碳资产管理的联动机制和协同效应，共同推进"双碳"目标的实现。一是加强与政府部门的沟通和交流，如积极响应政府的碳减排政策和措施，及时向政府报告碳资产项目的进展和成效，参与政府组织的碳减排活动和评估。二是加强与行业协会和社会组织的联系与配合，如遵守行业协会和社会组织制定的碳减排规范和标准，参与行业协会和社会组织开展的碳减排培训和交流，接受行业协会和社会组织的监督和评价。三是加强与其他

---

① 袁谋真. "双碳"战略目标下碳资产专业化管理研究 [J]. 暨南学报（哲学社会科学版），2022，44（08）：122-132.

②中国政府网.《中国应对气候变化的政策与行动》白皮书 [EB/OL].（2021-10-27）[2023-08-16]. https：//www.gov.cn/zhengce/2021-10/27/content_5646697.html.

企业和机构的合作与共享，如建立碳资产项目的合作伙伴关系，共享碳资产项目的技术、资源和信息，开展碳资产项目的联合开发、交易和管理。四是加强对公众的教育和媒体宣传，如积极宣传碳资产项目的社会效益和环境效益，增强公众对碳减排工作的认识和理解，接受媒体对碳资产项目的报道和评论。

4. 树立社会责任意识

提高碳资产管理的社会责任和公信力，注重碳资产管理的社会效益和环境效益，积极履行企业的义务和担当，树立良好的企业形象和品牌声誉。遵守和履行《环境、社会与治理信息披露指引》《中国上市公司环境信息披露指引》等国际和行业的相关标准和要求，进行全面、真实、准确、及时的碳资产信息披露。积极参与社会公益活动，如开展碳中和承诺、碳中和捐赠、碳中和教育等，提高社会对碳资产管理的认知度和参与度。总之，提高社会责任和公信力是企业碳资产管理的正向性和影响力的体现。

案例链接

中国碳资产管理在行动：马钢股份①

背景：马钢股份坐落于安徽省东部的马鞍山，地理位置优越，临近长江以及铁矿区，周边地区水资源、矿产资源都十分丰富，是我国钢铁生产量、销售量最大的钢铁企业之一，其业务主要是钢铁产品的生产和销售，并坚持多元协同发展，拥有化工能源、节能环保、金融投资等板块。2021 年是我国实施"十四五"规划、开启全面建设社会主义现代化国家新征程的第一年，也是马钢股份提出"双碳"目标的关键之年。

行动过程：马钢股份积极响应国家和集团的"双碳"要求，坚定不移走绿色发展道路，加快推进碳达峰、碳中和行动，实施了一系列的碳资产管理措施。首先，马钢股份明确了碳排放责任，成立了专门的环境管控小组。总公司宝武钢铁为整个行业确立了碳达峰和碳中和的新标准，而马钢股份根据这些标准及自身情况，制定了具体的碳减排目标和方案。其次，马钢股份十分重视环保设施的运行和维护，对于高排放环节，如发电脱硫和烧结球团脱硫等，进行严格的监控与调控。马钢股份还淘汰了部分落后设备，投资 23.68 亿元进行技术升级，以提高生产效率并减少碳排放。此外，马钢股份还发现在钢铁生产过程中存在能源效率低下的问题，主要症结在于使用的能源如原煤和焦炭的热

---

① 碳排放交易网. 碳资产管理案例分析——马钢股份［EB/OL］.（2023-03-02）［2023-08-20］. http：// www.tanpaifang.com/tanzichanguanli/2023/0302/94998.html.

值较高，导致碳排放量增加。为此，马钢股份通过更换清洁能源以降低其在生产过程中的碳排放。

行动结果： 马钢股份通过上述措施，有效降低了自身的碳排放强度和总量，为实现"双碳"目标做出了积极贡献。马钢股份在 2021 年顺利完成了环境绩效 A 级企业创建，并获得了国家级绿色工厂、国家级绿色供应链管理示范企业等荣誉称号，并在 2021 年获得了中国企业社会责任报告百强企业、中国社会责任优秀企业等社会责任领域的重要荣誉称号。

1.4 碳资产管理的研究内容

本书的研究主要围绕着碳资产管理的六大方面内容展开，了解碳资产的分类与获取，在熟悉碳资产的形成机制的基础上，进行碳资产的核算与开发，包括碳排放核算、减排碳资产开发等内容。要完成如此庞杂的工作，碳管理体系的构建成为重中之重。在此基础上，碳资产的信息披露近年来成为很多企业碳资产管理的标准动作，新兴的碳金融也成为企业碳资产保值增值的重要工具。本书各章节之间具体的关系如图 1-1 所示。

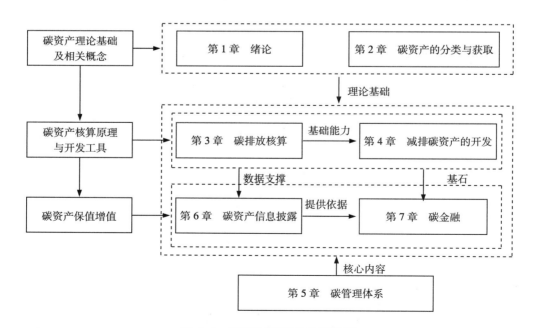

图 1-1　碳资产管理总体架构图

1.4.1 碳资产的分类与获取

随着全球气候变化问题日益严峻，各国政府和社会各界都意识到了温室气体减排的重要性和紧迫性。为了实现低碳发展的目标，各国采取了不同的政策和措施，其中之一就是建立碳市场，通过市场机制来调节和激励温室气体排放的减少。[①]碳资产是碳市场运行的基础和核心，也是企业实现低碳转型和增值的重要资源。2021 年，生态环境部发布了《全国碳排放权交易管理办法（试行）》，明确生态环境部作为全国碳市场的主管部门，并在 7 月 16 日正式启动了全国碳市场的在线交易。[②]中国碳市场涵盖了发电、石化、化工、建材、钢铁、有色金属、造纸和国内民用航空八大高耗能高排放行业，但目前仅发电行业纳入了配额管理，配额分配采用基准线法，以促进发电厂提高能效和使用清洁能源。企业可以通过开发中国核证自愿减排量（CCER）项目的形式，来获取核证减排量用于抵消部分配额履约。除此之外，我国部分区域还进行了碳普惠积分、碳基金等碳交易延伸产品的探索。不过，我国碳市场还面临着一些挑战和问题，仍需不断完善和改进，以适应我国应对气候变化的目标和需要。

1.4.2 碳排放核算

在应对气候变化的过程中，碳排放核算是一项基础而重要的工作，它可以为制定减排目标、评估减排效果、参与碳市场交易等提供可靠的数据支撑。碳排放核算是指根据一定的方法和标准，对某一区域、组织、项目或产品的温室气体排放量进行测量、计算和报告的过程。[③]碳排放核算可以分为区域碳排放核算、组织碳排放核算、项目碳排放核算和产品碳排放核算四个层面。区域碳排放核算是指以地理范围划分的，该区域内各种方式直接产生或者吸收的温室气体排放总和。其目的是尽可能反映区域真实的温室气体排放情况，为国家或地方政府制定减排政策、履行国际承诺、参与国际合作等提供必要的数据依据。组织碳排放核算是指对某一组织（如企业、机构、部门等）因为生产或

① 张希良，余润心，翁玉艳. 中外碳市场制度设计比较［J］. 环境保护，2022，50（22）：16-20.
② 中国生态环境部.《全国碳排放权交易管理办法（试行）》［EB/OL］.（2021-01-05）［2023-08-21］.
　　https://www.mee.gov.cn/xxgk2018/xxgk/xxgk15/202112/t20211228_858246.html.
③ 陶春华. 碳资产：生态环保的新理念——概念、意义与实施路径研究［J］. 学术论坛，2016，39（06）：64-67.

经营活动而产生或者控制的温室气体排放量进行测量、计算和报告的过程。项目碳排放核算是指对某一减排项目或活动所产生的温室气体减排量或增加量进行测量、计算和报告的过程，主要参考相关减排机制的规则进行，涉及基准线设定、监测方案设计、减排量验证等步骤。产品碳排放核算是指对某一商品或服务在整个生命周期内所产生的温室气体排放量进行测量、计算和报告的过程。

1.4.3 减排碳资产的开发

减排碳资产的开发是指通过实施减排项目或活动，按照一定的方法和标准，对所产生的碳资产进行测量、计算、验证和注册的过程。碳资产开发与管理涉及多方主体、多种机制、多个层面，需要有一套完善的法规体系和开发流程来规范和指导。[①]目前在国内自愿减排交易机制中，需要遵循最新通过的《温室气体自愿减排交易管理办法（试行）》的相关规定。在开发流程方面，根据不同的减排项目或活动类型，碳资产开发与管理涉及不同阶段和环节的具体操作。一般来说，其可以分为以下几个步骤：项目前期准备、项目设计文件编制、项目公示、项目审定、项目登记、项目实施、监测与减排量测算、项目减排量公示、项目减排量核查、项目减排量登记等。碳资产开发可以推动绿色金融和创新的发展，提高社会对低碳发展的认知和支持。通过开发碳资产，企业可以利用金融工具和平台，如碳债券、碳信用等，拓展融资渠道和投资机会，同时提高自身的 ESG 表现。

1.4.4 碳管理体系

碳管理体系是指在碳市场背景下，企业或组织为了提高碳资产的数量和质量、实现碳资产的价值增值而建立的一套规范和有效的管理方法和流程。碳管理体系主要涉及碳排放管理、碳资产管理、碳交易管理和碳中和管理等方面，是企业实现低碳转型、绿色发展的重要手段。当前，我国已经有一些行业龙头和领军企业在积极开展碳管理体系的构建工作，通过建立碳资产管理体系，实现自身的低碳转型和绿色发展。企业应当明确自身的碳管理目标和责任，根据自身的行业特点和发展战略，制订合理的碳减排计划，通过采用科学的方法和标准，建立覆盖碳排放、碳资产、碳交易、碳中和全过程的管理体系，构建企业节能减碳长效机制。

① 江玉国，范莉莉，于艳昕.工业企业碳无形资产的开发研究 [J].管理现代化，2014，34（06）：19-21.

1.4.5 碳资产信息披露

　　碳资产信息披露是企业通过财务报表或者社会责任报告、ESG 报告等方式将企业拥有的碳资产相关信息进行披露，以便使各利益相关方了解企业拥有的碳资产信息。这是碳资产管理的重要组成部分，也是碳市场运行的基础和保障。本书将从碳会计、碳信息披露和碳资产评估这三个方面介绍碳资产信息披露的相关内容。碳会计是指根据会计准则和相关规定，对企业所持有的碳资产进行确认、计量和报告的过程。碳会计的目的是反映企业在碳排放交易市场上的真实情况，为企业的决策提供依据。碳信息披露是指企业向利益相关方公开其在气候变化方面所承担的责任和所取得的成效，以及其所持有或参与交易的碳资产相关信息。碳资产的信息披露需要遵循完整、准确、及时、一致等原则，包括碳资产的来源、类型、数量、质量、交易情况等内容①，目的在于增强企业在气候变化领域的透明度和信誉度，提升企业在社会和市场上的形象。碳资产评估是指运用科学的方法和技术，对企业所持有的碳资产进行价值分析和预测的过程。碳资产评估的目的是为企业提供合理的参考价格，促进碳排放交易市场的有效运行。

1.4.6 碳金融

　　国际碳基金研究课题组认为："碳金融是以市场化方式应对气候变化的各种金融手段的统称。从广义上讲，碳金融包括了碳金融市场体系、碳金融组织服务体系和碳金融政策支持体系等支持全球温室气体减排的金融交易活动和交易制度。"②碳金融的兴起源于国际气候政策的变化，特别是《联合国气候变化框架公约》和《京都议定书》等协议的签署，为碳金融提供了法律基础和市场需求。碳金融市场是指以碳资产为交易标的的市场，是碳金融的核心部分，也是碳金融的表现形式。③在国内层面，碳金融市场呈现出规范化、扩张化和创新化的特点，主要包括国家层面的全国碳排放权交易市场和地方层面的碳排放权交易试点市场两大类，以及碳信贷、碳债券、碳基金、碳衍生品等多种金融工具。目前，我国碳金融仍处于初级阶段，需要国家政策引导和支撑，不断完善碳

---

① 杨艾. 低碳经济模式下企业会计信息披露研究［J］. 财会通讯，2011（07）：21-22.
② 碳基金课题组. 国际碳基金研究［M］. 北京：化学工业出版社，2013.
③ 袁广达，徐德越. 双碳目标衔接的碳会计研究［J］. 会计之友，2023（02）：101-107.

金融市场的运行规范，健全交易规则和制度，形成合理的市场信号和激励机制，提高市场运行效率。

本章思考题

1. 考虑到碳资产代表的是温室气体的排放权，并可能与经济增长、工业生产和能源需求紧密相关，如何确保在未来碳资产的交易和利用不会妨碍发展中国家的经济发展和工业化进程？

2. 假设某个国家有丰富的化石燃料资源，并且大部分国民的就业机会都与这个产业有关。如何设计一个策略，使国家既能充分利用碳资产促进经济发展，又能确保环境的可持续性并满足国际减排承诺？

3. 考虑到外部性理论强调了市场失灵的可能性，当市场不能充分计算环境成本时，如何看待碳资产作为一种市场机制来"定价"温室气体排放？结合科斯定理，你认为碳资产的交易能否真正解决气候问题，还是仅仅是一种经济手段来回应环境问题？

4. 结合可持续发展理论和公正转型理论，如何看待碳资产的发展对于那些高排放、低收入国家的影响？你认为碳资产交易是否可能进一步加剧全球不平等，还是它提供了一个平衡经济和环境目标的机会？如何确保公正转型的实现？

5. 在中国"双碳"战略背景下，如何看待碳资产管理在促进企业和地方政府转型中的角色？碳资产管理是否可能在某些情境下与其他经济或社会目标发生冲突？

6. 考虑到中国的经济多样性和地域差异，碳资产管理在不同地区和产业内应如何应用？在此基础上，结合公正转型理论，如何确保较低收入或过度依赖高碳产业的地区在追求"双碳"目标时不被边缘化？

第 2 章　碳资产的分类与获取

2.1 碳资产的分类

为了应对气候变化,《京都议定书》等国际公约规定了不同类别国家的碳排放减排义务,并提出了各国之间可以通过碳市场交易碳排放权,使温室气体排放量在规定的限额内,进而形成了一种制度下的碳排放权利,这就是最初的碳资产。一国的碳排放主要产生于企业的生产经营,因此控制企业碳排放是根本。为此,我国制定了"双碳"目标,并通过设置明确的时间表和路线图来保障目标的实现。根据减排目标,生态环境部制定全国碳排放配额的分配标准,并逐一落实到具体企业,超额排放的企业将受到处罚。为了提高企业节能减排的积极性,2011 年以来,北京、天津、上海等地开展了碳排放权交易试点,鼓励企业进行碳排放权交易。2021 年 2 月 1 日,《碳排放权交易管理办法(试行)》施行,同年 7 月,全国碳排放权交易市场正式启动。2024 年 1 月 25 日,国务院总理李强签署第 775 号国务院令,公布《碳排放权交易管理暂行条例》(以下简称"《条例》")。《条例》自 2024 年 5 月 1 日起施行,成为指导我国碳排放权交易的第一部行政法规。

碳资产可以根据不同的视角分成不同的种类。常见的分类方式有两种。①

2.1.1 按照碳交易市场客体分类

根据碳市场交易的客体不同,碳资产可以分为碳交易基础产品和碳交易延伸产品。

1. 碳交易基础产品

碳交易基础产品也称碳资产原生交易产品,包括碳排放配额和碳减排信用额。根据

---

① 刘萍,陈欢. 碳资产评估理论及实践初探［M］. 北京:中国财政经济出版社,2013.

国际会计准则理事会（International Accounting Standards Board，IASB）发布的解释公告，碳排放配额归为排污权的范畴，定义为"通过确定一定时期内污染物的排放总量，在此基础上，通过颁发许可证的方式分配排放指标，并允许指标在市场上交易。排放者可以从政府手中购买这种权利，也可以向拥有排放权的排放者购买，排放者相互之间可以出售或转让排放权"。《京都议定书》对碳减排信用额的解释是："在经过联合国或联合国认可的减排组织认证的条件下，国家或企业以增加能源使用效率，减少污染或减少开发等方式减少碳排放，因此得到可以进入碳交易市场的碳排放量计量单位。"碳减排信用额是金融计量单位，每个信用额相当于一吨未被排放到大气中的二氧化碳。

2. 碳交易延伸产品

碳交易延伸产品包括碳交易衍生品、碳普惠、碳基金、碳交易创新产品等。曾刚、万志宏指出了五种碳交易衍生品，包括应收碳排放权的货币化、碳排放权交付保证、套利交易工具、保险/担保、与碳排放权挂钩的债券。[①]王留之、宋阳提出了几类碳资产相关的金融创新产品，主要是银行类碳基金理财产品、以核证减排量收益权为质押的贷款、信托类碳交易产品、碳资产证券化等。[②]

2.1.2 按照现行的碳交易制度分类

按照现行的碳交易制度，碳资产可以分为配额碳资产和减排碳资产。[③]

1. 配额碳资产

配额碳资产，是指通过政府机构分配或进行配额交易而获得的碳资产，它是在"总量控制——交易机制"下产生的。在结合环境目标的前提下，政府会预先设定一个期间内温室气体排放的总量上限，即总量控制。在总量控制的基础上，将总量任务分配给各个企业，形成"碳排放配额"，作为企业在特定时间段内允许排放的温室气体数量，如欧盟排放交易体系下的欧盟碳配额（European Union Allowances，EUAs）、中国各碳交易市场下的配额等。

2. 减排碳资产

减排碳资产，也称为碳减排信用额或信用碳资产，简称碳信用（Carbon Credit），是

① 曾刚，万志宏. 国际碳金融市场：现状、问题与前景 [J]. 中国金融，2009（10）：19-25.
② 王留之，宋阳. 略论我国碳交易的金融创新及其风险防范 [J]. 现代财经，2009（06）：30-34.
③ 张鹏. 碳资产的确认与计量研究 [J]. 财会研究，2011（05）：40-42.

指通过企业自身主动进行温室气体减排行动，得到政府认可的碳资产，或是通过碳交易市场进行信用额交易获得的碳资产，它是在"信用交易机制"（Credit-trading）下产生的。在一般情况下，温室气体控排企业/主体可以通过购买减排碳资产，用以抵消其温室气体超额排放量，如清洁发展机制下的核证减排量和中国自愿减排机制下的核证自愿减排量。

案例链接

碳交易系统建设案例：碳排放权交易市场①

背景：建设碳排放权交易市场是利用市场机制控制和减少温室气体排放的重大举措，是深化生态文明体制改革的迫切需要，也是推动实现碳达峰目标与碳中和愿景的重要政策工具。

建设过程：按照全国碳市场建设工作总体要求，全国碳市场由上海环境能源交易所（以下简称"上海环交所"）负责交易系统建设，湖北碳排放权交易中心负责登记结算系统建设，支撑国家做好碳市场运行管理，稳妥推进制度体系、基础设施建设、能力建设等各项工作任务，2021 年 7 月 16 日，全国碳排放权交易市场在上海环交所正式启动上线交易，纳入 2000 多家发电行业，覆盖约 45 亿吨二氧化碳排放量，成为全球规模最大的碳市场。

发展成效：市场启动至今，已有超过半数的重点排放单位参与交易，促进企业减排温室气体和加快绿色低碳转型的作用初步显现，全国碳排放配额累计成交量 1.95 亿吨，累计成交额 85.59 亿元。碳配额二级市场现货交易规模居同时期国际市场首位。同时，全国碳市场的启动也带动了自愿减排交易大幅增长。一年多来，全国碳市场运行平稳有序、交易价格稳中有升，有效发挥了碳定价功能。

---

① 上海市国有资产监督管理委员会. 上海联交所服务国家"双碳"战略，推动建设碳交易市场［EB/OL］.（2022-10-17）［2023-08-10］. https://www.gzw.sh.gov.cn/shgzw_xxgk_cyggcz/20221017/00bc9b2694774fd9a80f8ef7f2a64616.html.

2.2 碳资产的获取

企业获得碳资产的方式主要有以下几种：

①政府许可的碳排放指标——免费分配的配额碳资产。

②通过碳减排项目而获得的温室气体减排量（需要经过认证程序）——减排碳资产。

③通过交易购买的碳资产。这既包含通过有偿购买的碳资产，也包括通过碳普惠积分、碳基金等市场化交易购买的其他碳资产。

2.2.1 配额碳资产的获取

碳排放权交易体系中，由政府主管部门对纳入体系内的控排企业分配碳排放配额，碳排放权分配类型大体分为免费分配、有偿分配和混合模式三种。其中免费分配方法包括历史排放总量法、历史强度法和基准线法，有偿分配可以采用拍卖或者固定价格出售方式进行。大多数碳交易体系在运行初期都采取免费分配为主的混合模式。欧盟在初期免费分配的比例达到了 90% 以上，我国在碳交易试点时期大部分采用免费分配，部分试点地区则允许有偿拍卖。总体而言，碳排放配额分配以免费分配为主，有偿分配为辅。

1. 免费分配

配额分配采取的是以强度控制为基本思路的行业基准法，目前以免费分配为主。企业根据配额分配方案可以自行计算，得出应该获得的配额数量。该方法基于实际单位产品碳排放强度，对标行业基准碳排放水平。配额免费分配与实际产出量挂钩，体现了奖励先进、惩戒落后的原则，同时兼顾了当前我国将二氧化碳排放强度列为约束性指标要求的制度安排。重点排放单位对排放数据的核查结果乃至分到的配额有疑义的可以复核申诉。具体而言，免费分配在实际操作中分为历史排放总量法——"祖父法"、历史强度法、基准线法等。

（1）历史排放总量法——"祖父法"

这种分配方式的标准是基于企业过去一段时期的碳排放历史数据，因此被形象地称为"祖父式"。这个历史时期又被称为基准年度，基准年度的选择对于运用"祖父法"进行计算十分重要。首先，考虑到企业产值波动因素，一般选择过去 3~5 年排放量的均值。同时，一些企业由于外部原因在某些年度的产值可能会突然下降，因此允许在基准年度中去掉碳排放量最低的年份。其次，对于经济发展速度较快的发展中国家来说，企业的生产规模往往也扩张得比较快，因此采用一个固定基准年的数据作为配额分配依据显然不够合理。对于发展中国家而言，应当选用滚动基准年进行计算。大部分碳交易体系在初期采用"祖父法"作为无偿分配方法。

（2）历史强度法

历史强度法是指根据排放单位的产品产量、历史强度值、减排系数等分配配额的一种方法。市场主体获得的配额总量以其历史数据为基础，根据排放单位的实物产出量（活动水平）、历史强度值、年度减排系数和调整系数四个要素计算重点排放单位配额的方法。如中国部分试点采用的是以前几个年度的二氧化碳平均排放强度作为基准值，该方法介于基准线法和历史排放总量法之间，是在碳市场建设初期，行业和产品标杆数据缺乏的情况下确定碳配额的过渡性方法。

（3）基准线法

基准线法是首先将不同企业生产的同种产品的单位产品碳排放由小到大进行排列，然后在其中选择一个标准作为基准线。企业配额获得数=产品的生产量×基准线值。因此，对于排放强度低于基准线的企业来说，可以将剩余的配额用来在市场上出售从而获益；而对于那些排放强度高于基准线的企业来说，必须去购买不足的配额。这样会使企业的生产成本进一步增加，促使企业去积极寻求减排的手段。

2. 有偿分配

（1）拍卖

拍卖就是企业以拍卖竞价的方式有偿地获得配额，拍卖价格和各个企业的配额分配过程均由市场决定。实践中最常用的拍卖方式是一级密封拍卖，即所有投标人同时出价，按最高价成交，拍卖品归出价最高者所有。拍卖的方式可以使配额在公开、透明的情况下得到分配。

（2）按固定价格出售

按固定价格出售的方式是指企业依据自身需要按照政府定价购买排放权。政府定价往往是主管部门根据市场需求以及行业碳排放强度来制定。这种分配方式实际是政府主导与市场调节相结合的方式。

3. 混合模式

大部分碳排放交易体系都是采用渐进混合或行业混合的模式进行配额分配。渐进混合模式是在初期对全部配额或者绝大部分配额进行免费分配，以便碳排放交易能够尽快为企业所接受并得到推广。在碳排放交易体系发展一段时间后，逐渐地提高有偿分配在配额分配中的比例，向完全有偿分配模式过渡。渐进混合模式既可以在初期鼓励企业更多参与碳交易体系，又可以逐步实现碳交易体系设计的初衷。行业混合模式则针对不同行业的特点采用不同的分配方式，对比较容易转嫁成本的上游行业采用有偿分配的方式，对碳密集型或在国际上竞争激烈的行业则采用免费发放的方式。

2.2.2 减排碳资产的获取

减排碳资产，也称为信用碳资产，它是在"信用交易机制"下产生的。符合要求的相关社会主体可以按照相应减排交易机制的要求，自主自愿开发减排碳资产项目，获取减排碳资产。减排碳资产能够在碳交易市场上进行交易，出售给那些温室气体排放超出限额的企业，用以抵消其温室气体超额排放的责任。减排碳资产也可通过温室气体自愿减排交易获得。温室气体自愿减排交易遵循公开、公平、公正、诚信和自愿原则。交易参与者为国内外机构、企业、团体和个人。

我国对温室气体自愿减排交易采取备案管理，主要的项目类型为 CCER 项目，具体可参阅本书第 4 章"减排碳资产的开发"部分。

2.2.3 其他碳资产的获取

如前所述，企业获取碳资产的主要来源是配额碳资产和减排碳资产。为了让全民参与碳减排，更好促进节能减碳行为，除了以上两大类以外，在我国部分区域，还进行了碳普惠积分、碳基金等碳交易延伸产品的探索。

1. 碳普惠积分

碳普惠是通过市场化机制对小微企业、社区家庭和个人的节能减碳行为进行具体量化积分，建立起以商业激励、政策鼓励和核证减排量交易相结合的正向引导机制，核证为可用于交易、兑换商业优惠或获取政策指标的减碳量，二氧化碳当量是碳普惠制核证减排的单位。碳普惠积分意味着公民个人的减碳行为可以通过某些途径参与碳市场并获得激励。把低碳行为进行具体量化和赋予一定价值，与商业激励、政策激励、公益激励和交易激励相结合，能够调动公众积极加入全民减排行动，是碳市场等强制减排行动之外的重要补充，是实现绿色低碳发展的有效手段之一。

2. 碳基金

碳基金是指由政府、金融机构、企业或个人投资设立的专门基金，致力于在全国范围购买碳信用或投资于温室气体减排项目，经过一段时间后给予投资者回报，以助力改善全球气候问题。碳基金属于碳金融市场体系的一部分。

案例链接

碳减排案例：自愿碳减排市场的未来前景[①]

背景： 自愿碳减排市场是助力国家和企业实现碳中和的重要渠道，也是推动碳市场深化发展、实现低成本减排的重要政策工具。相比"高数量"的减排，"高质量"的减排才是未来实现应对气候变化目标的根本需求，只有"高质量"的自愿减排量才能坚实地助力各国和企业实现气候目标。北京绿色交易所总经理梅德文指出，中国的碳减排需要有一个具备约束力的强制配额市场，同时也要建立一个更加有规模、有流动性的自愿减排市场，这样才能更低成本、更高效率地实现"双碳"目标。

发展成效： 相关数据显示，2020 年全球有超过 1 亿吨二氧化碳当量的碳减排量被注销，是 2017 年的两倍多，市场增速明显。根据研究机构分析结果估计，2030 年的自愿减排市场规模的保守估值将达到 50 亿美元至 300 亿美元之间。未来自愿减排市场潜力很大。从国内来看，自 2012 年《温室气体自愿减排交易管理暂行办法》发布以来，我国自愿减排市场搭建了相对完善的运行管理体系，国家应对气候变化战略研究和国际合作中心总经济师张昕表示，"全国碳市场第一个履约周期，约 3 400 万吨中国国家核证自愿减排量（CCER）被用于配额清缴履约抵消。这些用于抵消的 CCER 不但为重点排放单位减轻了配额清缴履约的经济负担，也为温室气体自愿减排项目业主带来直接经济激励约 20 亿元。"

未来展望： 未来需要从多方面持续推动高质量自愿减排量。美国环保协会北京代表处全球气候行动高级主管刘洪铭建议：一是加快核心法律体系和相关支撑制度建设，例如配套的会计准则和跨国交易制度等。二是加快基础设施和相关制度建设，包括加快注登系统和交易平台建设，预留国际接口。三是加强各层级监管，这涉及目前在我国地方层面开展的一些类似 CCER 的自愿减排项目的相关问题，未来此类项目是否并入 CCER 统一管理、是否允许国际交易等问题都需要解决。四是定期开展自愿减排项目体系和相关项目的评估，以应对国际最新形势。五是加强信息披露，保证市场的公开透明和稳定

[①] 央视网. 高质量的自愿减排量将是香饽饽（中国环境报）[EB/OL].（2022-06-14）[2023-08-10].
https：//eco.cctv.com/2022/06/14/ARTIOdie4CqGHUQZeaePa2QL220614.shtml.

运行。六是以国际航空碳抵消与减排机制（CORSIA）为切入点，加强国际沟通与交流，推动更广范围的应对气候变化行动。

本章思考题

1. 试调查并搜集壳牌石油公司、英国石油公司、中国石油公司、中国石化公司碳资产管理的体系设计情况，并比较它们之间的异同。

2. 在实现"双碳"目标的大背景下，各行各业积极倡导绿色发展，勇担社会责任，用实际行动做"碳中和"践行者。2021 年，上海环境能源交易所共计完成 90 多笔碳中和业务认证，包括大型活动、会议及企业经营活动等方方面面。试分析 CCER 方式在促进"双碳"目标方面的优势。

3. 让全民参与碳减排，更好促进节能减碳行为成为"双碳"目标发展的共识。试介绍碳普惠积分和碳基金实践在我国广东、北京、湖北等地的发展情况及取得的成效。

第3章 碳排放核算

3.1 区域碳排放核算

3.1.1 温室气体清单的背景

3.1.1.1 基本概念

《联合国气候变化框架公约》（以下简称"《框架公约》"）：是 1992 年 5 月 22 日联合国政府间谈判委员会就气候变化问题达成的公约，于 1992 年 6 月 4 日在巴西里约热内卢召开的由世界各国政府首脑参加的联合国环境与发展会议期间提交各国签署，于 1994 年正式生效。《框架公约》是世界上第一个为全面控制二氧化碳等温室气体排放、应对全球气候变暖给人类经济和社会带来不利影响的国际公约，也是国际社会在应对全球气候变化问题上进行国际合作的一个基本框架。《框架公约》要求各国为应对气候变化采取行动，确立了发达国家与发展中国家"共同但有区别责任"的原则，要求发达国家率先采取减排行动。自 1995 年以来，《框架公约》缔约方大会每年召开一次，截至 2023 年 7 月，加入该公约的缔约国共有 198 个。

《京都议定书》：为了应对气候变暖，1997 年 12 月，《框架公约》在日本京都举行第三次缔约国大会，会上 149 个国家和地区的代表通过了《京都议定书》。《京都议定书》旨在限制发达国家温室气体排放量，以抑制全球变暖。[①]《京都议定书》是对《框架公约》的补充，它与《框架公约》最主要的区别是，《框架公约》鼓励发达国家减排，而《京都议定书》强制要求发达国家减排，具有法律约束力。中国于 1998 年 5 月签署并于 2002 年 8 月核准了《京都议定书》，欧盟及其成员国于 2002 年 5 月 31 日正式批准了《京

[①] 中国人大网. 京都议定书［EB/OL］.（2009-08-24）［2023-07-11］. http://www.npc.gov.cn/zgrdw/npc/zxft/zxft8/2009-08/24/content_1515037.htm.

都议定书》。《京都议定书》于 2005 年 2 月 16 日正式生效。2005 年 11 月 28 日，《京都议定书》缔约方第一次会议与《框架公约》缔约方第十一次会议在加拿大蒙特利尔市同期召开[1]，之后每年的缔约方会议都与《框架公约》缔约方会议同期同地召开。

《巴黎协定》：2015 年 12 月 12 日，近 200 个缔约方在第二十一届联合国气候变化大会上通过《巴黎协定》，2016 年 4 月，各缔约方在纽约共同完成签署。这是继《京都议定书》后第二份有法律约束力的气候协议，为 2020 年后全球应对气候变化行动做出了安排。《巴黎协定》的长期目标是将全球平均气温较前工业化时期上升幅度控制在 2℃以内，并努力将温度上升幅度限制在 1.5℃以内。[2] 2021 年 11 月 13 日，联合国气候变化大会（COP26）在英国格拉斯哥闭幕。经过两周的谈判，各缔约方最终完成了《巴黎协定》实施细则。[3]

温室气体：指大气中吸收和释放长波或红外辐射的气态成分，如二氧化碳（CO_2）、氟利昂、甲烷（CH_4）等，这些温室气体是全球气候变化的主要影响因素，而这些温室气体的大量排放导致全球气候变暖的效应被称为"温室效应"。《京都议定书》中规定的六类温室气体种类分别为二氧化碳（CO_2）、甲烷（CH_4）、氧化亚氮（N_2O）、氢氟碳化物（HFCs）、全氟化碳（PFCs）和六氟化硫（SF_6），2012 年《京都议定书》第八次缔约方会议上增加了三氟化氮（SF_3）作为第七种温室气体。我国的《工业企业温室气体排放核算和报告通则》以及《碳排放权交易管理办法（试行）》参照《框架公约》，也将温室气体界定为上述七种气体。我国省级温室气体清单编制相关指南和依据尚未更新，区域清单编制过程中的排放源暂只包括《京都议定书》中规定的六类温室气体。

温室气体清单：是对一定区域内人类活动排放和吸收的温室气体的全面汇总[4]。温室气体清单的编制是应对气候变化的一项基础性工作，通过编制温室气体清单，可以更

---

① 外交部. 气候变化公约和《京都议定书》缔约方会议在蒙特利尔举行［EB/OL］.（2005-12-20）［2023-07-11］. https://www.mfa.gov.cn/wjb_673085/zzjg_673183/tyfls_674667/xwlb_674669/200512/t20051220_7669430.shtml.

② 中国新闻网. 新一轮气候谈判开幕《巴黎协定实施细则求突破》［EB/OL］.（2018-05-01）［2023-07-12］. https://www.chinanews.com.cn/gj/2018/05-01/8503499.shtml.

③ 中国新闻网. 联合国气候变化大会闭幕［EB/OL］.（2021-11-14）［2023-07-12］. https://www.chinanews.com/gj/2021/11-14/9608800.shtml.

④ 国家发展和改革委员会气候司. 低碳发展及省级温室气体清单编制培训教材［EB/OL］.（2013-10-24）［2023-07-12］. https://ccchina.org.cn/archiver/ccchinacn/UpFile/Files/Default/201403281349373689 77.pdf.

精准地识别编制区域的主要排放源、影响因素和减排重点，了解各部门、各行业的排放现状，从而有效地制定应对气候变化的方案和措施。

排放源：指向大气中排放温室气体、气溶胶或温室气体前体的任何过程或活动，如化石燃料燃烧活动，主要是向大气排放温室气体。

吸收汇：指从大气中清除温室气体、气溶胶或温室气体前体的过程、活动或机制，如森林的碳吸收活动，主要是从大气吸收温室气体。

活动水平：指在特定时期内（一年）以及在界定地区里，产生温室气体排放或清除的人为活动量。

排放因子：在气候变化领域，排放因子是与活动水平数据相对应的系数，用于量化单位活动水平的温室气体排放量或清除量。

3.1.1.2　温室气体清单的发展历程

20 世纪初，科学家们开始研究大气中的温室气体，以了解它们对地球气候的影响，这些研究奠定了温室气体清单编制的科学基础。20 世纪后半叶，随着全球对气候变化问题的日益关注，各国开始制定环境政策和法规来限制温室气体排放。这些政策需要企业和组织报告其排放数据，促使温室气体清单编制成为一项重要工作。1992 年《联合国气候变化框架公约》的签署奠定了国际合作的基础，要求缔约国提交国家温室气体清单和排放数据。随后的《京都议定书》和《巴黎协定》进一步强调了温室气体清单的重要性，并推动各国采取更具约束力的减排承诺。

为了确保温室气体清单的一致性和可比性，国际社会组织制定了清单编制的标准和指南，这些标准和指南的制定有助于各国以相似的基础和方法编制和报告清单数据。目前发达国家和发展中国家都是依据《IPCC 国家温室气体清单指南》开展各国温室气体清单的编制工作。[1]

欧盟于 1990 年通过了建立欧洲环境署（European Environment Agency，EEA）的法规，并于 1993 年发布欧洲环境政策/欧洲经济区空气污染排放清单指南（简称 EMEP/EEA）。欧洲的一些国家通常采用 EMEP/EEA 的方法编制温室气体清单，之后转换为气候公约秘书处所要求的 IPCC 格式，最后，欧盟 15 个成员国以联盟的形式向《框架公约》提交温室气体排放清单。

美国公共卫生局（US Public Health Service，PHS）于 1968 年发布了《空气污染物

---

[1] 史学瀛，李树成，潘晓滨，等. 碳排放交易市场与制度设计［M］. 天津：南开大学出版社，2014.

排放系数汇编》（AP-42），其中包括了温室气体的相关排放系数。美国环境保护署（The Environmental Protection Agency，EPA）结合 AP-42 和 IPCC 的方法学和参数，发布了多个温室气体排放量核算的方法学。1993 年，美国形成温室气体清单编制体系，并于 1994 年开始每年向《框架公约》提交温室气体排放清单。

日本于 1994 年首次报告了温室气体排放数据，在此之前，日本政府主要依赖于企业自愿报告数据，数据质量有待提高。在首次提交温室气体排放数据后，日本加强了温室气体清单编制的法规和政策框架。1998 年，日本政府制定了《温室气体计量法》和《温室气体计量技术基准指南》，规范了温室气体清单的编制方法。

我国分别于 2004 年、2012 年和 2017 年向《框架公约》缔约方大会提交了《中国气候变化初始国家信息通报》《中华人民共和国气候变化第二次国家信息通报》和《中华人民共和国气候变化第一次两年更新报告》，报告了我国 1994 年、2005 年和 2012 年的温室气体清单，于 2019 年报告了我国 2010 年和 2014 的温室气体清单，于 2023 年报告了我国 2017 年、2018 年的温室气体清单。

2010 年，国家发展和改革委员会（以下简称"国家发展改革委"）办公厅正式下发了《关于启动省级温室气体清单编制工作有关事项的通知》，文件要求各地制定工作计划和编制方案，组织好温室气体清单的编制工作，并选取了广东、浙江、天津、湖北、陕西、辽宁和云南共七个省市作为省级温室气体清单编制试点地区。

2015 年，国家发展改革委办公厅正式下发了《关于开展下一阶段省级温室气体清单编制工作的通知》，文件要求各地启动编制 2012 年和 2014 年的温室气体清单，建立长效工作机制，将清单编制工作常态化。2010 年以来，我国已有 31 个省市区和新疆生产建设兵团完成了连续多年省级温室气体清单的编制工作。

3.1.1.3 温室气体清单的编制依据

世界气象组织（World Meteorological Organization，WMO）和联合国环境规划署（United Nations Environment Programme，UNEP）在 1988 年共同建立了联合国政府间气候变化专门委员会，IPCC 发布的《IPCC 国家温室气体清单指南》为世界各国编制国家清单的技术规范和方法学指导。

目前，我国各省市、县（区）温室气体清单的编制依据主要是《省级温室气体清单编制指南（试行）》，该指南是在《IPCC 国家温室气体清单指南》的基础上编写而成的。同时，在温室气体清单编制的过程中还可以参考其他相关指南或标准，包括但不限于 24 个行业企业温室气体核算方法与报告指南、《2005 年中国温室气体清单研究》《城市温室气体核算工具指南》（世界资源研究所编制）、《低碳发展及省级温室气体清单编制》《ISO 14064 系列标准》《ICLEI 指南》《GRIP 温室气体地区清单议定书》、各省市区域性温室气体清单编制指南等相关国际国内标准。

3.1.1.4 温室气体清单的编制流程

温室气体清单的编制流程主要包括基础资料准备阶段、现场调研和数据收集阶段、清单编制阶段和评审验收阶段，具体流程如图 3-1 所示。

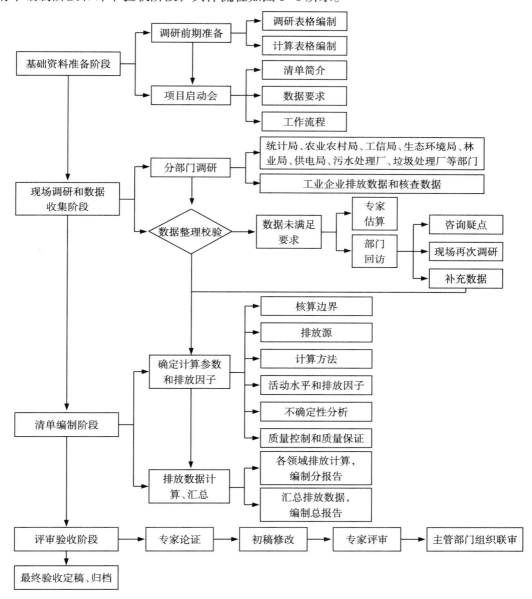

图 3-1　温室气体清单编制流程图

3.1.2 排放源识别和活动水平确定

3.1.2.1 温室气体清单的组成部分

根据《省级温室气体清单编制指南（试行）》，温室气体清单的组成范围包括能源活动、工业生产过程、农业活动、土地利用变化和林业、废弃物处理五大领域，各个领域涉及的排放源如图 3-2 所示。

能源活动领域温室气体清单的编制和报告范围包括五个部分：一是化石燃料燃烧产生的二氧化碳、甲烷和氧化亚氮排放；二是生物质燃料燃烧产生的甲烷和氧化亚氮排放；三是煤炭开采和矿后活动产生的甲烷逃逸排放；四是石油和天然气系统产生的甲烷逃逸排放；五是电力调入/调出的二氧化碳间接排放。

工业生产过程温室气体清单报告的是工业生产中能源活动温室气体排放之外的其他化学反应过程或物理变化过程的温室气体排放。

农业活动领域温室气体清单的编制和报告范围包括四个部分：一是稻田甲烷排放；二是农用地氧化亚氮排放；三是动物肠道发酵甲烷排放；四是动物粪便管理甲烷和氧化亚氮排放。

土地利用变化和林业领域温室气体清单既包含温室气体的排放，也包括温室气体的吸收。在温室气体清单编制年份中，如果温室气体的排放量超过吸收量，则表现为碳排放源，反之则表现为碳吸收汇。

废弃物处理领域温室气体清单的编制和报告范围包括固体废弃物处理和废水处理产生的排放。其中，固体废弃物处理产生的排放包括城市固体废弃物（主要指城市生活垃圾）填埋处理产生的甲烷排放和固体废弃物焚烧处理产生的二氧化碳排放；废水处理产生的排放包括生活污水处理产生的甲烷排放、工业废水处理产生的甲烷排放和废水处理产生的氧化亚氮排放。

3.1.2.2 排放源识别

1. 能源活动排放源

（1）化石燃料燃烧排放

化石燃料燃烧排放指清单编制区域内不同的燃烧设备消耗不同化石燃料的排放情况，涉及六个部门、九个行业、三大类化石燃料品种和两大类燃烧设备，包括二氧化碳、甲烷和氧化亚氮共三类温室气体，具体排放源分类如表 3-1 所示。

温室气体清单内容	温室气体清单内容
能源活动	◆化石燃料燃烧产生的二氧化碳、甲烷和氧化亚氮排放 　●能源生产与加工　·公用电力与热力部门　　　·石油天然气开采与加工业 　　　　　　　　　　发电锅炉、工业锅炉、其他设备　·固体燃料和其他能源工业 　●工业和建筑业 　　·钢铁　　　　　　　　　　　　　　　·有色金属 　　　发电锅炉、工业锅炉、高炉、其他设备　　发电锅炉、工业锅炉、氧化铝回转窑、其他设备 　　·化工　　　　　　　　　　　　　　　·建材 　　　发电锅炉、工业锅炉、合成氨造气炉、其他设备　发电锅炉、工业锅炉、水泥回转窑、水泥立窑、其他设备 　　·其他工业部门　　　　　　　　　　　·建筑业 　●交通运输　·航空　　　·公路　　　·铁路　　　·水运 　●服务业及其他 　●居民生活 　●农、林、牧、渔 ◆生物质燃料燃烧产生的甲烷和氧化亚氮排放 　●秸秆及薪柴燃烧产生的甲烷、氧化亚氮排放 ◆煤炭开采和矿后活动产生的甲烷逃逸排放 　●井工开采、露天开采和矿后活动的甲烷逃逸排放 ◆石油和天然气系统产生的甲烷逃逸排放 　●钻井、天然气开采、天然气加工处理、天然气输送、原油开采、原油输送、石油炼制、油气消费、常规原油中伴 　　生的天然气开采等活动产生的甲烷逃逸排放 ◆电力调入/调出的二氧化碳间接排放 　●电力调入/调出隐含的二氧化碳间接排放作为信息项报告 ◆非能源利用的二氧化碳排放 　●原油、原煤作为原材料利用
工业生产过程	◆水泥、石灰、钢铁和电石生产过程中的二氧化碳排放 ◆己二酸和硝酸生产过程中的氧化亚氮排放 ◆一氯二氟甲烷生产过程中的三氟甲烷排放 ◆铝生产过程中的全氟化碳排放 ◆镁和电力设备生产过程中的六氟化硫排放 ◆氢氟烃生产过程中的氢氟烃排放 ◆半导体生产过程中的氢氟烃、全氟化碳和六氟化硫排放 ◆《指南》以外工业过程排放作为信息项报告
农业活动	◆稻田甲烷排放 ◆农用地氧化亚氮排放 ◆动物肠道发酵甲烷排放 ◆动物粪便管理甲烷和氧化亚氮排放
土地利用变化和林业	◆森林和其他木质生物质生物量碳贮量变化 　●乔木林生长碳吸收 　●散、四、疏生长碳吸收 　●竹、经、灌生物 　●活立木消耗碳排放 ◆森林转化碳排放 　●森林转化燃烧引起的碳排放　　　·现地燃烧　　　·异地燃烧 　●森林转化分解引起的碳排放
废弃物处理	◆固体废弃物处理 　●城市固体废弃物填埋处理产生的甲烷排放　　　·质量平衡法 　●固体废弃物焚烧处理产生的二氧化碳排放　　　·城市固体废弃物、危险废弃物、污水污泥 ◆废水处理 　●生活污水处理产生的甲烷排放 　●工业废水处理产生的甲烷排放 　●废水处理产生的氧化亚氮排放

图 3-2　温室气体清单各领域排放源汇总

表 3-1　化石燃料燃烧排放源分类

分部门排放源	分燃料品种排放源	分设备（技术）排放源
能源生产与加工转换 公用电力与热力部门 石油、天然气开采与加工业 固体燃料和其他能源工业	**固体燃料** 无烟煤、烟煤、炼焦煤、褐煤、洗精煤、其他洗煤、焦炭、型煤等	**静止源燃烧设备** 发电锅炉、工业锅炉、工业窑炉、高炉、合成氨造气炉、水泥窑、户用炉灶、农用机械、发电内燃机及其他设备等
工业和建筑业 钢铁、有色金属、化工、建材，以及其他工业部门，建筑业	**液体燃料** 原油、燃料油、汽油、柴油、煤油、喷气煤油、航空煤油、液化石油气、石脑油、其他油品等	
交通运输 航空、公路、铁路、水运		**移动源燃烧设备** 航空器、公路运输车辆、铁路运输车辆、船舶运输机具等
服务业及其他	**气体燃料** 天然气、炼厂干气、焦炉煤气、其他煤气、其他燃气等	
居民生活		
农、林、牧、渔业		

（2）生物质燃烧排放

生物质燃料主要包括四类：一是农业废弃物（农作物秸秆、木屑）和农林产品加工业废弃物；二是薪柴和木材加工的木炭；三是人和动物的粪便；四是城镇生活垃圾。

排放设备主要包括：居民生活使用的传统灶、省柴灶、煤炉等炉灶，燃用木炭和粪便的灶具，燃用动物粪便的灶具（牧区），工商业部门燃烧农业废弃物和薪柴的烤烟房、砖瓦窑、炒茶灶、燃烧炉、工业锅炉等，焚烧城市垃圾的垃圾焚烧炉。

（3）煤炭开采和矿后活动排放

煤炭开采和矿后活动的排放源包括四类：井工开采、露天开采、矿后活动以及废弃矿井甲烷逃逸排放。

井工开采排放指在煤炭井下开采过程中，煤层甲烷伴随着煤层开采不断涌入煤矿巷道和采掘空间，并通过通风、抽气系统排放到大气中形成的甲烷排放；露天开采排放指在煤炭开采过程中露天煤矿释放的和邻近暴露煤（地）层释放的甲烷；矿后活动排放指煤炭加工、运输和使用过程（煤的洗选、储存、运输及燃烧前的粉碎等过程）中产生的甲烷排放。

（4）石油和天然气系统甲烷逃逸排放

石油和天然气系统甲烷逃逸排放指石油和天然气从勘探开发到消费的全过程的甲烷排放，包括钻井、天然气开采、天然气加工处理、天然气输送、原油开采、原油输送、石油炼制、油气消费等活动，其中常规原油中伴生的天然气，随着开采活动也会产生甲烷的逃逸排放。

石油和天然气系统的主要排放设施包括：石油和天然气勘探和开发用钻机、天然气井各类井口装置；集气系统的管线加热器和脱水器、加压站、注入站、计量站和调节站、阀门和连接件等附属设施；天然气集输、加工处理和分销时使用的储气罐、处理罐、储液罐和火炬设施等；石油炼制装置；工业、发电、城市民用终端部门中的天然气消费设施等。

2. 工业领域排放源

《省级温室气体清单编制指南（试行）》中共规定以下 12 种工业生产过程排放，具体如表 3-2 所示。

表 3-2　不同工业生产过程排放源识别

生产过程	排放来源	产生的温室气体种类
水泥生产	生料中碳酸钙和碳酸镁的分解产生二氧化碳	CO_2
石灰生产	石灰石中碳酸钙和碳酸镁的分解产生二氧化碳	CO_2
钢铁生产	炼铁溶剂（石灰石、白云石中的碳酸钙和碳酸镁）高温分解和炼钢降碳过程	CO_2
电石生产	以石灰石、石灰和碳素原料（如焦炭、无烟煤、石油焦等）生产电石过程产生二氧化碳	CO_2
己二酸生产	传统制备己二酸过程产生氧化亚氮	N_2O
硝酸生产	氨催化氧化过程产生氧化亚氮	N_2O
一氯二氟甲烷生产	生产过程中副产品释放三氟甲烷	HFC-23
铝生产	原铝熔炼过程产生四氟化碳、六氟乙烷	CF_4，C_2F_6
镁生产	粗镁精炼过程产生排放六氟化硫	SF_6
电力设备生产	电力设备生产安装过程排放六氟化硫	SF_6
氢氟烃生产	生产过程排放氢氟烃	HFCs
半导体生产	蚀刻与清洗环节排放四氟化碳、三氟甲烷、六氟乙烷和六氟化硫	CF_4，CHF_3，C_2F_6，SF_6

3. 农业领域排放源

（1）稻田甲烷排放

水稻田是大气甲烷的主要人为排放源之一。中国水稻田按照种植系统分为双季早稻、双季晚稻和单季稻三大类型。常年淹水稻田不仅在生长季排放甲烷，在非生长季

（冬水田）也显著排放甲烷。对于仅在水稻生长季淹水的稻田类型，只计算水稻生长季的甲烷排放。

（2）农用地氧化亚氮排放

农用地氧化亚氮排放包括两部分：直接排放和间接排放。直接排放是由农用地当季氮输入引起的排放。输入的氮包括氮肥、粪肥和秸秆还田。间接排放包括大气氮沉降引起的氧化亚氮排放和氮淋溶径流损失引起的氧化亚氮排放。

（3）动物肠道发酵甲烷排放

反刍动物是动物肠道发酵甲烷排放的主要排放源。根据各地畜牧业饲养情况和数据的可获得性，动物肠道发酵甲烷排放源包括非奶牛、水牛、奶牛、山羊、绵羊、猪、马、驴、骡和骆驼。

（4）动物粪便管理甲烷和氧化亚氮排放

动物粪便管理甲烷和氧化亚氮排放是指在畜禽粪便施入土壤之前动物粪便贮存和处理所产生的甲烷和氧化亚氮。根据各地畜牧业饲养情况和数据的可获得性，动物粪便管理甲烷和氧化亚氮排放源包括非奶牛、水牛、奶牛、山羊、绵羊、猪、马、驴、骡、骆驼和家禽。

4. 土地利用变化和林业活动排放源

土地利用变化和林业活动既包括温室气体的排放，也包括温室气体的吸收。

温室气体的排放包括四部分：一是由于森林采伐、薪炭材采集等活动造成的森林或其他木质生物质生物量的减少，减少的这部分生物量碳库的碳储量即为森林消耗碳排放；二是乔木林（包括乔木经济林）和竹林转化为非林地的过程造成地上生物量的损失，从而导致温室气体排放；三是毁林后的地上生物量一部分作为可利用材移走，剩余部分中一部分可能在林地内"现地燃烧"，一部分则可能移除到林地外进行"异地燃烧"，导致温室气体排放；四是毁林后的地上生物量除燃烧外，还有一部分剩余物可能遗留在林地中经过很长时间缓慢氧化分解，造成温室气体的排放。

温室气体的吸收即森林和其他木质生物质由于活立木生长造成地上和地下生物量增加，增加的这部分生物量碳库的碳储量，即为生物量生长碳吸收。

5. 废弃物处理排放源

废弃物处理排放源包括生活垃圾填埋处理，城市固体废弃物、危险废弃物、医疗废弃物和污水污泥等焚烧处理，生活污水处理和工业废水处理。

其中，只有废弃物中的矿物碳（如塑料、某些纺织物、橡胶、液体溶剂和废油）在焚化期间氧化过程产生的二氧化碳排放，被视为净排放，应纳入清单计算中。废弃物中所含的生物质材料（如纸张、食品和木材废弃物）燃烧产生的二氧化碳排放，是生物成因的排放，不应纳入清单计算中，应作为信息项记录。

生活污水处理甲烷排放源包括排入海洋、河流或湖泊等环境中的生活污水，以及在污水处理厂处理系统中处理的生活污水。

工业废水处理甲烷排放源为工业生产过程中产生的废水，包含直接排入环境的工业废水，以及经处理后进入生活污水管道系统的工业废水。

3.1.2.3 活动水平和排放因子的确定

1. 能源领域活动水平和排放因子的确定

（1）化石燃料燃烧排放

化石燃料燃烧排放时主要的活动水平数据包括分部门、分能源品种、分主要燃烧设备的能源活动水平数据。为了满足核算指南对数据的要求，需要对基础的活动水平数据进行加工处理。

活动水平数据按工业部门分类需要收集能源平衡表工业 39 个行业的终端能源消费数据；汽油和柴油消费数据来源于统计部门、交通部门、航空公司、铁路运输和水运等部门；非能源利用量数据来源于能源平衡表工业部门终端消费中的"用于原料、材料"量。

（2）生物质燃烧活动排放

生物质燃烧活动排放时主要的活动水平数据包括秸秆、薪柴燃烧量，木炭生产量和进出口量，工商业部门农业废弃物、薪柴燃烧量，省柴灶、传统灶的比例和热效率，秸秆、薪柴、动物粪便、木炭、城市垃圾的热值，牧区（青海、西藏、新疆、甘肃、内蒙古、宁夏）动物粪便燃烧量，省柴灶、传统灶的秸秆、薪柴燃烧量，燃用秸秆的构成（玉米秸、麦秸和其他）等。活动水平数据来源有统计资料，如省/市统计年鉴、省/市农村统计年鉴、《中国农业统计年鉴》《中国农村能源统计年鉴》《中国林业年鉴》《中国能源统计年鉴》，以及问卷调查、相关研究、专家咨询、理论推算等途径。

（3）煤炭开采和矿后活动逃逸排放

煤炭开采和矿后活动逃逸排放时主要的活动水平数据包括井工开采煤炭产量、露天开采煤炭产量和废弃矿井数量，相关数据来源于煤矿开采单位的统计报表和生产报表等统计数据。

（4）石油和天然气系统逃逸排放

石油和天然气系统逃逸排放时主要的活动水平数据包括油气开采、输送、加工等各个环节的设备数量或活动水平（如天然气加工处理量、原油运输量等）数据，相关数据来源于油气公司的统计报表和生产报表等统计数据。

能源活动排放因子数据及来源如表 3-3 所示。

表 3-3 能源活动排放因子数据及来源

类别	排放因子数据	排放因子数据来源优先顺序
化石燃料燃烧排放	各类化石燃料的单位热值含碳量、燃料燃烧设备碳氧化率	（1）有条件的地区根据实际情况获得实测数据； （2）如无相关实测数据，可以采用指南推荐值
生物质燃烧活动排放	甲烷排放因子、氧化亚氮排放因子	采用指南推荐值
煤炭开采和矿后活动逸逸排放	井工开采排放因子、露天开采排放因子、矿后活动排放因子、废弃矿井排放因子	采用指南推荐值
石油和天然气系统逃逸排放	甲烷排放因子	

2. 工业领域活动水平和排放因子的确定

工业领域排放时主要的活动水平和排放因子数据及来源如表 3-4 所示。

表 3-4 不同工业生产过程活动水平和排放因子数据及来源

生产过程	活动水平数据	活动水平数据来源	排放因子数据	排放因子数据来源
水泥生产	水泥熟料量、电石渣生产的熟料产量	统计年鉴、企业实地调研	水泥熟料生产排放因子	（1）有条件的地区根据实际情况获得实测数据； （2）如无相关实测数据，可以采用指南推荐值
石灰生产	石灰产量		石灰生产排放因子	
钢铁生产	钢铁企业石灰石和白云石的年消耗量、炼钢的生铁投入量和钢材产量		生铁平均含碳量、钢材平均含碳量	
电石生产	电石产量		电石排放因子	
己二酸生产	己二酸产量		己二酸排放因子	
硝酸生产	硝酸产量		硝酸排放因子	
一氯二氟甲烷生产	一氯二氟甲烷产量		一氯二氟甲烷排放因子	
铝生产	不同技术的原铝产量		铝生产排放因子	
镁生产	采用六氟化硫作为保护剂的原镁产量、镁加工产量		镁生产排放因子	

续表

生产过程	活动水平数据	活动水平数据来源	排放因子数据	排放因子数据来源
电力设备生产	电力设备生产过程中六氟化硫使用量	统计年鉴、企业实地调研	电力设备生产和安装过程中的六氟化硫排放因子	（1）有条件的地区根据实际情况获得实测数据；（2）如无相关实测数据，可以采用指南推荐值
氢氟烃生产	氢氟烃产量		氢氟烃生产排放因子	
半导体生产	含氟气体的使用量		半导体生产过程中含氟气体的排放因子	

3. 农业领域活动水平和排放因子的确定

（1）稻田甲烷排放

稻田甲烷排放时主要的活动水平数据包括各种常规类型水稻（双季早稻、双季晚稻和单季稻）的播种面积，主要来源于各地区农业年鉴、农村年鉴、省级统计年鉴等。

（2）农用地氧化亚氮排放

农用地氧化亚氮排放时主要的活动水平数据包括主要农作物面积和产量、畜禽饲养量、乡村人口、秸秆还田率、施肥土壤有机肥数据、相关的农作物参数和畜禽单位年排泄氮量。主要农作物面积和产量、畜禽饲养量、乡村人口和秸秆还田率数据主要来源于国家或地方统计年鉴和当地的农业农村局；施肥土壤有机肥数据、相关的农作物参数和畜禽单位年排泄氮量主要来源于指南推荐值。

（3）动物肠道发酵甲烷排放

动物肠道发酵甲烷排放时主要的活动水平数据为动物存栏量数据，包括规模化饲养、农户饲养和放牧饲养。动物存栏量数据主要来源于当地统计年鉴、农业农村局、《中国统计年鉴》《中国农业年鉴》。规模化饲养各省可以根据该省统计部门对规模化饲养的界定，如果本省统计年鉴无法获得规模化饲养数据，可以参照《中国畜牧业年鉴》中对奶牛、肉牛和羊的规模统计情况。

（4）动物粪便管理甲烷和氧化亚氮排放

动物粪便管理甲烷和氧化亚氮排放时主要的活动水平数据为动物存栏量数据，主要来源于当地统计年鉴、农业农村局、《中国统计年鉴》《中国农业年鉴》。

农业活动排放因子数据及来源如表3-5所示。

表 3-5　农业活动排放因子数据及来源

类别	排放因子数据	排放因子数据来源优先顺序
稻田甲烷排放	稻田甲烷排放因子	（1）有条件的地区应用模型 CH4MOD 计算需要年份的稻田甲烷排放因子； （2）如无计算相关参数数据，可以采用指南推荐值
农用地氧化亚氮排放	农用地氧化亚氮直接排放因子	（1）有条件的地区采用区域氮循环模型 IAP-N 估算农用地氧化亚氮排放因子； （2）如无计算相关参数数据，可以采用指南推荐值
	大气氮沉降引起的氧化亚氮排放因子；氮淋溶和径流损失引起的氧化亚氮排放因子	
动物肠道发酵甲烷排放	不同动物的甲烷排放因子	（1）有条件的地区针对各自的实际情况获得当地特有的实测数据； （2）如无相关实测数据，可以采用指南推荐值
动物粪便管理甲烷和氧化亚氮排放	不同动物粪便管理甲烷排放因子和氧化亚氮排放因子	

4. 土地利用变化和林业活动水平及排放因子的确定

土地利用变化和林业活动主要的活动水平数据包括：乔木林各优势树种（组）按龄组统计的面积和蓄积量；散生木、四旁树和疏林的蓄积量；国家特别规定的灌木林、经济林和竹林面积；乔木林、竹林和经济林转化为非林地的面积。

上述活动水平数据的来源及其优先顺序原则如下：首先选用经国家林业局认可的各省（自治区、直辖市）历次国家森林资源连续清查资料（一类清查数据）；其次可以选用各省（自治区、直辖市）林业部门认可的本省区森林资源清查资料；最后是经省（自治区、直辖市）林业部门、国土资源部门认可的其他森林资源数据、土地利用变化数据、相关图形文件（如遥感数据等）。

土地利用变化和林业活动排放因子数据及来源如表 3-6 所示。

表 3-6　土地利用变化和林业活动排放因子数据及来源

类别	排放因子数据	排放因子数据来源及优先顺序
森林和其他木质生物质生物量碳贮量变化	活立木蓄积量生长率、消耗率	（1）根据本地森林资源清查数据整理获得； （2）指南推荐值
	基本木材密度	
	乔木林、散生木、四旁树、疏林全林生物量转换系数	（1）当地实际采样测定获得； （2）符合当地条件的文献资料数据； （3）有类似条件的相邻地区数据； （4）指南推荐值
	乔木林、散生木、四旁树、疏林地上生物量转换系数	

类别	排放因子数据	排放因子数据来源及优先顺序
森林和其他木质生物质生物量碳贮量变化	竹林、经济林、灌木林地上平均单位面积生物量	（1）当地实际采样测定获得； （2）符合当地条件的文献资料数据； （3）有类似条件的相邻地区数据； （4）指南推荐值
	竹林、经济林、灌木林地下平均单位面积生物量	
	竹林、经济林、灌木林全林平均单位面积生物量	
	含碳率（森林植物单位质量干物质中的碳含量）	指南推荐值
森林转化温室气体排放	乔木林转化前单位面积地上生物量	计算值（采用乔木林单位面积蓄积量、全省平均基本木材密度和地上生物量转换系数计算得到）
	竹林、经济林转化前单位面积地上生物量	（1）当地实际采样测定获得； （2）符合当地条件的文献资料数据； （3）指南推荐值
	现地/异地燃烧生物量比例	
	被分解的地上生物量比例	
	转化后单位面积地上生物量	指南推荐值
	现地/异地燃烧生物量氧化系数	
	非二氧化碳温室气体排放比例	
	氮碳比	
	地上生物量碳含量	

5. 废弃物处理活动水平和排放因子的确定

（1）填埋处理甲烷排放

固体废弃物处理甲烷排放时主要的活动水平数据包括城市固体废弃物产生量（也就是固体废弃物清运量）、城市固体废弃物填埋量、城市固体废弃物物理成分。

清单编制区域的城市固体废弃物数据可从住房和城乡建设厅等相关部门的统计数据中获得；城市固体废弃物物理成分可通过收集垃圾处理场所相关监测分析数据或有关研究报告获得，有条件的地区则可定期进行监测和采样分析得出。

（2）废弃物焚烧处理二氧化碳排放

废弃物焚烧处理二氧化碳排放时主要的活动水平数据包括各类型（城市固体废弃物、危险废弃物、污水污泥）废弃物焚烧量，该数据可从住房和城乡建设厅等相关部门获得。

（3）生活污水处理甲烷排放

生活污水处理甲烷排放时主要的活动水平数据包括污水中有机物的总量，以生化需氧量（BOD）作为重要的指标，包括排入海洋、河流或湖泊等环境中的 BOD 和在污水处理厂处理系统中去除的 BOD 两部分。

在我国只有化学需氧量（COD）的统计数据资料，各区域如果可以获得 BOD 的详细资料或者平均状况的 BOD 排放量，建议使用区域特有值，如无相关实测数据，则采用指南提供的各区域 BOD 与 COD 的相关关系进行转换。

（4）工业废水处理甲烷排放

工业废水经处理后，一部分进入生活污水管道系统，其余部分不经城市下水管道直接进入江河湖海等环境系统。因此，为了不导致重复计算，将每个工业行业的可降解有机物即活动水平数据分为两部分，即处理系统去除的 COD 和直接排入环境的 COD，该数据可从环境统计部门获得。

（5）废水处理氧化亚氮排放

废水处理氧化亚氮排放时主要的活动水平数据包括人口数、每人年均蛋白质的消费量（千克/人/年）、蛋白质中的氮含量（千克氮/千克蛋白质）、废水中非消费性蛋白质的排放因子和工业与商业的蛋白质排放因子。

其中，人口数从统计年鉴获得，每人年均蛋白质的消费量参考《中国食物与营养发展纲要》，蛋白质中的氮含量、废水中非消费性蛋白质的排放因子和工业与商业的蛋白质排放因子采用 IPCC 指南的推荐值。

废弃物处理排放因子数据及来源如表 3-7 所示。

表 3-7　废弃物处理排放因子数据及来源

类别	排放因子数据	排放因子数据来源优先顺序
填埋处理甲烷排放	甲烷修正因子、可降解有机碳、可分解的 DOC 的比例、甲烷在垃圾填埋气体中的比例、甲烷回收量和氧化因子	（1）有条件的地区针对各自的实际情况获得当地特有的监测数据； （2）如无相关监测数据，可以采用指南推荐值
生活污水处理甲烷排放	甲烷修正因子	
	甲烷最大生产能力	
废水处理氧化亚氮排放	氧化亚氮排放因子	
废弃物焚烧处理二氧化碳排放	废弃物中的碳含量比例、矿物碳在碳总量中的比例	（1）废弃物成分分析； （2）若无废弃物成分分析，可以采用指南推荐范围内的值

续表

类别	排放因子数据	排放因子数据来源优先顺序
废弃物焚烧处理二氧化碳排放	焚烧炉的燃烧效率	采用指南推荐值
工业废水处理甲烷排放	甲烷修正因子	（1）各区域各行业工业废水现场实验监测值； （2）专家判断值； （3）指南推荐值
	甲烷最大生产能力	采用指南推荐范围内的值

3.1.3 温室气体清单数据核算

目前发达国家和发展中国家都是依据《IPCC 国家温室气体清单指南》开展各自国家的温室气体清单编制工作。我国国家温室气体清单编制主要依据《1996 年 IPCC 国家温室气体清单指南（修订版）》《国家温室气体清单优良作法指南和不确定性管理》《土地利用、土地利用变化和林业优良作法指南》和《2006 年 IPCC 国家温室气体清单指南》。我国省级和地市温室气体清单编制主要依据《省级温室气体清单编制指南（试行）》，同时参考各地市的温室气体清单编制指南和《IPCC 国家温室气体清单指南》。

各指南的计算方法基本一致，下文各领域的计算方法主要参考《省级温室气体清单编制指南（试行）》进行介绍。

3.1.3.1 能源活动排放

1. 化石燃料燃烧排放

《IPCC 国家温室气体清单指南》中化石燃料燃烧的温室气体排放清单编制方法包括两种，一是参考方法，也称方法 1，二是以详细技术为基础的部门法（自下而上方法），也称方法 2。

《省级温室气体清单编制指南（试行）》参考《IPCC 国家温室气体清单指南》，推荐使用方法 2 进行编制，可以使用方法 1 进行验证。各地市的相关指南全部参考《省级温室气体清单编制指南（试行）》的计算方法进行编制。

方法 1：

该方法是基于各种化石燃料的表观消费量，与各种燃料品种的单位发热量、含碳量，以及消耗各种燃料的主要设备的平均碳氧化率，并扣除化石燃料非能源用途的固碳量等

参数综合计算得到的。计算公式如下:

二氧化碳排放量=［燃料消费量（热量单位）×单位热值燃料含碳量-固碳量］×燃料燃烧过程中的碳氧化率

（式3-1）

方法2:

省级能源活动领域的化石燃料燃烧排放采用部门法进行计算。该方法基于分部门、分燃料品种、分设备的燃料消费量等活动水平数据，以及相应的排放因子等参数，通过逐层累加综合计算得到总排放量。计算公式如下:

$$化石燃料燃烧排放总量=\sum\sum\sum(EF_{i,j,k}\times Activity_{i,j,k})$$

（式3-2）

式中，EF 是排放因子；$Activity$ 是燃料消费量；i 是燃料类型；j 是部门活动；k 是技术类型。

计算交通运输排放量时，如果无法获得公路（道路）交通分品种、分车辆类型的能源消费量，可以采用以下方法估算:

公路（道路）交通用油$_{i,j}$=机动车保有量$_{i,j}$×机动车年运行公里数$_{i,j}$×机动车百公里油耗$_{i,j}$

（式3-3）

式中，i 是油品种类；j 是车辆类型。

具体计算步骤如下:

一是确定清单采用的技术分类，基于地区能源平衡表及分行业、分品种能源消费量，确定分部门、分品种主要设备的燃料燃烧量。

二是基于设备的燃烧特点，确定分部门、分品种主要设备相应的排放因子数据。对于二氧化碳排放因子，也可以基于各种燃料品种的低位发热量、含碳量以及主要燃烧设备的碳氧化率确定。

三是根据分部门、分燃料品种、分设备的活动水平与排放因子数据，估算每种主要能源活动设备的温室气体排放量。

四是加和计算出化石燃料燃烧的温室气体排放量。

应用部门法计算化石燃料燃烧温室气体排放量时，需要收集分部门、分能源品种、分主要燃烧设备的能源活动水平数据。详细的活动水平数据见表3-8—表3-10。

表 3-8 分部门、分能源品种化石燃料燃烧活动水平数据

部门	无烟煤 /万吨	烟煤 /万吨	褐煤 /万吨	洗精煤 /万吨	其他洗煤 /万吨	型煤 /万吨	焦炭 /万吨	焦炉煤气 /亿立方米	其他煤气 /亿立方米	原油 /万吨	汽油 /万吨	煤油 /万吨	柴油 /万吨	燃料油 /万吨	液化石油气 /万吨	炼厂干气 /万吨	其他石油制品 /万吨	天然气 /亿立方米
化石燃料合计																		
能源生产与加工转换																		
公共电力与热力部门																		
石油天然气开采与加工业																		
固体燃料和其他能源工业																		
工业和建筑业																		
钢铁																		
有色金属																		
化工																		
建材																		
其他工业																		
建筑业																		
交通运输																		
航空																		
公路																		
铁路																		

续表

部门	无烟煤/万吨	烟煤/万吨	褐煤/万吨	洗精煤/万吨	其他洗煤/万吨	型煤/万吨	焦炭/万吨	焦炉煤气/亿立方米	其他煤气/亿立方米	原油/万吨	汽油/万吨	煤油/万吨	柴油/万吨	燃料油/万吨	液化石油气/万吨	炼厂干气/万吨	其他石油制品/万吨	天然气/亿立方米
水运																		
服务业及其他																		
居民生活																		
农、林、牧、渔																		

表3-9 固定源主要行业分设备、分品种活动水平数据

行业	设备	无烟煤/万吨	烟煤/万吨	褐煤/万吨	洗精煤/万吨	其他洗煤/万吨	型煤/万吨	焦炭/万吨	焦炉煤气/亿立方米	其他煤气/亿立方米	原油/万吨	汽油/万吨	煤油/万吨	柴油/万吨	燃料油/万吨	液化石油气/万吨	炼厂干气/万吨	其他石油制品/万吨	天然气/亿立方米
公共电力与热力	发电锅炉																		
	工业锅炉																		
	其他设备																		
钢铁	发电锅炉																		
	工业锅炉																		
	高炉																		
	其他设备																		
有色金属	发电锅炉																		

续表

行业	设备	无烟煤/万吨	烟煤/万吨	褐煤/万吨	洗精煤/万吨	其他洗煤/万吨	型煤/万吨	焦炭/万吨	焦炉煤气/亿立方米	其他煤气/亿立方米	原油/万吨	汽油/万吨	煤油/万吨	柴油/万吨	燃料油/万吨	液化石油气/万吨	炼厂干气/万吨	其他石油制品/万吨	天然气/亿立方米
有色金属	工业锅炉																		
	氧化铝回转窑																		
	其他设备																		
化工	发电锅炉																		
	工业锅炉																		
	合成氨造气炉																		
	其他设备																		
建材	发电锅炉																		
	工业锅炉																		
	水泥回转窑																		
	水泥立窑																		
	其他设备																		

表 3-10　移动源主要燃烧设备分品种活动水平数据　　　　（单位：万吨）

设备	单位	烟煤	汽油	柴油	燃料油	喷气煤油
航空	国内航班					
	港澳地区航班					
	国际航班					
公路	摩托车					
	轿车					
	轻型客车					
	大型客车					
	轻型货车					
	中型货车					
	重型货车					
	农用运输车					
铁路	蒸汽机车					
	内燃机车					
水运	内河近海内燃机					
	国际远洋内燃机					

2. 生物质燃料燃烧排放

考虑到生物质燃料生产与消费的总体平衡，其燃烧所产生的二氧化碳与生长过程中光合作用所吸收的碳两者基本抵消，因此，温室气体清单只需要编制和报告生物质燃料燃烧产生的甲烷和氧化亚氮的排放即可，温室气体的排放量为活动水平数据与排放因子的乘积。

生物质燃料燃烧的甲烷和氧化亚氮排放与燃料种类、燃烧技术与设备类型等因素紧密相关，因此生物质燃料燃烧排放一般采用设备法进行计算，计算公式如下：

$$生物质燃料燃烧排放总量 = \sum \sum \sum (EF_{a,b,c} \times Activity_{a,b,c}) \qquad （式 3-4）$$

式中，EF 是排放因子；$Activity$ 是活动水平；a 是燃料品种；b 是部门类型；c 是设备类型。

3. 煤炭开采和矿后活动排放

甲烷逃逸排放 = 井工开采排放量 + 露天开采排放量 + 矿后活动排放量 + 废弃矿井排

放量-煤层气抽放利用量 （式 3-5）

式中,

$$井工开采排放量＝井工开采煤炭产量×井工开采排放因子 \qquad （式 3-6）$$

$$露天开采排放量＝露天开采煤炭产量×露天开采排放因子 \qquad （式 3-7）$$

$$矿后活动排放量＝煤炭产量×矿后活动排放因子 \qquad （式 3-8）$$

$$废弃矿井排放量＝废弃矿井数量×废弃矿井排放因子 \qquad （式 3-9）$$

4. 石油和天然气系统甲烷逃逸排放

根据《中国石油天然气生产企业温室气体排放核算方法与报告指南》,石油和天然气系统甲烷逃逸排放计算方法如下:

石油系统甲烷逃逸排放:

常规油开采排放量＝井口装置数量×排放因子+单井储油装置数量×排放因子+转接站数量×排放因子+联合站数量×排放因子 （式 3-10）

$$稠油开采排放量＝稠油开采量×排放因子 \qquad （式 3-11）$$

$$原油运输逃逸系统量＝原油储运量×排放因子 \qquad （式 3-12）$$

$$原油炼制逃逸排放量＝原油炼制量×排放因子 \qquad （式 3-13）$$

天然气系统甲烷逃逸排放:

开采逃逸排放量＝井口装置数量×排放因子+常规集气系统数量×排放因子+计量/配气站数量×排放因子+储气总站数量×排放因子 （式 3-14）

$$加工处理排放量＝天然气加工处理量×排放因子 \qquad （式 3-15）$$

运输逃逸排放量＝增压站数量×排放因子+计量站数量×排放因子+管线（逆止阀）数量×排放因子 （式 3-16）

$$消费逃逸排放量＝天然气消费量×排放因子 \qquad （式 3-17）$$

5. 电力调入/调出的间接排放

考虑到电力产品的特殊性,需要对电力调入/调出所隐含的二氧化碳间接排放进行核算,在清单编制和报告时作为信息项进行报告,电力调入/调出的二氧化碳间接排放量为调入/调出的电量与区域电网供电排放因子的乘积。

3.1.3.2 工业生产过程排放

工业生产过程温室气体排放计算如表 3-11 所示。

表 3-11　工业生产过程温室气体排放计算

生产过程	温室气体种类	计算方法
水泥生产	CO_2	CO_2 排放量=（水泥熟料产量-电石渣生产的熟料产量）×水泥生产排放因子
石灰生产	CO_2	CO_2 排放量=石灰产量×石灰排放因子
钢铁生产	CO_2	CO_2 排放量=石灰石（溶剂）碳排量+白云石（溶剂）碳排放量+（炼钢生铁碳排量-钢材产品含碳量）×44/12
电石生产	CO_2	CO_2 排放量=电石产量×电石排放因子
己二酸生产	N_2O	N_2O 排放量=己二酸产量×己二酸排放因子
硝酸生产	N_2O	N_2O 排放量=硝酸产量×对应技术 N_2O 排放因子
一氯二氟甲烷生产	HFC-23	HFC-23 排放量=HFC-23 产量×排放因子
铝生产	CF_4、C_2F_6	CF_4（C_2F_6）排放量=对应工艺的铝产量×对应工序的排放因子
镁生产	SF_6	SF_6 排放量=采用 SF_6 作为保护剂的原镁产量和镁加工的产量×对应的排放因子
电力设备生产	SF_6	SF_6 排放量=电力设备生产过程 SF_6 的使用量×电力设备生产过程 SF_6 的平均排放系数
氢氟烃生产	HFCs	HFCs 排放量=氢氟烃产量×氢氟烃排放因子
半导体生产	CF_4、CHF_3、C_2F_6、SF_6	CF_4（CHF_3、C_2F_6、SF_6）排放量=半导体生产过程 CF_4（CHF_3、C_2F_6、SF_6）的使用量×半导体生产过程 CF_4（CHF_3、C_2F_6、SF_6）的平均排放系数

3.1.3.3 农业领域排放

1. 稻田甲烷排放

$$E_{CH_4} = \sum EF_i \times AD_i \qquad （式 3-18）$$

式中，E_{CH_4} 是稻田甲烷排放量；i 是不同的稻田类型，包括单季稻、双季稻和晚稻；EF_i 是不同类型的稻田甲烷排放因子，单位为千克/公顷；AD_i 是不同类型的水稻播种面积，单位为千公顷。

2. 农用地氧化亚氮排放

农用地氧化亚氮排放包括直接排放和间接排放两部分。直接排放包括农用地输入的氮肥、粪肥和秸秆还田引起的氧化亚氮排放；间接排放包括大气氮沉降引起的氧化亚氮排放和氮淋溶径流损失引起的氧化亚氮排放。

$$E_{N_2O} = \sum (N_{输入} \times EF) \quad\quad\quad (式3-19)$$

式中，E_{N_2O} 是农用地氧化亚氮排放量，包括直接排放和间接排放；$N_{输入}$ 是各排放过程的氮输入量；EF 是氧化亚氮排放因子，单位为千克 N_2O-N/千克氮输入量。

3. 动物肠道发酵甲烷排放

$$E_{CH_4} = \sum (EF_i \times AP_i \times 10^{-7}) \quad\quad\quad (式3-20)$$

式中，E_{CH_4} 是动物肠道发酵甲烷排放量，单位为万吨甲烷/年；i 是不同的动物类型，包括非奶牛、水牛、奶牛、山羊、绵羊、猪、马、驴、骡子和骆驼；EF_i 是第 i 种动物的甲烷排放因子，单位为千克/头/年；AP_i 是第 i 种动物的数量，单位为头、只。

4. 动物粪便管理甲烷和氧化亚氮排放

$$E_{CH_4} = \sum (EF_i \times AP_i \times 10^{-7}) \quad\quad\quad (式3-21)$$

式中，E_{CH_4} 是动物粪便管理甲烷排放量，单位为万吨甲烷/年；i 是不同的动物类型，包括非奶牛、水牛、奶牛、山羊、绵羊、猪、马、驴、骡子和骆驼；EF_i 是第 i 种动物粪便管理的甲烷排放因子，单位为千克/头/年；AP_i 是第 i 种动物的数量，单位为头、只。

3.1.3.4 土地利用变化和林业排放

1. 森林和其他木质生物质生物量碳贮量变化

$$\Delta C_{生物量} = \Delta C_{乔} + \Delta C_{散四疏} + \Delta C_{竹、经、灌} - \Delta C_{消耗} \quad\quad\quad (式3-22)$$

$$\Delta C_{乔} = V_{乔} \times GR \times \overline{SVD} \times \overline{BEF} \times 0.5 \quad\quad\quad (式3-23)$$

$$\Delta C_{散四疏} = V_{散四疏} \times GR \times \overline{SVD} \times \overline{BEF} \times 0.5 \quad\quad\quad (式3-24)$$

$$\Delta C_{竹、经、灌} = \Delta A_{竹、经、灌} \times B_{竹、经、灌} \times 0.5 \quad\quad\quad (式3-25)$$

$$\Delta C_{消耗} = V_{活立木} \times CR \times \overline{SVD} \times \overline{BEF} \times 0.5 \quad\quad\quad (式3-26)$$

式中，$\Delta C_{生物量}$ 是森林和其他木制生物质生物量碳贮量变化量，单位为吨；$\Delta C_{乔}$、$\Delta C_{散四疏}$ 是乔木林、散生木、四旁树和疏林生物量生长碳吸收量，单位为吨；$\Delta C_{竹、经、灌}$ 是竹林（或经济林、灌木林）生物量碳贮量变化量，单位为吨；$\Delta C_{消耗}$ 是活立木消耗生物量碳排放量，单位为吨；$V_{乔}$、$V_{散四疏}$ 是乔木林、散生木、四旁树和疏林的蓄积量，单位为立方米；GR 是活立木蓄积量年生长率；SVD 是乔木林的基本木材密度，单位为吨/立方米；BEF 是乔木林的生物量转换系数，无量纲；0.5 是生物量含碳率；$\Delta A_{竹、经、灌}$ 是竹林（或经济林、灌木林）面积年变化量，单位为公顷；$B_{竹、经、灌}$ 是竹林（或经济林、灌木林）平均单位面积生物量，单位为吨；$V_{活立木}$ 是活立木蓄积量，单位为立方米；CR 是活立木蓄积消耗率。

2. 森林转化燃烧碳排放

现地/异地燃烧 CO_2 排放量＝年转化面积×（转化前单位面积地上生物量-转化后单位面积地上生物量）×现地/异地燃烧生物量比例×现地/异地燃烧生物量氧化系数×地上生物量碳含量 （式3-27）

现地燃烧 CH_4 排放量＝现地燃烧碳排放量（吨碳）×CH4-C 排放比例 （式3-28）

现地燃烧 N_2O 排放量＝现地燃烧碳排放量（吨碳）×碳氮比×N2O-N 排放比例 （式3-29）

3. 森林转化分解碳排放

森林转化分解 CO_2 排放量＝年转化面积（10年平均值）×（转化前单位面积地上生物量-转化后单位面积地上生物量）×被分解部分的比例×地上生物量碳含量 （式3-30）

3.1.3.5 废弃物处理排放

1. 填埋处理甲烷排放

$$E_{CH_4} = (MSW_T \times MSW_F \times L_0 - R) \times (1 - OX) \quad （式3-31）$$

式中，E_{CH_4} 是固体废弃物填埋处理的甲烷排放量，单位为万吨/年；MSW_T 是城市固体废弃物总产生量，单位为万吨/年；MSW_F 是城市固体废弃物填埋处理率；L_0 是各管理类型垃圾填埋场的甲烷产生潜力，单位为万吨；R 是甲烷回收量，单位为万吨/年；OX 是氧化因子。

2. 焚烧处理二氧化碳排放

$$E_{CO_2} = \sum_i (IW_i \times CCW_i \times FCF_i \times EF_i \times 44/12) \quad （式3-32）$$

式中，E_{CO_2} 是废弃物焚烧处理的二氧化碳排放量，单位为万吨/年；i 是包括不同类型的城市固体废弃物、危险废弃物、污泥等废弃物；IW_i 是第 i 种类型的废弃物焚烧量，单位为万吨/年；CCW_i 是第 i 种类型的废弃物中碳含量的比例；FCF_i 是第 i 种类型的废弃物中矿物碳占总碳量的比例；EF_i 是第 i 种类型的废弃物焚烧炉的燃烧效率；44/12 是二氧化碳与碳的分子质量转换系数。

3. 生活污水处理甲烷排放

$$E_{CH_4} = TOW \times EF - R \quad （式3-33）$$

式中，E_{CH_4} 是生活污水处理的甲烷排放量，单位为万吨/年；TOW 是生活污水中有机物总量，单位为千克 BOD/年；EF 是排放因子，单位为千克甲烷/千克 BOD；R 是甲烷回收量，单位为千克甲烷/年。

4. 工业废水处理甲烷排放

$$E_{CH_4} = \sum_i \left[(TOW_i - S_i) \times EF_i - R_i \right] \qquad （式 3-34）$$

式中，E_{CH_4} 是工业废水处理的甲烷排放量，单位为千克甲烷/年；i 是不同的工业行业；TOW_i 是工业废水中可降解有机物的总量，单位为千克 COD/年；S_i 是污泥清除掉的有机物总量，单位为千克 COD/年；EF_i 是排放因子，单位为千克甲烷/千克 COD；R_i 是甲烷回收量，单位为千克甲烷/年。

5. 废水处理氧化亚氮排放

$$E_{N_2O} = N_E \times EF_E \times 44/28 \qquad （式 3-35）$$

$$N_E = P \times Pr \times F_{NPR} \times F_{NON\text{-}CON} \times F_{IND\text{-}COM} - N_S \qquad （式 3-36）$$

式中，E_{N_2O} 是废水处理的氧化亚氮排放量，单位为千克氧化亚氮/年；N_E 是废水中氮含量，单位为千克氮/年；EF_E 是废水的氧化亚氮排放因子，单位为千克氧化亚氮/千克氮；44/28 是氧化亚氮与碳的分子质量转换系数；P 是人口数；Pr 是每年人均蛋白质消耗量，单位为千克/人/年；F_{NPR} 是蛋白质中的氮含量；$F_{NON\text{-}CON}$ 是废水中的非消耗蛋白质因子；$F_{IND\text{-}COM}$ 是工业和商业的蛋白质排放因子，取默认值 1.25；N_S 是随污泥清除的氮，单位为千克/年。

3.1.4 温室气体清单报告形式

3.1.4.1 能源活动清单报告格式

能源活动温室气体清单报告的结果包括以下类别和气体，如表 3-12 所示。

表 3-12　能源活动温室气体清单　　　　　　（单位：万吨）

部门	二氧化碳	甲烷	氧化亚氮
能源活动总计	×	×	×
1. 化石燃料燃烧	×	×	×
能源工业	×		×
电力生产	×		×
油气开采	×		
固体燃料	×		
农业	×		
工业和建筑业	×		

部门	二氧化碳	甲烷	氧化亚氮
钢铁	×		
有色金属	×		
化工	×		
建材	×		
其他	×		
建筑业	×		
交通运输	×	×	×
服务业	×		
居民生活	×		
2. 生物质燃烧		×	×
3. 煤炭开采逃逸		×	
4. 化油气系统逃逸		×	
国际燃料舱	×		
国际航空	×		
国际航海	×		
调入（出）电力间接排放	×		

注："×"表示需要报告的数据。

3.1.4.2 工业生产清单报告格式

工业生产过程温室气体清单报告的结果包括以下类别和气体，如表 3-13 所示。

表 3-13 工业生产温室气体清单　　　　　　　（单位：万吨）

部门	CO_2	N_2O	HFCs	PFC		SF_6
				CF_4	C_2F_6	
水泥生产	×					
石灰生产	×					
钢铁生产	×					
电石生产	×					
己二酸生产		×				

部门	CO$_2$	N$_2$O	HFCs	PFC		SF$_6$
				CF$_4$	C$_2$F$_6$	
硝酸生产		×				
铝生产				×	×	
镁生产						×
电力设备生产						×
半导体生产			×	×	×	×
HCFC-22 生产		×				
HFC 生产		×				
总计	×	×	×	×	×	×

注："×"表示需要报告的数据。

3.1.4.3 农业活动清单报告格式

农业活动温室气体清单报告的结果包括以下类别和气体，如表 3-14 所示。

表 3-14　农业活动温室气体清单　　　　　　　　（单位：万吨）

部门	甲烷	氧化亚氮	二氧化碳当量
稻田甲烷排放	×		×
农用地氧化亚氮排放		×	×
动物肠道发酵排放	×		×
动物粪便管理系统排放	×	×	×
总计	×	×	×

注："×"表示需要报告的数据。

3.1.4.4 土地利用变化和林业活动清单报告格式

土地利用变化和林业活动温室气体清单报告的结果包括以下类别和气体，如表 3-15 所示。

表 3-15 土地利用变化和林业活动温室气体清单

部门	碳/ 万吨	二氧化碳/ 万吨	甲烷/ 万吨	氧化亚氮/ 万吨	温室气体/ 万吨当量
森林和其他木质生物质碳储量变化	×	×			
乔木林	×	×			
经济林	×	×			
竹林	×	×			
灌木林	×	×			
散生木、四旁树和疏林	×	×			
活立木消耗	×	×			
森林转化碳排放	×	×	×	×	
燃烧排放	×	×	×	×	
分解排放	×	×			
总计	×	×	×	×	

注："×"表示需要报告的数据。用正值代表净排放，负值代表净吸收。

3.1.4.5 废弃物处理清单报告格式

废弃物处理温室气体清单报告的结果包括以下类别和气体，如表 3-16 所示。

表 3-16 废弃物处理温室气体清单 （单位：万吨）

部门		类型		二氧化碳	甲烷	氧化亚氮
固体废弃物	固体废弃物填埋处理				×	
		管理			×	
		未管理			×	
			深的＞5 米		×	
			浅的＜5 米		×	
		未分类			×	
	固体废弃物焚烧处理			×		
		城市固体废弃物化石成因		×		
		危险废弃物		×		

续表

部门		类型	二氧化碳	甲烷	氧化亚氮
废水	生活污水处理			×	×
		入环境		×	
		处理系统		×	
	工业废水处理			×	
		入环境		×	
		处理系统		×	
总计			×	×	×

注："×"表示需要报告的数据。

3.1.5 不确定性的分析

3.1.5.1 不确定性产生的原因

不确定性产生的原因主要归纳为以下五大类：

① 相关指导性文件缺乏完整性。由于温室气体清单编制工作尚在不断完善和改进阶段，各类指导性文件和标准都有不完整或定义不清晰的部分，导致清单编制工作缺乏完整性，因而产生不确定性。

② 模型不精确。在温室气体清单编制过程中，数据核算时采用的模型较为简化，不能完全精确地量化实际生产和排放情况，因而导致计算数据不精确。

③ 数据缺失或数据缺乏代表性。在清单编制过程中，一方面，因为某些涉及的必需的相关活动水平数据或排放因子数据在现有条件下无法获得，或者非常难以获得，因而需要使用其他数据进行替代，或者使用内推法或外推法估算所需数据，另一方面，已有的数据因统计或检测途径不规范而缺乏代表性，都会导致最终的计算结果产生不确定性。

④ 样本数量产生的误差。核算数据的样本数量较少，且样本选取随机，此类样本的代表性较低而产生不确定性。

⑤ 排放原理等内容不清晰。温室气体清单报告涉及能源、工业、农业、林业和废弃物等多个领域，包含的排放源较为宽泛，其中某些过程的排放机理无法识别，或者排放量的计算方法学暂未开发，导致清单报告中未计算此类过程的排放量。

3.1.5.2 量化不确定性的方法

根据《省级温室气体清单编制指南（试行）》和 IPCC 指南，通过估算统计学的置信区间来表示单个变量的不确定性，再将单个变量的不确定性合并为总的不确定性。合并量化不确定性的方法主要为误差传递公式，包括加减运算和乘除运算的误差传递公式。

1. 加减运算的误差传递公式

$$U_C = \frac{\sqrt{(U_{S1}\cdot\mu_{s_1})^2+(U_{S2}\cdot\mu_{s_2})^2+\cdots+(U_{Sn}\cdot\mu_{s_n})^2}}{\mu_{S1}+\mu_{S2}+\cdots+\mu_{Sn}} = \frac{\sqrt{\sum_{n=1}^{N}(U_{Sn}\cdot\mu_{s_n})^2}}{\sum_{n=1}^{N}\mu_{Sn}} \qquad （式3-37）$$

式中，U_C 是 n 个估算值之和或差的不确定性；$U_{S1}\cdots U_{Sn}$ 是 n 个相加减的估算值的不确定性；$\mu_{S1}\cdots\mu_{Sn}$ 是 n 个相加减的估算值。

2. 乘除运算的误差传递公式

$$U_C = U_{S1}^2 + U_{S2}^2 + \cdots + U_{Sn}^2 = \sum_{1=n}^{N}U_{Sn}^2 \qquad （式3-38）$$

式中，U_c 是 n 个估算值之积的不确定性；$U_{S1}\cdots U_{Sn}$ 是 n 个相乘的估算值的不确定性。

3.1.5.3 降低不确定性的方法

在清单编制过程中，需要尽可能地降低不确定性，以保证获取的相关数据和计算结果能够代表实际排放情况。根据不确定性产生的不同原因，可以从以下五个方面降低不确定性：

① 改进模型。改进模型的结构和参数，提高模型计算结果的精确性，从而使模型的计算结果能够尽可能地代表实际排放情况。

② 提高数据的代表性和测量方法的精确度。在数据测量时，使用更精确的测量方法和校准技术，提高测量方法的准确度，保障测量数据的准确性；在数据选取或估算时，进行多方面的数据佐证，系统性地使用专家判断，从而确保数据的准确性和代表性。

③ 大量收集数据。增加样本数量，降低随机取样产生的误差，提高样本数量的代表性。

④ 消除已知的偏差。参考其他相关资料，如不同行业温室气体排放核算指南等，对清单编制的指导性文件、不同领域和不同过程的排放原理等进行反复研究、斟酌和判断，补充和完善指导性文件、排放原理以及计算方法学的完整性和准确性。

⑤ 提高清单编制人员的能力。通过提高清单编制人员的能力，及时发现和纠正清单编制过程中遇到的问题，从而提高清单报告的质量。

3.1.6 案例分析

以 2022 年 C 市温室气体清单报告为例，对温室气体清单的全流程计算进行分析。

3.1.6.1 能源活动

2022 年 C 市能源活动温室气体排放量计算分为四部分：一是化石燃料燃烧排放，需要收集分部门、分能源品种、分主要燃烧设备的能源活动水平数据；二是生物质燃烧甲烷和氧化亚氮排放，需要收集秸秆和薪柴的消耗量数据；三是石油和天然气系统逃逸甲烷排放，需要收集天然气开采装置数量和天然气消费量数据；四是调入/调出电力间接排放，需要收集电力调入和调出量数据。这些活动水平数据来源和具体核算过程如表 3-17 和表 3-18 所示。

表 3-17　2022 年 C 市能源活动温室气体排放清单

排放源	甲烷排放量/万吨	氧化亚氮排放量/万吨	二氧化碳排放量/万吨	二氧化碳当量/万吨	综合不确定性/%
1. 化石燃料燃烧排放	0.004 9	0.032 3	5 070.363 5	5 080.494 9	9.57
能源工业		0.028 1	922.839 2	931.564 7	
电力和热力生产		0.028 1	499.980 5	508.705 9	
油气开采			0.932 6	0.932 6	
固体燃料			421.926 1	421.926 1	
工业和建筑业			4 012.268 0	4 012.268 0	
钢铁			3 742.134 8	3 742.134 8	
有色金属			0.064 1	0.064 1	
化工			38.534 0	38.534 0	
建材			211.073 5	211.073 5	
其他			20.305 4	20.305 4	
建筑业			0.156 1	0.156 1	
交通运输	0.004 9	0.004 2	68.375 2	69.781 2	
服务业			20.908 9	20.908 9	
居民生活			40.929 8	40.929 8	
农林牧渔业			5.042 3	5.042 3	

续表

排放源	甲烷排放量/万吨	氧化亚氮排放量/万吨	二氧化碳排放量/万吨	二氧化碳当量/万吨	综合不确定性/%
2. 生物质燃烧	0.063 0	0.002 2		2.011 2	0.010
3. 煤炭开采逃逸排放	0.000 0			0.000 0	0
4. 油气系统逃逸排放	0.015 7			0.330 1	0.001
5. 非能源利用排放				0.000 0	0
调入/调出电力间接排放			669.891 7	669.891 7	
合计	0.069 4	0.028 8	4 225.302 9	4 235.691 2	9.57

表 3-18　2022 年 C 市能源活动温室气体清单计算过程

化石燃料燃烧排放

分部门、分能源品种化石燃料燃烧二氧化碳排放

部门	无烟煤/万吨	烟煤/万吨	褐煤/万吨	其他洗煤/万吨	焦炭/万吨	焦炉煤气/万吨	汽油/万吨	柴油/万吨	燃料油/万吨	煤油/万吨	天然气/万吨	二氧化碳排放总量/万吨
化石燃料合计	861.6226	580.5874	343.4120	0.0541	2574.7277	167.7084	31.9462	48.6550	0.0024	0.0011	45.7189	4654.4357
1. 能源生产与加工转换		163.3358	343.2534			0.2477	0.0010	0.0736				506.9114
1.1 公用电力与热力部门		156.6653	343.2534					0.0618				499.9805
发电锅炉			343.2534					0.0618				343.3152
工业锅炉		156.6653										156.6653
1.2 石油天然气开采与加工业		0.6722				0.2477	0.0010	0.0118				0.9326
其他设备		0.6722				0.2477	0.0010	0.0118				0.9326
1.3 固体燃料和其他能源工业		5.9983										5.9983
其他设备		5.9983										5.9983
2. 工业和建筑业	820.2590	417.2515		0.1586	2574.7277	167.4607	0.1196	6.5734	0.0000	0.0011	25.6622	4012.2680
2.1 钢铁	819.8138	195.2419			2572.0063	151.2636	0.0472	3.2953			0.4667	3742.1348
发电锅炉		73.2280										73.2280
工业锅炉		13.4134									0.0710	13.4844
高炉	697.7468	106.3327			2314.5680	10.9397						3129.5873

续表

部门	无烟煤/万吨	烟煤/万吨	褐煤/万吨	其他洗煤/万吨	焦炭/万吨	焦炉煤气/万吨	汽油/万吨	柴油/万吨	燃料油/万吨	煤油/万吨	天然气/万吨	二氧化碳排放总量/万吨
其他设备	122.067 0	2.267 9			257.438 3	140.323 9	0.047 2	3.295 3			0.395 6	525.835 2
2.2 有色金属		0.038 6					0.002 3	0.023 2				0.064 1
其他设备		0.038 6					0.002 3	0.023 2				0.064 1
2.3 化工	0.165 4	18.819 8	0.158 6		2.721 4	15.015 4	0.020 5	0.045 6			1.587 4	38.534 0
工业锅炉		7.810 8				3.397 2						11.208 0
合成氨造气炉						11.618 2						11.618 2
其他设备	0.165 4	11.009 0	0.158 6		2.721 4		0.020 5	0.045 6			1.587 4	15.707 9
2.4 建材	0.279 8	187.255 8		0.054 1			0.008 9	1.664 5			21.810 4	211.073 5
水泥回转窑		108.345 1										108.345 1
其他设备	0.279 8	78.910 7		0.054 1			0.008 9	1.664 5			21.810 4	102.728 4
2.5 其他工业部门		15.887 0				1.181 8	0.037 3	1.400 4		0.001 1	1.797 8	20.305 4
2.6 建筑业		0.008 3					0.003 5	0.144 4				0.156 1
3. 交通运输							30.649 4	37.725 7				68.375 2
公路							30.649 4	37.725 7				68.375 2
4. 服务业及其他	6.722 8						0.301 6	0.346 6	0.002 4		13.535 6	20.908 9
5. 居民生活	33.982 1						0.354 5	0.072 2			6.521 0	40.929 8
6. 农、林、牧、渔业	0.658 7						0.520 1	3.863 5				5.042 3

续表

部门	无烟煤/万吨	烟煤/万吨	褐煤/万吨	其他洗煤/万吨	焦炭/万吨	焦炉煤气/万吨	汽油/万吨	柴油/万吨	燃料油/万吨	煤油/万吨	天然气/万吨	二氧化碳排放总量/万吨
数据来源	分部门、分能源品种化石燃料燃烧二氧化碳排放=化石燃料消耗量×平均低位热值×单位热值含碳量×碳氧化率×44/12。其中，消耗量数据来源于商务局、统计局，规上工业企业分行业分品种终端消费量表，企业实际核查数据和统计年鉴；平均低位热值和单位热值含碳量数据部分来源于碳含量数据，部分来源于指南推荐值；碳氧化率数据来源于企业实际核查推荐值，部分来源于指南推荐值											

能源活动二氧化碳排放

炼焦投入	洗精煤量/(TJ/万吨)	低位发热量/(TJ/万吨)	单位热值含碳量/(吨碳/TJ)	固碳率	二氧化碳排放量/万吨
	1 307.385 1	297.27	25.40	0.885 1	415.927 8
	A	B	C	D	E=A×B×C×(1−D)×44/12
数据来源	企业实际核查数据				

电站锅炉氧化亚氮排放

项目	燃料消耗量/万吨			燃料平均低位热值/(TJ/万吨)			排放因子/(千克 N_2O/TJ)	氧化亚氮排放量/万吨
	烟煤	褐煤	柴油	烟煤	褐煤	柴油		
燃煤流化床锅炉	0	28.064 0	0.001 6	229.79	132.10	426.52	61	0.028 1
其他燃煤锅炉	35.066 7	229.112 0	0.014 8	237.36	135.99	426.52	1.4	
	A	B	C	D	E	F	G	H=(A×D+B×E+C×F)×G
数据来源	商务局、统计年鉴、企业实际核查数据						指南推荐值	

移动源甲烷氧化亚氮排放

燃料种类	燃料消耗量/ (万吨、亿立方米)	燃料平均低位热值/ (TJ/万吨、TJ/亿立方米)	移动源甲烷排放因子/ (千克 CH_4/TJ)	移动源氧化亚氮排放因子/ (千克 N_2O/TJ)	甲烷排放量/ 万吨	氧化亚氮排放量/ 万吨
汽油	10.478 2	448.00	3.90	3.90	0.001 8	0.001 8
柴油	11.995 0	433.3	3.90	3.90	0.002 0	0.002 0
天然气	0.295 2	3 893.1	92.00	3.00	0.001 1	0.000 3
	A	B	C	D	E=A×B×C	F=A×B×D
数据来源	商务局、统计年鉴、加油站	指南推荐值				

3.1.6.2 工业活动

2022 年 C 市工业活动温室气体排放量计算分为四部分，包含水泥、石灰、钢铁和电石生产过程的二氧化碳排放，需要收集的数据主要为这四个行业生产的主营产品产量及对应的平均排放因子。这些活动水平数据和排放因子数据来源和具体核算过程如表 3-19 和表 3-20 所示。

表 3-19　2022 年 C 市工业活动温室气体排放清单

排放源	排放量（万吨二氧化碳当量）	综合不确定性/%
水泥生产过程	165.70	2.83
石灰生产过程	154.37	14.34
钢铁生产过程	244.35	7.07
电石生产过程	3.16	5.39
合计	567.58	5.02

表 3-20　2022 年 C 市工业活动温室气体清单计算过程

一、水泥生产过程二氧化碳排放				
项目	水泥熟料产量/万吨	电石渣生产熟料产量/万吨	水泥生产过程平均排放因子/（吨二氧化碳/吨熟料）	二氧化碳排放量/万吨
	353.038 6	0.00	0.469	165.70
数据来源	A	B	C	D＝（A−B）×C
	统计年鉴、企业实际核查数据			
二、石灰生产过程二氧化碳排放			
项目	石灰产量/万吨	石灰生产过程平均排放因子/（吨二氧化碳/吨石灰）	二氧化碳排放量/万吨
	226.019 4	0.683	154.37
数据来源	A	B	C＝A×B
	统计年鉴、企业实际核查数据	指南推荐值	
三、钢铁生产过程二氧化碳排放			
项目	炼钢的钢材产量/万吨	排放因子	二氧化碳排放量/万吨
	2 082.129 1	0.117 4	244.35
数据来源	A	B	C＝A×B
	企业实际核查数据		

续表

四、电石生产过程二氧化碳排放		
项目	电石产量/万吨	电石生产过程平均排放因子 EF/（吨二氧化碳/吨电石）	二氧化碳排放量/万吨
	3.822 1	0.815	3.16
数据来源	A	B	C＝A×B
	企业实际核查数据		

3.1.6.3 农业活动

2022 年 C 市农业活动温室气体排放量计算包含四部分，分别为稻田甲烷排放、农用地氧化亚氮排放、动物肠道发酵甲烷排放和动物粪便管理甲烷和氧化亚氮排放。需要收集的数据主要来源于农业农村局和统计局，包括农作物播种面积、禽畜存栏量、化肥施用量和乡村人口等。具体核算过程和数据来源如表 3-21 和表 3-22 所示。

表 3-21　2022 年 C 市农业活动温室气体排放清单

排放源	甲烷排放量/吨	氧化亚氮排放量/吨	二氧化碳当量/吨	综合不确定性/%
稻田甲烷排放	1 348.70	0.00	28 322.78	31.46
农用地氧化亚氮排放	0.00	741.36	229 821.98	63.30
动物肠道发酵甲烷排放	7 940.26	0.00	166 745.39	35.47
动物粪便管理甲烷和氧化亚氮排放	648.61	270.39	97 440.89	64.48
总计	9 937.58	1 011.75	522 331.06	32.43

表 3-22 2022 年 C 市农业活动温室气体清单计算过程

一、稻田甲烷排放

稻田类型	播种面积/公顷	排放因子/(千克甲烷/公顷)	甲烷排放量/吨
单季稻	8 028	168	1 348.70
	A	B	C=A×B/1 000
数据来源	农业农村局	指南推荐值	

二、农用氧化亚氮排放

直接排放

种类	氮肥(折纯量)	复合肥用量	复合肥含氮百分比	直接排放因子/(千克N_2O-N/千克氮输入量)	氧化亚氮直接排放量/吨氮(农用地化肥氮)
	9 600.00	13 200.00	0.36	0.0114	163.612 8
	A	B	C	D	
数据来源	农业农村局			指南推荐值	C=(A+B×C)×D

种类	饲养量或人口数/(万头/万只/万人)	年排泄系数/(千克氮/年)	氧化亚氮排放因子/(千克/头/年)	直接排放因子/(千克N_2O-N/千克氮输入量)	氧化亚氮直接排放量/吨氮(农用地粪肥氮)
	A	B	C	D	
非奶牛	8.569 3	40	0.913	0.0114	25.967 0
奶牛	0.091 0	60	1.096	0.0114	0.411 8
猪	35.717 4	16	0.266	0.0114	43.035 8
驴	0.136 1	40	0.188	0.0114	0.405 3
骆驼	0	40	0.33	0.0114	0.000 0
					D=(A+B×C)×D

续表

种类	饲养量或人口数/（万只/万头/万）	年排泄系数/（千克氮/年）	氧化亚氮排放因子/（千克氮/头/年）	直接排放因子/（千克N_2O-N/千克氮输入量）	氧化亚氮直接排放量/吨氮（农用地类肥氮）
马	0.2459	40	0.33	0.0114	0.7347
山羊	24.2482	12	0.057	0.0114	21.6618
绵羊	1.1251	12	0.057	0.0114	1.0051
家禽	1151.6280	0.6	0.007	0.0114	51.7862
乡村人口	61.824	5.4	0	0.0114	24.7383
合计	1283.5849	—	—	0.0114	169.7459
数据源	农业农村局	指南推荐值			
	A	B	C	D	$E=(A×B×10×65\%+A×C×10×28/44)×D$

作物种类	作物籽粒产量/吨	千重比	秸秆含氮量	经济系数	秸秆还田率	根冠比	直接排放因子/（千克N_2O-N/千克氮输入量）	氧化亚氮直接排放量/吨氮（农用地秸秆还田氮）
水稻	58457.352	0.855	0.00753	0.489	35.46%	0.125	0.0114	2.6866
玉米	332216.52	0.86	0.0058	0.438	31.05%	0.17	0.0114	14.8583
高粱	290.76	0.87	0.0073	0.393	31.05%	0.185	0.0114	0.0200
谷子	535.824	0.83	0.0085	0.385	35.46%	0.166	0.0114	0.0430
其他谷类	106.968	0.83	0.0056	0.455	35.46%	0.166	0.0114	0.0045
花生	991.2	0.9	0.0182	0.556	60.00%	0.2	0.0114	0.1553
薯类	27125.304	0.45	0.011	0.667	60.00%	0.05	0.0114	0.5733

续表

作物种类	作物籽粒产量/吨	干重比	秸秆含氮量	经济系数	秸秆还田率	根冠比	直接排放因子/（千克 $N_2O\text{-}N$/千克氮输入量）	氧化亚氮直接排放量/吨氮（农用地秸秆还田氮）$H=(A/D-A)×B×C×E×G+A/D×B×C×F×G$
蔬菜类	210 805.2	0.15	0.008	0.83	100.00%	0.25	0.011 4	1.459 3
合计	630 529.128	—	—	—	—	—	0.011 4	19.800 2
数据源	农业农村局	B	C	D	E	F	G	
	A							
					指南推荐值			

直接排放

项目	农村排泄氮量/吨氮	农田输入氮量/吨氮	氧化亚氮沉降/吨氮	淋溶径流氧化亚氮排放/吨氮	氧化亚氮间接排放量/吨氮
	22 642.93	30 682.70	75.97	46.02	121.99
数据源	A	B	$C=(A×0.2+B×0.1)×0.01$	$D=B×0.2×0.007\ 5$	$E=C+D$

直接排放中的计算值　　　　　计算值

间接排放

三、动物肠道发酵甲烷排放

动物种类	存栏量（万头、万只）		动物肠道发酵甲烷排放因子（千克/头/年）		甲烷排放量总计/吨
	规模化饲养	农户饲养	规模化饲养	农户饲养	
非奶牛	4.713 1	3.856 2	52.9	67.9	5 111.60
奶牛	0.045 48	0.045 48	88.1	89.3	80.68
绵羊	0.276	0.852	8.2	8.7	96.76
山羊	1.932	22.308	8.9	9.4	2 268.90
驴	0.252		10		25.20

续表

动物种类	存栏量（万头、万只）		动物肠道发酵甲烷排放因子（千克/头/年）		甲烷排放量总计/吨
	规模化饲养	农户饲养	规模化饲养	农户饲养	
猪	35.712	—	1	—	357.12
合计					7 940.26
	A		B		C＝A×B×10
数据来源	农业农村局		指南推荐值		

四、动物粪便管理甲烷和氧化亚氮排放

动物种类	存栏量（万头、万只）	甲烷排放因子（千克/头/年）	氧化亚氮排放因子（千克/头/年）	甲烷排放量/吨	氧化亚氮排放量/吨
非奶牛	8.569 3	1.02	0.913	87.41	78.24
奶牛	0.091 0	2.23	1.096	2.03	1.00
猪	35.717 4	1.12	0.266	400.03	95.01
驴	0.136 1	0.60	0.188	0.82	0.26
马	0.245 9	1.09	0.330	2.68	0.81
山羊	24.248 2	0.16	0.057	38.80	13.82
绵羊	1.125 1	0.15	0.057	1.69	0.64
家禽	1 151.628 0	0.01	0.007	115.16	80.61
总计	1 221.760 9	—	—	648.61	270.39
	A	B	C	D＝A×B×10	E＝A×C×10
数据来源	农业农村局	指南推荐值			

3.1.6.4 土地利用变化和林业活动

2022 年 C 市土地利用变化和林业活动温室气体排放量计算包含森林和其他木质生物质碳储量变化和森林转化碳排放。需要收集的数据主要来源于林业局，包括乔木林面积和蓄积量，散四疏的蓄积量，竹林、经济林和灌木林的蓄积量和年转化面积，以及对应的排放因子。具体核算过程和数据来源如表 3-23 和表 3-24 所示。

表 3-23　2022 年 C 市林业活动温室气体排放清单

排放源	排放量（万吨二氧化碳当量）	综合不确定性
森林和其他木质生物质碳储量变化	−292.422 0	63.12
其中：乔木林	−693.081 1	15.87
经济林	0.024 9	21.77
竹林	0.000 0	0.00
灌木林	0.296 5	21.77
疏林、散生木和四旁树	−1.202 2	36.86
活立木消耗	401.539 9	36.91
森林转化碳排放	0.555 2	22.98
其中：燃烧排放	0.188 0	35.69
分解排放	0.367 2	29.56
总计	−291.866 8	63.24

表3-24　2022年C市林业活动温室气体清单计算过程

一、森林和其他木质生物质碳储量变化

乔木林生长碳吸收

树种	蓄积量/万立方米 A	乔木林年生长率/% B	基本木材密度/(吨/立方米) C	生物转化系数（全林） D	生物量含碳率 E	乔木林生物量生长二氧化碳排放量/万吨 F=A×B×C×D×E×44/12
乔木林	7 455.592 6	5.58	0.504	1.803	0.50	693.081 1
数据来源	林业局、森林资源调查数据		指南推荐值			F=A×B×C×D×E×44/12

散生木、四旁树、疏林生长碳吸收

树种	蓄积量/万立方米 A	活立木蓄积量年生长率% B	基本木材密度/(吨/立方米) C	生物转化系数（全林） D	生物量含碳率 E	散、四、疏生物量生长二氧化碳排放量/万吨 F=A×B×C×D×E×44/12
散生木	5.125 2	5.58%	0.504	1.803	0.50	0.476 4
四旁树	6.256 0	5.58%	0.504	1.803	0.50	0.581 6
疏林	1.551 0	5.58%	0.504	1.803	0.50	0.144 2
散、四、疏	12.932 1	5.58%	0.504	1.803	0.50	1.202 2
数据来源	林业局、森林资源调查数据		指南推荐值			F=A×B×C×D×E×44/12

竹林、经济林、灌木林生物量碳储量变化

林种	面积年变化/万公顷	平均单位面积生物量/(吨/公顷)	生物量含碳率	竹、经、灌生物量生长二氧化碳排放量/万吨
经济林	-0.000 4	35.21	0.50	-0.02

续表

林种	面积年变化/万公顷	平均单位面积生物量/(吨/公顷)	生物量含碳率	竹、经、灌生物量生长二氧化碳排放量/万吨
竹林	0.000 0	68.48	0.50	0.00
灌木林	-0.009 0	17.99	0.50	-0.30
	A	B	C	D=A×B×C×44/12
数据来源	林业局，森林资源调查数据		指南推荐值	

一、活立木消耗碳排放

树种	蓄积量/万立方米	蓄积量年消耗率/%	基本木材密度/(吨/立方米)	生物转化系数	生物量含碳率	森林转化生物量二氧化碳排放量/万吨	活立木消耗二氧化碳排放量/万吨
乔木林	7 455.592 3	3.23	0.504	1.803	0.50	0.094 9	401.192 1
散四疏	12.932 1	3.23	0.504	1.803	0.50	0	0.695 9
合计	—	—	—	—	—	0.094 9	401.539 9
	A	B	C	D	E	F	G=A×B×C×D×E ×44/12−F
数据来源	林业局，森林资源调查数据			指南推荐值		计算值	

二、森林转化温室气体排放

异地燃烧碳排放

林种	年转化面积/万公顷	转化前单位面积地上生物量/(吨/公顷)	转化后单位面积地上生物量/(吨/公顷)	异地燃烧生物量比例/%	异地燃烧生物量氧化系数	地上生物量碳含量	异地燃烧二氧化碳排放量/万吨
乔木林	0.005 3	71.91	0.00	30	0.90	0.50	0.188 0
竹林	0.000 0	29.35	0.00	30	0.90	0.50	0.000 0
经济林	0.000 0	—	0.00	30	0.90	0.50	0.000 0

续表

林种	年转化面积/万公顷	转化前单位面积地上生物量/(吨/公顷)	转化后单位面积地上生物量/(吨/公顷)	异地燃烧生物量比例/%	异地燃烧生物量氧化系数	地上生物量碳含量	异地燃烧二氧化碳排放量/万吨
经济林	0.000 0	—	0.00	30	0.90	0.50	0.000 0
合计	0.005 3	—	—	—	—	—	0.188 0
	A	B	C	D	E	F	$G=A\times(B-C)\times D\times E\times F\times 44/12$
数据来源	林业局、森林资源调查数据				指南推荐值		

森林转化分解碳排放

林种	年转化面积/万公顷	转化前单位面积地上生物量/(吨/公顷)	转化后单位面积地上生物量/(吨/公顷)	被分解部分的比例/%	地上生物量碳含量	森林转化分解二氧化碳排放量/万吨
乔木林	0.013 9	71.91	0.00	20	0.50	0.367 2
竹林	0.000 0	29.35	0.00	20	0.50	0.000 0
经济林	0.000 0	—	—	—	0.50	0.000 0
合计	0.013 9	—	—	—	—	0.367 2
	A	B	C	D	E	$F=A\times(B-C)\times D\times E\times 44/12$
数据来源	林业局、森林资源调查数据				指南推荐值	

3.1.6.5 废弃物领域

2022 年 C 市废弃物领域温室气体排放量计算包含四部分，需要收集的数据包含垃圾处理量数据、污水处理相关数据、环境统计数据、人均每日蛋白质摄入量和常住人口等数据。具体核算过程和数据来源如表 3-25 和表 3-26 所示。

表 3-25　2022 年 C 市废弃物处理温室气体排放清单

排放源	甲烷排放量/吨	氧化亚氮排放量/吨	二氧化碳当量/吨	综合不确定性/%
固体废弃物填埋处理甲烷排放	23 720.66	—	498 133.83	68.92
废弃物焚烧处理	—	—	—	—
生活污水处理甲烷排放	1 086.60	—	22 818.51	27.68
工业废水处理甲烷排放	1 144.88	—	24 042.41	39.05
废水处理氧化亚氮排放	2 231.47	106.78	33 102.88	57.57
总计	25 952.76	106.78	578 097.64	59.51

表3-26 2022年C市废弃物处理温室气体清单计算过程

一、城市固体废弃物填埋处理甲烷排放

垃圾填埋场类型	不同填埋类型处理比例	垃圾处理量/万吨	可分解的DOC比例	甲烷气体比例	甲烷修正因子	氧化因子	可降解有机碳DOC/(千克碳/千克废弃物)	甲烷回收量/吨	甲烷排放量/吨
	A	B	C	D	E	F	G	H	$I=(A \times B \times C \times D \times E \times G \times 16/12 - H) \times (1-F) \times 10\,000$
管理型填埋场	100%	42.2688	0.5	0.5	1	0.1	0.1871	0	23 720.66
数据来源	城管局、生活垃圾处理厂、城市环境卫生监测站				指南推荐值			城管局、生活垃圾处理厂、城市环境卫生监测站	

二、生活污水处理甲烷排放

废水类型	有机物总量/(吨COD/年)	BOD/COD	有机物总量/(吨BOD/年)	甲烷修正因子	甲烷最大产生能力/(千克甲烷/千克有机物)	甲烷回收量/吨	甲烷排放量/吨	合计/吨
	A	B	C	D	E	F	G	
排入环境	0	0.41	0.00	0.1	0.6	0.00	0.00	1 086.60
污水处理厂去除	26 770.04	0.41	10 975.72	0.165	0.6	0.00	1 086.60	
数据来源	环境统计年鉴			指南推荐值		环境统计年鉴	$G=A \times B \times C \times D \times E - F$	

三、工业废水处理甲烷排放

行业	排入环境有机物量/(吨COD/年)	甲烷修正因子	污水处理系统去除有机物量/(吨COD/年)	甲烷修正因子	随污泥去除有机物总量/吨	甲烷最大产生能力/(千克甲烷/千克有机物)	甲烷回收量/吨	甲烷排放量/吨
农副食品加工业	75.5088	0.1	323.7840	0.7	0.00	0.25	0.00	58.55
食品制造业	36.7968	0.1	924.4992	0.7	0.00	0.25	0.00	162.71

续表

行业	排入环境有机物量/(吨COD/年)	甲烷修正因子	污水处理系统去除有机物量/(吨COD/年)	甲烷修正因子	随污泥去除有机物总量/吨	甲烷最大产生能力/(千克甲烷/千克有机物)	甲烷回收量/吨	甲烷排放量/吨
饮料制造业	2.971 2	0.1	0.202 8	0.5	0.00	0.25	0.00	0.10
木材加工及木、竹、藤、棕、草制品业	0.609 6	0.1	0.938 4	0.1	0.00	0.25	0.00	0.04
石油加工、炼焦及核燃料加工业	56.422 8	0.1	4 039.431 6	0.3	0.00	0.25	0.00	304.37
化学原料及化学制品制造业	9.973 2	0.1	83.427 6	0.5	0.00	0.25	0.00	10.68
医药制造业	25.225 2	0.1	1 457.918 4	0.5	0.00	0.25	0.00	182.87
黑色金属冶炼及压延加工业	0	0.1	4 679.272 8	0.1	0.00	0.25	0.00	116.98
金属制品业	0	0.1	0.853 2	0.1	0.00	0.25	0.00	0.02
工艺品及其他制造业	0.004 8	0.1	0.081 6	0.3	0.00	0.25	0.00	0.01
电力、热力的生产和供应业	5.016 0	0.1	276.829 2	0.1	0.00	0.25	0.00	7.05
水的生产和供应业	330.740 4	0.1	3 909.880 8	0.3	0.00	0.25	0.00	301.51
合计								1 144.88
数据来源	A 环境统计年报数据	B 指南推荐值	C 环境统计年报数据	D 指南推荐值	E 指南推荐值	F 指南推荐值	G	$H=(A-E)\times B\times F-G+(C-E)\times D\times F-G$

续表

四、废水处理氧化亚氮排放

项目	年末常住人口数/万人	人均每日蛋白质摄入量/(克/日)	蛋白质中氮含量/(千克氮/千克蛋白质)	废水中非消费性蛋白质排放因子	工业和商业蛋白质排放因子	随污泥清除的氮/千克	氧化亚氮排放因子/(千克氧化亚氮/千克氮)	氧化亚氮排放量/吨
数据	159.122 2	78.00	0.16	1.5	1.25	0	0.005	106.78
	A	B	C	D	E	F	G	$H=(A \times B \times 365/ \times C \times D \times E-F)/1\,000 \times G \times 44/28$
数据来源	统计年鉴	中国食物与营养发展纲要(2014—2020年)	指南推荐值					

3.2 组织碳排放核算

3.2.1 碳核算简介

3.2.1.1 基本概念

1. 碳核算

碳核算一般是指跟踪和测量一个组织（主要为企业）的温室气体排放量的过程。它包括确定一个组织内的温室气体排放源，并计算特定时期（通常是公历年度或财报年度）的温室气体总排放量。碳核算有助于企业了解和量化其温室气体排放量，减少温室气体排放。通过了解温室气体排放的来源，企业就可以确定减排潜力，并设定减排目标。

2. 活动水平数据

活动水平数据是导致温室气体排放的生产或消费活动量的表征值，例如各种化石燃料消耗量、购入使用电量等。

3. 排放因子

排放因子是表征单位生产或消费活动量的温室气体排放系数，例如每单位化石燃料燃烧所产生的二氧化碳排放量、每单位购入使用电量所对应的二氧化碳排放量等。

4. 碳氧化率

碳氧化率是燃料中的碳在燃烧过程中被完全氧化的百分比。

5. 组织

ISO 14064 中，组织定义为"具有自身职能和行政管理的公司、集团公司、商行、企事业单位、政府机构、社团或其结合体，或上述单位中具有自身职能和行政管理的一部分，无论其是否具有法人资格，公营或私营"。在实际的碳排放核算中，碳核算的需求方多为企业，也有部分事业单位等其他组织。

3.2.1.2 核算原则

根据《温室气体核算体系》（*GHG Protocol*），温室气体核算与报告需遵循以下原则[①]：

---

① 世界可持续发展工商理事会. 温室气体核算体系：企业核算与报告标准［M］. 北京：经济科学出版社，2012.

（1）相关性

确保温室气体排放清单恰当地反映组织的温室气体排放情况，服务于企业内部和外部用户的决策需要。

（2）完整性

核算和报告选定排放清单边界内所有温室气体排放源和活动，比如二氧化碳、甲烷、氧化亚氮等。披露任何没有计入的排放源及其活动，并说明理由。

（3）一致性

采用一致的方法学，以便可以对长期的排放情况进行有意义的比较。按时间顺序，清晰记录有关数据、排放清单边界、方法和其他相关因素的任何变化。

（4）透明性

按照清晰的审计线索，以实际和连贯的方式处理所有相关问题。披露任何有关的假定，并恰当指明所引用的核算与计算方法学，以及数据来源。

（5）准确性

应尽量保证在可知的范围内，计算出的温室气体排放量不系统性地高于或低于实际排放量；尽可能在可行的范围内减少不确定性。达到足够的准确度，以保证用户在决策时对报告信息完整性的信心。

以上五项原则是温室气体核算与报告的基础。采用这些原则可以确保温室气体排放清单真实与公允地反映一个组织的温室气体排放情况。

3.2.1.3 核算范围

为了对温室气体进行有效、创新的管理，将一个组织的温室气体排放分为直接排放和间接排放。直接温室气体排放是指来自组织拥有或控制的排放源的排放。间接温室气体排放是指由组织活动导致的，但发生在其他组织拥有或控制的排放源的排放。为便于描述直接和间接排放源，提高透明度，针对温室气体核算与报告设定了三个"范围"。具体如下：

（1）范围一：直接温室气体排放

直接温室气体排放主要在组织从事以下活动中产生：

①生产电力、热力或蒸汽。主要指锅炉、熔炉和涡轮机等固定排放源的燃料燃烧。

②物理或化学工艺。主要指生产水泥、铝、己二酸、氨以及废物处理等过程中化学品与原料的生产或加工。

③运输原料、产品、废弃物等。具体指组织拥有/控制的运输工具燃烧排放源（如

卡车、火车、巴士和轿车等）。

④无组织排放。这类排放来自有意或无意的泄漏，例如：设备的接缝、密封件、包装和垫圈的泄漏，煤矿矿井和通风装置排放的甲烷，使用冷藏和空调设备过程中产生的氢氟碳化物（HFC）排放，以及天然气运输过程中的甲烷泄漏。

（2）范围二：外购能源产品产生的间接温室气体排放

这是指组织外购（输入）的电力的生产和消耗中相关的温室气体排放，以及通过物理网络（蒸汽、供暖、制冷和压缩空气）消耗的与能源的生产有关的温室气体排放。

（3）范围三：范围二以外的其他所有间接温室气体排放

这一般是指组织的价值链中发生的所有其他间接排放，如外购原料与燃料的开采和生产、外购燃料和原料或商品的运输、职工差旅和通勤、产品、废弃物的运输等。

范围一和范围二的排放是在组织的直接控制下，而范围三的排放并不是产生于该组织拥有或控制的排放源。组织层面碳排放的核算范围主要包括范围一和范围二两部分内容，范围三通常是选择性的。因此本章针对范围一和范围二的具体核算方法展开讨论，范围三核算在应用意义上一般体现为碳足迹的核算，在 3.4 "产品碳排放核算" 部分有详细说明，本节不做赘述。

3.2.1.4 核算依据

2013—2015 年，国家发展改革委先后公布了发电、电网、钢铁、化工等共计二十四个行业的温室气体核算指南，供开展国内碳排放权交易、建立企业温室气体排放报告制度、完善温室气体排放统计核算体系等相关工作参考使用。2021 年 3 月，生态环境部发布《企业温室气体排放核算方法与报告指南 发电设施》，将其作为 2021 年发电企业碳排放工作的指导性文件，并在 2022 年 3 月发布《企业温室气体排放核算方法与报告指南 发电设施（2022 年修订版）》，将其作为指导 2022 年发电企业碳排放工作的指导性文件。2022 年 12 月，生态环境部在 2022 年修订版指南的基础上进一步完善，发布了《企业温室气体排放核算与报告指南 发电设施》，该指南从 2023 年开始实施。2023 年 10 月 18 日，生态环境部《关于做好 2023—2025 年部分重点行业企业温室气体排放报告与核查工作的通知》（环办气候函〔2023〕332 号）发布了钢铁、水泥、电解铝三个行业的最新指南。全部指南名称和发布信息如表 3-27 所示。

表 3-27　温室气体核算方法与报告指南信息一览表

批次	序号	指南名称	发布信息
第一批次	1	《中国发电企业温室气体排放核算方法与报告指南（试行）》	2013 年 10 月 15 日发改办气候〔2013〕2526 号①
	2	《中国电网企业温室气体排放核算方法与报告指南（试行）》	
	3	《中国钢铁生产企业温室气体排放核算方法与报告指南（试行）》	
	4	《中国化工生产企业温室气体排放核算方法与报告指南（试行）》	
	5	《中国电解铝生产企业温室气体排放核算方法与报告指南（试行）》	
	6	《中国镁冶炼企业温室气体排放核算方法与报告指南（试行）》	
	7	《中国平板玻璃生产企业温室气体排放核算方法与报告指南（试行）》	
	8	《中国水泥生产企业温室气体排放核算方法与报告指南（试行）》	
	9	《中国陶瓷生产企业温室气体排放核算方法与报告指南（试行）》	
	10	《中国民航企业温室气体排放核算方法与报告格式指南（试行）》	
第二批次	11	《中国石油和天然气生产企业温室气体排放核算方法与报告指南（试行）》	2014 年 12 月 3 日发改办气候〔2014〕2920 号②
	12	《中国石油化工企业温室气体排放核算方法与报告指南（试行）》	
	13	《中国独立焦化企业温室气体排放核算方法与报告指南（试行）》	
	14	《中国煤炭生产企业温室气体排放核算方法与报告指南（试行）》	
第三批次	15	《造纸和纸制品生产企业温室气体排放核算方法与报告指南（试行）》	2015 年 7 月 6 日发改气候〔2015〕1722 号③
	16	《其他有色金属冶炼和压延加工企业温室气体排放核算方法与报告指南（试行）》	
	17	《电子设备制造企业温室气体排放核算方法与报告指南（试行）》	
	18	《机械设备制造企业温室气体排放核算方法与报告指南（试行）》	

----

①中华人民共和国国家发展和改革委员会. 国家发展改革委办公厅关于印发首批 10 个行业企业温室气体排放核算方法与报告指南（试行）的通知［EB/OL］.（2013-10-15）［2023-08-03］. https: //www.ccchina.org.cn/Detail.aspx? newsId=73521.

②中华人民共和国国家发展和改革委员会. 国家发展改革委办公厅关于印发第二批 4 个行业企业温室气体排放核算方法与报告指南（试行）的通知［EB/OL］.（2014-12-03）［2023-08-03］. https：//www.ndrc.gov.cn/xxgk/zcfb/tz/201502 /t20150209_963759.html.

③中华人民共和国国家发展和改革委员会. 国家发展改革委办公厅关于印发第三批 10 个行业企业温室气体核算方法与报告指南（试行）的通知［EB/OL］.（2015-07-06）［2023-08-03］. https：//www.ndrc.gov.cn/xxgk/zcfb/tz/201511/t 20151111_963496.html.

续表

批次	序号	指南名称	发布信息
第三批次	19	《矿山企业温室气体排放核算方法与报告指南（试行）》	2015 年 7 月 6 日发改办气候〔2015〕1722 号
	20	《食品、烟草及酒、饮料和精制茶企业温室气体排放核算方法与报告指南（试行）》	
	21	《公共建筑运营单位（企业）温室气体排放核算方法与报告指南（试行）》	
	22	《陆上交通运输企业温室气体排放核算方法与报告指南（试行）》	
	23	《氟化工企业温室气体排放核算方法与报告指南（试行）》	
	24	《工业其他行业企业温室气体排放核算方法与报告指南（试行）》	
	25	《企业温室气体排放核算方法与报告指南 发电设施》	2021 年 3 月 29 日环办气候函〔2021〕9 号①
	26	《企业温室气体排放核算方法与报告指南发电设施（2022 年修订版）》	2022 年 3 月 10 日环办气候函〔2022〕111 号②
	27	《企业温室气体排放核算与报告指南 发电设施》	2022 年 12 月 21 日环办气候函〔2022〕485 号③
	28	《企业温室气体排放核算与报告填报说明 钢铁生产》	2023 年 10 月 18 日环办气候函〔2023〕332 号④
	29	《企业温室气体排放核算与报告填报说明 水泥熟料生产》	
	30	《企业温室气体排放核算与报告填报说明 铝冶炼》	

---

① 中华人民共和国生态环境部. 关于加强企业温室气体排放报告管理相关工作的通知［EB/OL］.（2021-03-29）［2023-08-03］. https：//www.mee.gov.cn/xxgk2018/xxgk/xxgk05/202103/t20210330_826728.html.

② 中华人民共和国生态环境部.关于做好 2022 年企业温室气体排放报告管理相关重点工作的通知［EB/OL］.（2022-03-15）［2023-08-03］. https：//www.mee.gov.cn/xxgk2018/xxgk/xxgk06/202203/t20220315_971468.html.

③ 中华人民共和国生态环境部. 关于印发《企业温室气体排放核算与报告指南 发电设施》《企业温室气体排放核查技术指南 发电设施》的通知 ［EB/OL］.（2022-12-21）［2023-08-03］. https：//www.mee.gov.cn/xxgk2018/xxgk/xxgk06 /202212/t20221221_1008430.html.

④ 中华人民共和国生态环境部.《关于做好 2023—2025 年部分重点行业企业温室气体排放报告与核查工作的通知》［EB/OL］.（2023-10-18）［2023-10-20］. https：//www.mee.gov.cn/xxgk2018/xxgk/xxgk06/202310/t20231018_1043427. html.

3.2.1.5 核算流程

企业温室气体排放核算和报告工作内容包括核算边界和排放源确定、数据质量控制计划编制与实施、化石燃料燃烧排放量核算、能源作为原材料排放量核算、工业过程排放量核算以及净购入电力热力排放量核算、企业总排放量计算、生产数据信息获取、定期报告、信息公开和数据质量管理的相关要求。工作程序如图 3-3 所示。

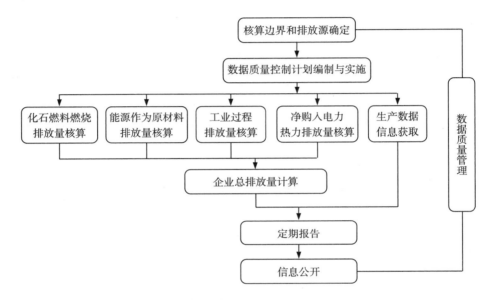

图 3-3　组织边界温室气体核算流程图

1. 核算边界和排放源确定

确定重点排放单位核算边界，识别纳入边界的排放设施和排放源。排放报告应包括核算边界所包含的装置、所对应的地理边界、组织单元和生产过程。

2. 数据质量控制计划编制与实施

按照各类数据测量和获取要求编制数据质量控制计划，并按照数据质量控制计划实施温室气体的测量活动。

3. 化石燃料燃烧排放量核算

收集活动数据，确定排放因子，计算企业层级和工序层级化石燃料燃烧排放量。

4. 能源作为原材料排放量核算

收集活动数据，确定排放因子，计算工业生产过程中能源作为原材料被消耗产生的排放量。

5. 工业过程排放量核算

收集活动数据，确定排放因子，计算在生产、废弃物处理处置等过程中除燃料燃烧之外的物理或化学变化造成的温室气体排放。

6. 净购入电力热力排放量核算

收集活动数据，确定排放因子，计算工序层级消耗电力和热力产生的排放及企业层级净购入电力和热力对应的排放量。

7. 企业总排放量计算

汇总计算企业核算边界内的温室气体排放量。

8. 生产数据信息获取

获取和计量重点排放单位企业层级和工序层级产品产量等生产数据和信息。

9. 定期报告

定期报告温室气体排放数据及相关生产信息，存证必要的支撑材料。

10. 信息公开

定期公开温室气体排放报告相关信息，接受社会监督。

3.2.2 核算边界的确定

根据国家发展改革委和国家生态环境部先后发布的各行业的最新核算指南，部分行业企业的核算边界如下：

1. 发电行业

《企业温室气体排放核算与报告指南 发电设施》对于已经纳入碳排放交易的发电企业（包括自备电厂）的核算边界给出了具体的范围，即为厂区内的发电设施。主要包括燃烧系统、汽水系统、电气系统、控制系统和除尘及脱硫脱硝等装置的集合。其中燃料系统包含输煤、磨煤、燃烧、风烟、灰渣等；电气系统包含发电机、励磁装置、厂用电系统、升压变电等；汽水系统包含锅炉、汽轮机、凝给水、补水、循环水等，而厂区内其他辅助生产系统以及附属生产系统不包含在核算范围内。

2. 钢铁行业

（1）企业层级核算边界

应以企业法人或视同法人的独立核算单位为边界，核算和报告其主要生产系统和辅助生产系统产生的温室气体排放，不包括附属生产系统。辅助生产系统包括主要生产管理和调度指挥系统、动力、供水、机修、库房、化验、计量、水处理、运输和环保设施等。附属生产系统包括厂区内为生产服务，主要用于办公生活目的的部门、单位和设施（如职工食堂、车间浴室、保健站、办公场所、公务车辆、班车等）。

（2）工序层级核算边界

纳入核算的钢铁生产工序为焦化工序、烧结工序、球团工序、高炉炼铁工序、转炉炼钢工序［不包括精炼、连铸（浇铸）、精整］、电炉炼钢工序［不包括精炼、连铸（浇铸）、精整］、精炼工序、连铸工序、钢压延加工工序、石灰工序。各工序核算边界一般以原料、能源进入工序为起点，以最终产品和副产物输出工序为终点，包括工序主要生产设施和工序辅助生产设施。工序辅助生产设施指生产管理和调度指挥系统、机修、照明、检验化验、计量、运输和环保设施等。

3. 水泥行业

（1）企业层级核算边界

水泥企业层级核算是以水泥熟料生产为主营业务的独立法人企业或视同法人单位为边界，核算和报告边界内所有生产设施产生的温室气体排放。生产设施范围包括主要生产系统、辅助生产系统以及直接为生产服务的附属生产系统。如果水泥熟料生产企业还生产其他产品，以企业层级核算边界合并核算和报告。如果企业层级核算边界含多个场所（例如：水泥熟料生产企业层级核算边界内的矿山），则多个场所合并填报。

（2）工序层级核算边界

水泥熟料生产核算边界为从原燃料进入生产厂区到熟料入库为止的主要生产系统和辅助生产系统，不包括附属生产系统。其中：

①主要生产系统包括用于熟料生产的原燃料预处理、生料制备、煤粉制备、熟料烧成。

②辅助生产系统包括除尘、脱硫、脱硝及余热发电系统、机修车间、空压机站、化验室、中控室、生产照明等。

③不包括石灰石破碎、水泥粉磨及其相关原辅料预处理、替代燃料处理和协同处置系统、基建、技改、自备电厂及储能等。

若企业有自备电厂，熟料生产核算边界消耗电力产生碳排放量的核算与报告，不区分电力是否来自已纳入全国碳市场的自备电厂，应全部计入碳排放量核算。

4. 电解铝行业

（1）企业层级核算边界

应以企业法人或视同法人的独立核算单位为边界，核算和报告其主要生产系统和辅助生产系统产生的温室气体排放，不包括附属生产系统。辅助生产系统包括主要生产管理和调度指挥系统、动力、供水、机修、库房、化验、计量、水处理、运输和环保设施等。附属生产系统包括厂区内为生产服务，主要用于办公生活目的的部门、单位和设施（如职工食堂、车间浴室、保健站、办公场所、公务车辆、班车等）。

（2）工序层级核算边界

电解铝工序层级核算边界主要包括电解槽和整流变压器的集合，不包括厂区内辅助生产系统以及附属生产系统。

5. 其他暂未纳入碳市场交易的行业

报告主体是以企业法人或视同法人的独立核算单位为边界，核算和报告边界内所有生产系统产生的温室气体排放。生产系统范围包括直接生产系统、辅助生产系统，以及直接为生产服务的附属生产系统，其中辅助生产系统主要指动力系统（主要是电力以及蒸汽供给）、供水、化验、机修、库房、运输等；附属生产系统包括生产指挥系统（厂部）和厂区内为生产服务的部门和单位（如职工食堂、宿舍、车间浴室和其他安全健康保障单元等）。企业厂界内生活能耗导致的排放原则上不在核算范围内。如果某行业除主营产品以外还生产其他产品，且生产活动存在温室气体放，则需按照产品相关行业的企业温室气体排放核算和报告指南，一并核算和报告。

针对从事多种产业活动的化工行业，可将核算边界再细分为多个核算单元，便于企业更精确地对边界内各个单元的温室气体排放源进行识别和确认，判断排放源的优先次序，制定减排方案，增加透明度和精细度。核算单元的划分可根据管理结构、厂房分布、产品或产业活动等情况自行决定。

3.2.3 排放源的识别

组织边界的排放源按照不同类型划分，主要可以分为化石燃料燃烧排放、工业生产过程排放以及净购入电力和热力产生的排放。其中，工业生产过程排放又可以细分为能源（化石燃料和其他碳氢化合物）作为原材料产生的排放、其他工业生产过程排放。报告主体回收燃料燃烧或工业生产过程产生的二氧化碳作为产品外供给其他单位从而应予扣减的那部分二氧化碳，该部分视为二氧化碳回收利用量，不包括企业现场回收自用的部分。报告主体如果存在其他产品的生产，或者各行业指南中未涉及的其他温室气体排放行为或生产活动，且依照主管部门发布的其他相关企业的温室气体排放核算和报告指南的要求，应予核算和报告的温室气体排放量，相关方法请参照相关企业的温室气体排放核算和报告指南。

　　针对各行业的工艺过程，净购入电力和热力产生的排放边界可以归纳为核算边界内消耗的净购入电力和热力的排放量；而化石燃料燃烧排放、能源作为原材料产生的排放以及工业生产过程排放所涉及的排放边界有差异，具体内容如表 3-28 所示。

表 3-28　各行业主要排放源明细表

	燃料燃烧排放源	能源作为原材料排放源	其他工业过程排放源
发电行业	发电锅炉（含启动锅炉）、燃气轮机等主要生产系统以及脱硫脱硝等装置使用化石燃料加热烟气部分，不包括应急柴油发电机组、移动源、食堂等其他设施。		
化工	锅炉、燃烧器、涡轮机、加热器、焚烧炉、煅烧炉、窑炉、熔炉、烤炉、内燃机等固定或移动燃烧设备	化石燃料和其他碳氢化合物用作原材料产生的二氧化碳排放，包括放空的废气经火炬处理后产生的二氧化碳排放	碳酸盐用作原材料、助熔剂或脱硫剂过程；如果存在硝酸或己二酸生产过程，还应包括这些生产过程的氧化亚氮排放
有色	锅炉、燃炉、内燃机等固定或移动燃烧设备	焦炭、兰炭、无烟煤、天然气等冶金还原剂消耗过程	消耗的碳酸盐以及草酸分解过程
电解铝（企业层级）	燃料在各种类型的固定或移动燃烧设备（如锅炉、窑炉、内燃机、运输车辆等）中与氧气发生氧化过程产生的二氧化碳排放	炭阳极消耗所导致的二氧化碳排放	阳极效应所导致的全氟化碳排放和碳酸盐分解产生的排放
电解铝（工序层级）		炭阳极消耗所导致的二氧化碳排放	阳极效应所导致的全氟化碳排放
平板玻璃	玻璃液熔制过程、生产辅助设施以及自有车辆外部运输过程中所消耗的化石燃料		碳酸盐如石灰石、白云石、纯碱等在高温状态下分解过程；原料配料中掺加的碳粉作为还原剂氧化的过程
水泥（工序层级）	熟料生产消耗的化石燃料在主要生产系统和辅助生产系统中燃烧产生的二氧化碳排放，不包括应急柴油发电机、移动源、食堂等其他设施消耗化石燃料燃烧产生的二氧化碳排放，也不包括替代燃料燃烧产生的二氧化碳排放		熟料生产过程中石灰石等碳酸盐原料在水泥窑中煅烧分解产生的二氧化碳排放，不包括窑炉排气筒（窑头）粉尘和旁路放风粉尘对应的碳酸盐分解产生的二氧化碳排放，也不包括生料中非燃料碳煅烧产生的二氧化碳排放

续表

	燃料燃烧排放源	能源作为原材料排放源	其他工业过程排放源
水泥（企业层级）	包括化石燃料燃烧产生的二氧化碳排放、替代燃料中非生物质碳燃烧产生的二氧化碳排放		包括熟料生产过程中石灰石等碳酸盐原料在水泥窑中煅烧分解产生的二氧化碳排放［包括熟料、窑炉排气筒（窑头）粉尘和旁路放风粉尘对应的二氧化碳排放］，以及生料中非燃料碳煅烧产生的二氧化碳排放
石化	炼油与石油化工生产中化石燃料用于动力或热力供应的燃烧过程以及火炬燃烧过程		催化裂化装置、催化重整装置、其他生产装置催化剂烧焦再生、制氢装置、焦化装置、石油焦煅烧装置、氧化沥青装置、乙烯裂解装置、乙二醇/环氧乙烷生产装置、其他产品生产装置等过程产生的排放
钢铁（工序层级）	工序净购入使用的化石燃料燃烧产生的二氧化碳排放		
钢铁（企业层级）	主要生产系统、辅助生产系统净购入使用的化石燃料燃烧产生的二氧化碳排放，一般包括固定源排放（如焦炉、烧结机、高炉、工业锅炉等固定燃烧设备）以及用于生产的移动源排放（如运输用车辆及厂内搬运设备）等		烧结、炼铁、炼钢等工序中由于使用外购含碳原料（如电极、生铁、铁合金、直接还原铁、废钢等）和熔剂的分解、氧化产生的二氧化碳排放
民航	民用航空企业的锅炉、航空器、气源车、电源车、运输车辆等各种类型的固定或移动燃烧设备		
造纸	锅炉、燃炉、内燃机等固定或移动燃烧设备		石灰石分解产生的二氧化碳排放、采用厌氧技术处理高浓度有机废水时产生的甲烷排放

3.2.4 活动水平及排放因子的确定

3.2.4.1 活动水平数据

1. 化石燃料/原料消耗量

化石燃料/原料消耗量获取数据按照以下来源选取：

①生产系统记录的数据，即轨道衡、汽车衡、皮带秤、电子称重式给煤机等计量器具直接计量获取的数据。

②购销存台账中的数据，即通过购入量、出（入）库量、盘存测量数值等统计计算得到的消耗量。

③供应商提供的结算凭证数据，即采购量数据。

确认有上述多个数据源时，按排列顺序优先。各个核算年度的获取优先顺序不应降低。对于多个数据源需进行交叉核对，以确保数据准确性。

2. 外购电量/热量

购入电量/热量的活动数据按以下优先序获取：

①电表/热量计（流量计）记录的读数。

②供应商提供的电力/热力结算凭证上的数据。

3.2.4.2 排放因子

1. 化石燃料含碳量

（1）燃煤含碳量

对于开展元素碳实测的，燃料含碳量的测定应遵循《煤中碳和氢的测量方法》（GB/T 476）、《石油产品及润滑剂中碳、氢、氮测定法（元素分析仪法）》（SH/T 0656）、《天然气的组成分析气相色谱法》（GB/T 13610）或《气体中一氧化碳、二氧化碳和碳氢化合物的测定（气相色谱法）》（GB/T 8984）等相关标准，其中对煤炭应在每批次燃料入厂时或每月至少进行一次检测（电力行业额外说明），并根据检测结果按照以下公式计算得到收到基元素碳含量：

$$C_{ar} = C_{ad} \times \frac{100 - M_{ar}}{100 - M_{ad}} \qquad （式 3-39）$$

或

$$C_{ar} = C_d \times \frac{100 - M_{ar}}{100} \qquad （式 3-40）$$

式中，C_{ar} 是空干基元素碳含量，单位为吨碳/吨；C_{ad} 是干燥基元素碳含量，单位为吨碳/吨；M_{ar} 是收到基水分（全水），以%表示；M_{ad} 是空干基水分（内水），以%表示。

但对于已经纳入交易的发电企业，燃煤的元素碳检测可以按照以下方式获取：

①每日检测：通过每日入炉煤检测数据加权计算得到月度平均收到基元素碳含量，权重为每日入炉煤消耗量。

②每批次检测：通过每月各批次入厂煤检测数据加权计算得到入厂煤月度平均收到基元素碳含量，权重为每批次入厂煤接收量。

③每月缩分样检测：每日采集入炉煤样品，每月将获得的日样品混合，用于检测元素碳含量。混合前，每日样品的质量应与该日入炉煤消耗量成正比，且基准保持一致。

此外，出具的检测报告需要满足以下要求：

①在每次样品采集之后的 40 个自然日内完成样品检测。

②检测报告应包括元素碳含量、低位发热量、氢含量、全硫、水分等参数的检测结果。

③检测报告应由通过 CMA 认定或 CNAS 认可、具备上述参数检测能力的机构/实验室出具，并盖有相应认证标志章。

未开展元素碳检测或检测不符合相关指南要求的，收到基元素碳含量采用公式 3-41 计算得到：

$$C_{ar,i}=NVC_{ar,i}\times CC_i \tag{式 3-41}$$

式中，$NVC_{ar,i}$ 是第 i 种化石燃料的收到基低位发热量，对固体或液体燃料，单位为吉焦/吨，对气体燃料，单位为吉焦/万标准立方米；CC_i 是第 i 种化石燃料的单位热值含碳量，单位为吨碳/吉焦。

（2）燃油/燃气含碳量

对油品可在每批次燃料入厂时或每季度进行一次检测，取算术平均值作为该油品的含碳量。

对天然气等气体燃料可在每批次燃料入厂时或每半年至少检测一次气体组分，然后根据每种气体组分的摩尔浓度及该组分化学分子式中碳原子的数目计算含碳量，计算过程可参考公式 3-42。

$$CC_g=\sum_n \left(\frac{12\times CN_n\times V\%_n}{22.4}\times 10\right) \tag{式 3-42}$$

式中，CC_g 是待测气体 g 的含碳量，单位为吨碳/万标准立方米；$V\%_n$ 是待测气体每种气体组分 n 的摩尔浓度，即体积浓度；CN_n 是气体组分 n 化学分子式中碳原子的数目。

2. 碳氧化率

碳氧化率是体现燃料在燃烧过程中被完全氧化的程度。不同状态的燃料对应的碳氧化率取值不同，比如气体燃料的碳氧化率大于液体燃料。同一种燃料在不同行业中应用时的碳氧化率取值也不同。比如《企业温室气体排放核算与报告指南 发电设施》规定燃料煤的碳氧化率统一取 99%，而《中国化工生产企业温室气体排放核算方法与报告指南（试行）》中明确的不同种类燃料煤的碳氧化率不尽相同，如表 3-29 所示。因此碳氧化率的取值应以对应行业指南中明确的缺省值为准。

表 3-29 常见燃料煤碳氧化率（基于空气干燥基）缺省值（化工）

能源名称	碳氧化率/%
无烟煤	94
烟煤	93
褐煤	96
洗精煤	90
其他洗煤	90
煤制品	90
焦炭	93

3. 其他物料含碳量

对其他原材料、含碳产品或含碳输出物的含碳量可以根据物质成分或纯度以及每种物质的化学分子式和碳原子的数目来计算，或参考对应行业指南或其他文献提供的缺省值。表 3-30 为《中国化工生产企业温室气体排放核算方法与报告指南（试行）》中罗列出的部分化工产品的含碳量缺省值。

表 3-30 常见化工产品的含碳量缺省值　　　　　　　　（单位：吨碳/吨）

产品名称	含碳量	产品名称	含碳量
乙腈	0.585 2	甲醇	0.375
丙烯腈	0.666 4	甲烷	0.749
丁二烯	0.888	乙烷	0.856
炭黑	0.970	丙烷	0.817
乙烯	0.856	丙烯	0.856 3
二氯乙烷	0.245	氯乙烯单体	0.384

续表

产品名称	含碳量	产品名称	含碳量
乙二醇	0.387	尿素	0.200
环氧乙醇	0.545	碳酸氢铵	0.155 19
氰化氢	0.444 4	标准电石*	0.314

注：根据电石产品在 20 ℃、101.3 kPa 下的实际发气量按 300 L/kg 折标。

有条件的企业，还可以自行或委托有资质的专业机构定期检测各种原材料和产品的含碳量，其中对固体或液体，企业可按每天每班取一次样，每月将所有样本混合缩分后进行一次含碳量检测，并以分月的活动水平数据加权平均作为含碳量；对气体可定期测量或记录气体组分，并根据每种气体组分的摩尔浓度及该组分化学分子式中碳原子的数目按公式 3-42 计算得到。

4. 电力排放因子

全国平均电网排放因子最新发布的排放因子为 0.570 3 吨二氧化碳/兆瓦时，后续年度因子将以生态环境部管理平台发布更新的结果为准。全国电网排放因子的数据变化如表 3-31 所示。

表 3-31　关于全国平均电网排放因子的通知　（单位：吨二氧化碳/兆瓦时）

发布单位	发布时间	文号	通知名称	排放因子
国家发展改革委	2017-12-15	发改办气候〔2017〕1989 号	《关于做好 2016、2017 年度碳排放报告与核查及排放监测计划制定工作的通知》	0.610 1
生态环境部	2022-03-15	环办气候函〔2022〕111 号	《关于做好 2022 年企业温室气体排放报告管理相关重点工作的通知》	0.581 0
生态环境部	2023-02-07	环办气候函〔2023〕43 号	《关于做好 2023—2025 年发电行业企业温室气体排放报告管理有关工作的通知》	0.570 3

可再生能源、余热发电排放因子为 0 吨二氧化碳/兆瓦时。

5. 热力排放因子

计算企业消耗热力对应的排放量时，对应的热力排放因子根据热量来源的不同，采用加权平均之后的结果。其中，余热回收排放因子为 0 吨二氧化碳/吉焦；如果是蒸汽锅炉供热，排放因子为锅炉排放量/锅炉供热量；如果是自备电厂，排放因子参考《企业温室气体排放核算方法与报告指南 发电设施》中机组供热碳排放强度的计算方法；若数据不可得，采用《工业其他行业企业温室气体排放核算方法与报告指南》中热力供应的二氧化碳排放因子 0.11 吨二氧化碳/吉焦。

6. 其他排放因子

根据不同行业的工艺过程，计算温室气体排放量时所涉及的各个产品的二氧化碳排放因子应分别参考各行业的温室气体核算指南中规定的缺省值。如《中国化工生产企业温室气体排放核算方法与报告指南（试行）》中规定的碳酸盐二氧化碳排放因子（表3-32），以及《中国钢铁生产企业温室气体排放核算方法与报告指南（试行）》中规定的钢铁生产过程涉及的不同产品和合金的二氧化碳排放因子（表3-33）。

表 3-32　化工行业常见碳酸盐二氧化碳排放因子　（单位：吨二氧化碳/吨碳酸盐）

碳酸盐	排放因子	碳酸盐	排放因子
$CaCO_3$	0.439 7	$BaCO_3$	0.223 0
$MgCO_3$	0.522 0	Li_2CO_3	0.595 5
Na_2CO_3	0.414 9	K_2CO_3	0.318 4
$NaHCO_3$	0.523 7	$SrCO_3$	0.298 0
$FeCO_3$	0.379 9	$CaMg(CO_3)_2$	0.477 3
$MnCO_3$	0.382 9		

表 3-33　钢铁行业工业生产过程二氧化碳排放因子　（单位：吨二氧化碳/吨）

名称	排放因子	碳酸盐	排放因子
石灰石	0.440	直接还原铁	0.073
白云石	0.471	镍铁合金	0.037
电极	3.663	铬铁合金	0.275
生铁	0.172	钼铁合金	0.018

3.2.5 排放量的计算

前面 3.2.3 小节提到，组织边界温室气体排放源可以分为化石燃料燃烧排放、工业生产过程排放以及净购入电力和热力排放三大类。本节将详细介绍不同排放源产生的排放量的计算方法。

3.2.5.1 化石燃料燃烧排放

$$E_{燃烧} = \sum_{i=1}^{n} \left(FC_i \times C_{ar,i} \times OF_i \times \frac{44}{12} \right) \qquad （式 3-43）$$

式中，$E_{燃烧}$ 是化石燃料燃烧排放量，单位为吨二氧化碳；i 是化石燃料种类；FC_i 是第 i 种化石燃料消费量，对固体或液体燃料，单位为吨，对气体燃料，单位为万标准立方米；$C_{ar,i}$ 是第 i 种化石燃料的收到基元素碳含量，对固体或液体燃料，单位为吨碳/吨，对气体燃料，单位为吨碳/万标准立方米；OF_i 是化石燃料 i 的碳氧化率，以 % 表示。

3.2.5.2 工业过程排放

1. 原材料消耗产生的排放

化石燃料和其他碳氢化合物用作原材料产生的二氧化碳排放，根据原材料输入的碳量以及产品输出的碳量按碳质量平衡法计算：

$$E_{CO_2-原料} = \left\{ \sum_r (AD_r \times CC_r) - \left[\sum_p (AD_p \times CC_p) + \sum_w (AD_w \times CC_w) \right] \right\} \times \frac{44}{12} \qquad （式 3-44）$$

式中，$E_{CO_2-原料}$ 是化石燃料和其他碳氢化合物用作原材料产生的二氧化碳排放，单位为吨；r 是进入企业边界的原材料种类，如具体品种的化石燃料、具体名称的碳氢化合物、碳电极以及二氧化碳原料；AD_r 是原材料 r 的投入量，对固体或液体原料，单位为吨，对气体原料，单位为万标准立方米；CC_r 是原材料 r 的含碳量，对固体或液体原料，单位为吨碳/吨原料，对气体原料，单位为吨碳/万标准立方米；P 是流出企业边界的含碳产品种类，包括各种具体名称的主产品、联产产品、副产品等；AD_p 是含碳产品 p 的产量，对固体或液体产品，单位为吨，对气体产品，单位为万标准立方米；CC_p 是含碳产品 p 的含碳量，对固体或液体产品，单位为吨碳/吨产品，对气体产品，单位为吨碳/万标准立方米；w 是流出企业边界且没有计入产品范畴的其他含碳输出物种类，如炉渣、粉尘、污泥等含碳的废物；AD_w 是含碳废物 w 的输出量，单位为吨；CC_w 是含碳废物 w 的含碳量，单位为吨碳/吨废物。

2. 碳酸盐使用过程排放

$$E_{CO_2-碳酸盐} = \sum_i (AD_i \times EF_i \times PUR_i) \qquad （式 3-45）$$

式中，$E_{CO_2-碳酸盐}$ 是碳酸盐使用过程产生的二氧化碳排放量，单位为吨；i 是碳酸盐的种类；AD_i 是碳酸盐 i 用于原材料、助熔剂和脱硫剂的总消费量，单位为吨；EF_i 是碳酸盐 i 的二氧化碳排放因子，单位为吨二氧化碳/吨碳酸盐 i；PUR_i 是碳酸盐 i 的纯度，以 % 表示。

工业生产过程排放中除了能源作为原材料产生的排放与碳酸盐使用过程的排放以外，

不同行业还涉及一些特定的过程排放,如石化行业可能存在火炬燃烧、烧焦导致的排放,水泥行业可能存在原料分解和非燃料碳煅烧产生的排放等。这些特定的生产过程产生的温室气体排放量应根据对应行业指南中明确的计算方法进行核算。

3.2.5.3 净购入电力排放

$$E_电 = AD_电 \times EF_电 \qquad (式 3-46)$$

式中,$E_电$是购入使用电力产生的排放量,单位为吨二氧化碳;$AD_电$是购入使用电量,单位为兆瓦时;$EF_电$是电网排放因子,单位为吨二氧化碳/兆瓦时。

3.2.5.4 净购入热力排放

$$E_热 = AD_热 \times EF_热 \qquad (式 3-47)$$

式中,$E_热$是购入使用热力产生的排放量,单位为吨二氧化碳;$AD_热$是购入使用热量,单位为吉焦;$EF_热$是热力排放因子,单位为吨二氧化碳/吉焦。

3.2.5.5 其他温室气体排放量

如果工业生产过程产生除二氧化碳之外的温室气体,那么该工业生产过程中的温室气体排放量应将不同种类的温室气体排放折算成二氧化碳当量。比如硝酸或己二酸生产过程产生的氧化亚氮排放以及工业废水厌氧处理过程产生的甲烷排放等。具体计算公式如下。

1. 硝酸或己二酸生产过程产生的排放

$$E_{CHG 过程} = E_{CO_2 过程} + E_{N_2O 过程} \times GWP_{N_2O} \qquad (式 3-48)$$

其中

$$E_{CO_2 过程} = E_{CO_2 原料} + E_{CO_2 碳酸盐} \qquad (式 3-49)$$

$$E_{CO_2} = E_{N_2O 硝酸} + E_{N_2O 己二酸} \qquad (式 3-50)$$

式中,$E_{CO_2 过程}$是化石燃料和其他碳氢化合物用作原材料产生的二氧化碳排放;$E_{CO_2 碳酸盐}$是碳酸盐使用过程产生的二氧化碳排放;$E_{N_2O 硝酸}$是硝酸生产过程产生的氧化亚氮排放;$E_{N_2O 己二酸}$是己二酸生产过程产生的氧化亚氮排放;GWP_{N_2O}是氧化亚氮相比二氧化碳的全球变暖潜势(GWP)值。

2. 工业废水厌氧处理过程产生的排放

工业废水厌氧处理过程产生的包括报告主体采用厌氧工艺处理自身产生或外来的工业废水导致以及通过回收利用或火炬焚毁等处理废水处理过程产生的甲烷排放,计算公式如下：

$$E_{CO_2} = E_{CH_4\text{废水}} \times GWP_{CH_4} \qquad\qquad （式 3-51）$$

$$E_{CH_4\text{废水}} = (TOW - S) \times EF_{CH_4\text{废水}} \times 10^{-3} \qquad （式 3-52）$$

式中，$E_{CH_4\text{废水}}$ 是工业废水厌氧处理的甲烷排放量，单位为吨；TOW 是工业废水中可降解有机物的总量，以化学需氧量（COD）为计量指标，单位为千克 COD；S 是以污泥方式清除掉的有机物总量，以化学需氧量（COD）为计量指标，单位为千克 COD；$EF_{CH_4\text{废水}}$ 是工业废水厌氧处理的甲烷排放因子，单位为千克甲烷/千克 COD；GWP_{CH_4} 是甲烷相比二氧化碳的全球变暖潜势（GWP）值。

3.2.6 案例分析

以某年产 300 000 吨碳化钙（电石）的企业 A 为例。该企业生产电石涉及的化学反应方程式为：

$$CaO + 3C = CaC_2 + CO \uparrow$$

$$CaCO_3 = CaO + CO_2 \uparrow$$

该企业电石生产工艺流程如图 3-4 所示。

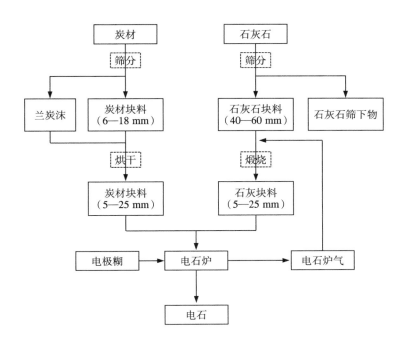

图 3-4　企业 A 电石生产工艺流程图

2022 年企业 A 全年消耗能源、辅料情况如下：

通过筛分得到 5 198.54 吨兰炭沫进入沸腾炉用于烘干炭材，烘干后得到的 163 762.44 吨 5—25 毫米粒径的兰炭块投入电石炉生产电石；石灰石共计消耗 487 361.66 吨，其中碳酸钙含量 92.03％，碳酸镁含量 2.76％；同时向电石炉投入电极糊 7 689.65 吨。

此外，企业 A 组织边界内消耗电力共计 1 032 444.58 兆瓦时（其中电石生产工序过程消耗 981 970.43 兆瓦时）；厂区内通勤、叉车等消耗柴油 206.85 吨。

2022 年企业 A 全年含碳产品产出情况如下：

共产生电石（年均发气量为每千克 296.00 升）304 426.9 吨与 13 366.14 万标准立方米电石炉气，其中电石炉气全部用于煅烧石灰石。

那么，2022 年企业 A 温室气体排放量的核算过程如下：

1. 化石燃料燃烧排放

2022 年化石燃料燃烧二氧化碳排放量为 15 480.25 吨，如表 3-34 所示。

表 3-34　2022 年企业 A 化石燃料燃烧排放量计算结果

燃料品种	燃料消费量/吨		低位发热值/（GJ/吨）		单位热值含碳量/（吨碳/GJ）		碳氧化率/%		CO_2 排放量/吨
	数据来源	数值	数据来源	数值	数据来源	数值	数据来源	数值	
柴油	柴油结算单	20.85	缺省值	43.33	缺省值	0.020 20	缺省值	98	650.57
兰炭沫	企业报表/台账	5 198.54	缺省值	28.435	缺省值	0.029 42	缺省值	93	14 829.68
合计									15 480.25

注：柴油的缺省值取自《中国化工生产企业温室气体排放核算方法与报告指南（试行）》；兰炭沫的缺省值取自《中国镁冶炼企业温室气体排放核算方法与报告指南（试行）》。

2. 工业过程排放

该部分排放包含能源作为原材料产生的排放和碳酸盐使用过程产生的排放。2022 年企业 A 工业生产过程二氧化碳排放量为 388 928.47 吨，各部分排放量计算过程如下所示：

（1）能源作为原材料产生排放量

标准电石产量＝电石产量×电石发气量 / 标准电石发气量

　　　　　　＝304 426.9×295.00 / 300

　　　　　　＝300 367.88

能源作为原材料产生排放量如表 3-35 所示。

表 3-35　2022 年企业 A 能源作为原材料消耗 CO_2 排放量计算结果

含 C 原材料的投入量					含 C 产品的输出量					CO_2 排放量/吨
原料名称	消耗量/吨		含碳量/（吨碳/吨）		产品名称	产出量/吨		含碳量/（吨碳/吨）		
	数据来源	数值	数据来源	数值		数据来源	数值	数据来源	数值	
兰炭	企业报表/台账	163 762.44	缺省值	0.836 6	标准电石	企业报表/台账	300 367.88	缺省值	0.314	184 693.17
电极糊	企业报表/台账	7 689.65	缺省值	1.000 0						

　　注：电极糊、标准电石的缺省值取自《中国化工生产企业温室气体排放核算方法与报告指南（试行）》。

（2）碳酸盐使用过程产生的二氧化碳排放量

碳酸盐使用过程产生的二氧化碳排放量如表 3-36 所示。

表 3-36　2022 年企业 A 碳酸盐使用过程 CO_2 排放量计算结果

原料名称	石灰石消耗量/吨	数据来源	纯度/%	数据来源	CO_2 排放因子/（吨碳/吨）	数据来源	CO_2 排放量/吨
碳酸钙	487 361.66	企业报表/台账	92.03	企业报表/台账	0.439 7	缺省值	197 213.78
碳酸镁	487 361.66	企业报表/台账	2.76	企业报表/台账	0.522	缺省值	7 021.52
合计							204 235.30

　　注：碳酸盐 CO_2 排放因子缺省值取自《中国化工生产企业温室气体排放核算方法与报告指南（试行）》。

3. 外购电力排放

2022 年企业 A 净购入电力产生的二氧化碳排放量为 688 743.78 吨，如表 3-37 所示。

表 3-37　2022 年企业 A 净购入电力 CO_2 排放量计算结果

净购入电量/兆瓦时	数据来源	CO_2 排放因子/（吨二氧化碳/兆瓦时）	数据来源	CO_2 排放量/吨
1 032 444.580	企业报表/台账	0.667 1	缺省值	688 743.78

4. 法人边界温室气体排放总量

2022 年企业 A 法人边界温室气体排放量为 1 093 153 吨，如表 3-38 所示。

表 3-38　2022 年企业 A 法人边界温室气体排放总量 （单位：吨）

排放源类别		CO_2 排放量
直接排放（类别一）	化石燃料燃烧	15 480.25
	能源作为原材料使用排放	184 693.17
	碳酸盐使用排放	204 235.30
间接排放（类别二）	净购入电力产生的排放	688 743.78
	净购入热力产生的排放	—
合计		1 093 153

3.3 项目碳排放核算

项目碳排放核算通常是指对温室气体减排项目排放量的核算，是计算减少温室气体排放源或增加温室气体吸收汇，实现补偿或抵消其他排放源产生温室气体排放项目活动碳排放的量化过程。[①] 它的定义可以追溯至《京都议定书》中引入的基于灵活履约机制下，由缔约方发起并与非缔约方进行抵消额转让与获得形式的项目碳排放量核算的统称，一般指不同抵消机制下符合条件的温室气体减排项目减排量的核算过程。

项目碳减排量核算通常采用基准线法进行计算。其基本思路是通过核实项目监测报告中的实际排放数据，用基准线情形下的排放量减去项目的实际排放量，并且根据泄漏进行调整。[②] 采用减排项目基准线情形（*BEy*）、项目情形（*PEy*）及项目泄漏情形（*LEy*）三种情况下的排放量的公式表达计算的项目碳减排量。

$$项目减排量 = BEy - PEy - LEy$$ （式 3-53）

同时，计算项目温室气体排放量还需要了解项目边界的概念。项目边界就是项目活动的外围边界，所有温室气体减排项目都需要划定明确的项目边界来涵盖地理、设备或其他定义边界内所有的温室气体排放过程。

[①] 陕西公共资源交易服务. 碳达峰碳中和知识科普｜什么是碳排放配额（CEA）？［EB/OL］.（2022）［2023-11-3］. https://baijiahao.baidu.com/s? id=1746286765937408069&wfr=spider&for=pc.

[②] 杨国栋，颜枫，王鹏举，等. 生活垃圾处理的低碳化研究进展［J］. 环境工程学报，2022，16（3）: 714-722.

3.3.1 基准线排放量

对于项目碳排放核算体系,其基准线的识别与核准是减排项目能否实现的关键环节,因此在完成项目设计文件时,对于基准线的选定及研究需要项目开发者具有准确的识别能力。

项目的基准线情景是指在项目地未开展项目活动时,最能合理代表项目边界内已有项目或经过利用和管理未来可能发生的其他项目情景。在基准线情景选定后,对其排放量计算,因基准线情景项目类型的不同,依据相对应的项目方法学步骤进行核算。例如,对于提高能效项目来说,基准线的计算需要对现有设备的性能进行测量;对于可再生能源项目来说,基准线计算可以参照项目所处地区最有可能的替代项目的排放量。基准线排放量的基本计算思路有下列三种方式:现有真实的或历史排放量,视可应用的情况而定;或在考虑了投资障碍的情况下,一种代表有经济吸引/竞争力的主流技术的排放量;或过去五年在类似社会、经济、环境和技术状况下开展的、其绩效在同一类别位居前20%的类似项目活动的平均排放量。

3.3.2 项目排放量

项目情景是指在实施减排项目活动下,项目划定范围内发生的相关土地利用与管理的情景。项目排放量是基于项目情景发生时,根据减排项目类型,依据不同方法学,对项目减排量计入期内每年的排放量进行核算的量化结果。

一种类型的减排项目活动排放通常为项目边界内多维度排放量的代数和。例如,动物粪便管理系统甲烷回收项目减排需要考虑粪便管理系统在生产、收集、沼气传输过程中因物理泄漏所造成的排放,多余沼气火炬点燃或燃烧造成的排放量,已安装设备在运行过程中消耗化石燃料或电力造成二氧化碳排放,粪便运输过程所造成的二氧化碳排放和粪便在投入厌氧氧化塘之前存储过程中的排放五种状态下的排放量。

3.3.3 泄漏排放量

泄漏的定义是发生在项目边界范围外,可计量的和确因减排项目活动而产生的人为温室气体的排放量的变化量。在计算项目温室气体排放量时,由于项目排放量需通过泄漏排放量进行调整计算，泄漏排放量最终会从项目获得的减排量中扣减。

同时，泄漏量是否产生及产生量的大小与项目边界范围直接相关，合理设定项目边界对于减少和控制泄漏排放量有着至关重要的作用。

3.4 产品碳排放核算

3.4.1 产品碳足迹的概念

3.4.1.1 产品碳标签的发展

1. 产品碳标签的起源

碳标签起源于 20 世纪 90 年代欧洲推行的纺织品生态环境标志和电子产品能效标签制度[1]，"碳足迹"一词由碳标签制度共生而来。纺织品生态环境标志是将具有行政强制效力的措施与市场机制调节引导的特征成功结合的制度，这一机制的实行，促进了企业不断进行技术创新，减少或消除了产品的环境影响，取得了极大的成功。电子产品能效标签制度最典型的措施是欧盟要求出售的白色家电产品必须悬挂欧盟能效标签。[2]在全球气候变暖的大背景下，这两个案例的成功实施使得碳标签制度应运而生。

2. 发达国家对产品碳标签的探索

21 世纪初，世界上主要发达国家开始主动探索碳标签制度，相关标准体系逐渐开始制定并完善。英国于 2007 年 3 月在本国境内推出第一批加贴碳标签的产品，是全球最早推出产品碳标签制度的国家。[3]美国、德国、法国、瑞典、日本等多个国家和地区也相继推出碳标签计划，逐渐建立起碳标签制度。目前已有多个国家和地区立法，要求其企业实行碳标签制度[4]。不同国家和地区推出的碳标签制度在标签名称、标记内容等方面均有所区别，世界上主要发达国家的碳标签制度如表 3-39 所示。

---

① 邱峰. 碳标签制度的国际实践及其对我国探索的启示与借鉴 [J]. 西南金融, 2021 (12): 28-42.

② 陈荣圻. 低碳经济下的碳标签机制实施 [C]. 全国印染助剂行业研讨会暨江苏省印染助剂情报站第 27 届年会, 2011.

③ 樊晓云. 碳标签制度的实施对我国农产品出口的影响 [J]. 对外经贸实务, 2013 (6): 29-32.

④ 李悦. 产业经济学 [M]. 4 版. 大连: 东北财经大学出版社, 2018.

表 3-39 世界上主要发达国家的碳标签制度

国家	起源时间	标签名称	标记领域	标记内容	标签样式
英国	2007 年	碳减量标签	产品与服务（该标签已涵盖超过 90 个品牌和 5000 种产品）	承诺产品和服务未来碳排放量（以二氧化碳当量数值减少量表示）	
瑞士	2008 年	Climatop 标签	产品与服务	碳足迹方面领先	
德国	2008 年	碳足迹标签	产品与服务	衡量/评价所有产品和服务	
法国	2008 年	法国环境足迹	产品与服务	产品和服务碳排放量（以二氧化碳当量数值所属范围级别表示）	（法国碳标签图案可由厂家自行设计，以 Casino 公司碳足迹标签为例）
美国	2011 年	碳中和标签 CarbonFree	产品与服务（服装、糖果、罐装饮料、电烤箱、组合地板等）	宣告碳中和	
美国	2011 年	Climate Conscious	产品与服务	产品和服务碳排放量（以二氧化碳当量数值表示）	
美国	2011 年	碳标签 Carbon Label	产品与服务（食品类型产品）	分级宣告达到标准	
日本	2011 年	碳标签	农产品	农产品全生命周期阶段碳足迹	

3. 中国产品碳标签发展进程

中国"碳足迹标签"推动计划始于 2018 年。2018 年 8 月，中国电子节能技术协会低碳经济专业委员会（LCA）牵头组织制定了《中国电器电子产品碳足迹评价》团体标准。2018 年 11 月 15 日，中国电子节能技术协会（CEESTA）、中国质量认证中心（CQC）及国家低碳认证技术委员会在湖北武汉联合举办了 2018 年电器电子产品碳标签国际会议，同期发布《中国电器电子产品碳标签评价规范通则》团体标准，确定了中国首例电器电子行业"碳足迹标签"试点计划。[①] 2019 年 7 月，中国碳标签产业创新联盟成立，该联盟提出，共建成员将成为其所在行业内首批应用碳标签并实施推广的企业。2023 年 11 月，《国家发展改革委等部门关于加快建立产品碳足迹管理体系的意见》指出，到 2025 年"国家产品碳标识认证制度基本建立"，到 2030 年"国家产品碳标识认证制度全面建立"。

3.4.1.2 产品碳足迹的概念

随着全球气候问题日益突出，作为能够直观体现产品过程碳排放量的产品碳标签制度，逐渐得到市场认可并被广泛应用，发挥了其引导低碳消费、促进温室气体减排、推广节能降碳技术和促进企业转型升级的作用，从而有效减少了碳排放量并缓解了全球气温不断升高。碳标签是对产品生产过程中从原料到废弃的整个生命循环过程所排放的温室气体以量化方式标识的碳信息披露，是一种系统性强、涉及面广的全过程评价。碳标签是碳足迹的量化表征，而碳足迹是实现碳标签的计算方法。

碳足迹的概念最早源于加拿大生态经济学家 William E. Rees 在 1992 年提出的"生态足迹"。[②] 学术界对于碳足迹的概念内涵研究虽多，但至今未形成统一的解释，现阶段主流观点有三种：第一种认为碳足迹是人类生产生活过程中使用化石燃料而产生的二氧化碳排放量；第二种认为碳足迹是衡量产品在原料获取、生产、分销、使用和回收等全生命周期中所排放的二氧化碳及其他温室气体的二氧化碳转化量；第三种认为碳足迹概念的重点在于以直接和间接二氧化碳转化量为标准计量人类活动对于气候变化的影响程度。[③]

根据《联合国气候变化框架公约》定义，碳足迹是指衡量人类活动中释放的，或是

---

① 人民网. 2018 电器电子产品碳标签国际会议在汉召开［EB/OL］.（2018）［2023-07-25］. https://www.sohu.com/a/276224925_114731.

② 张泉. 基于生态经济学的京津冀生态补偿合作研究［D］. 天津：天津理工大学，2018.

③ 杨传明. 碳足迹研究综述与展望［J］. 管理现代化，2015，35（03）：127-129.

在产品/服务的整个生命周期中累计排放的二氧化碳和其他温室气体的总量。具体是指一项活动、一个产品或一项服务在其全生命周期内或人为划定的某一边界范围内直接和间接产生的温室气体排放与消纳量的集合①，通常用二氧化碳当量（CO₂equivalent，简写成 CO₂eq 或 CO₂e）的形式来表达，用以量化衡量人类各种活动对环境的影响。

从广义角度理解产品碳排放核算，就是对确定的研究对象生产或活动过程中碳足迹的汇总与累加研究。产品碳足迹（Product Carbon Footprint，PCF）是指衡量某个产品在其生命周期过程各阶段所释放的温室气体排放量总和，即从原材料开采、产品生产（或服务提供）、分销、使用，到最终处置/再生利用等多个阶段的各种温室气体排放的累加。②

3.4.1.3 产品碳足迹评价标准

1. 国外碳足迹发展参考指南

现阶段应用相对广泛的是英国标准协会和环境事务部共同发布的 PAS 系列准则，确立了产品层面碳排放准则。以 PAS 标准为参考，国际标准化组织先后制定了服务于产品和企业的 ISO 14044，ISO 14064、ISO 14065 和 ISO 14067 系列准则。世界资源研究院针对产品和跨国企业组织推出了 *GHG Protocol*，此外，各国也纷纷出台了自有评估准则，如日本的 TSQ 0010 和 PCR JAN，法国的 PCR FRA，美国的 U. S. LCI。

（1）《商品和服务在生命周期内的温室气体排放评价规范（PAS—2050）》

PAS—2050 由英国标准协会（BIS）于 2008 年发布，2011 年出台修订版，是世界上首例只针对产品碳足迹的核算标准，其中 PAS—2050 Guide 是其指导标准，对产品碳足迹核算过程中的具体内容，如范围界定、功能单元确定、工艺单元刻画等内容进行详细的补充与操作指导。

（2）《产品生命周期核算与报告标准》（*GHG Protocol*）

《产品生命周期核算与报告标准》（*GHG Protocol*）由世界资源研究院 WRI 和跨国企业组织 WBCSD 于 2011 年 10 月联合正式发布，是 *GHG Protocol*《温室气体核算体系》七大标准之一，被认为是关于碳足迹核算最为详细和清晰的标准。*GHG Protocol* 标

---

① 黄澍，王凡. 建立健全我国"碳标识"制度的对策建议［J］. 上海节能，2022（7）：812-817.

② 陈蕾，史致远. 转型金融支持绿色低碳发展路径初探［C］. 中国环境科学学会 2022 年科学技术年，2022.

准是基于产品生命周期评价框架和原则编制，借鉴了 PAS—2050 制定的相关内容。产品生命周期核算与报告标准与 *GHG Protocol* 的企业标准和范围标准相互补充，从产品价值链角度，识别企业单个产品生命周期中的减碳机会。

（3）ISO 14067：产品碳足迹

ISO 14067 产品碳足迹标准由 ISO 依据 PAS—2050 标准发展而来，于 2013 年正式出台，是现阶段企业进行产品碳足迹核算时最基础、最普遍的参考指南。ISO 14067 标准的出台与发布使得产品碳足迹核算的全球影响力得到进一步的提高。

（4）产品环境足迹

产品环境足迹（Product Environmental Footprint，PEF）是欧盟基于产品生命周期评价提出的绿色低碳政策，是由欧盟政府统一建立的绿色产品评价体系。PEF 共包括气候变化、水资源消耗、臭氧消耗、生态毒性、颗粒物、富营养化、人体健康等 14 类评价指标，产品碳足迹是产品环境足迹的重要内容之一。产品细则 PEFCR 在评级指标、表征方法上做了详细的规定。

2. 国内碳足迹核算发展

由于产品碳标签的起源由欧美国家首先提出，欧美发达国家在产品碳标签制度的体系建设与碳足迹核算标准方面更加完善。当下，碳标签有可能成为一种潜在的新型贸易壁垒[①]，因此在国际碳标签发展趋势下，我国积极关注国际动向，先后发布了《GB/T 24040—2008：环境管理生命周期评价原则与框架》《GB/T 24044—2008：环境管理生命周期评价要求与指南》及《产品碳足迹技术导则》，北京、上海、广东、深圳等地均陆续出台了十余项产品碳足迹地方标准。国务院于 2021 年 10 月印发《2030 年前碳达峰行动方案》，要求探索建立重点产品全生命周期碳足迹标准。山东省于 2023 年 4 月发布了《山东省产品碳足迹评价通则》和《山东省产品碳足迹评价技术规范与评价报告指南》。

3.4.2 产品碳足迹的计算方法

3.4.2.1 计算方法概述

产品碳足迹计算一般采用以过程分析为基础的生命周期评价法。该方法以产品全周

---

① 国际标准化组织. ISO 14067：2018 温室气体产品碳足迹量化要求及指南（中文版）［EB/OL］.（2021）［2023-07-28］. https://www.doc88.com/p-64961764766662.html.

期为出发点，采用"自下而上"模型，从产品端向其生产原料的上游产生过程进行追溯，基于清单分析，将与产品相关的各个单元过程（包括资源、能源的开采与生产、运输、产品制造等）整合链接起来，梳理绘制具有该产品特质的全生命周期流程图，再经过实地监测调研或利用其他数据库资料（二手数据）收集流程图中各单元过程的原始数据，以获取产品或服务在生命周期内所有的输入及输出数据，并进行定量的描述，最终将所有温室气体排放统一使用二氧化碳作为当量表征，来核算研究对象的总的碳排量和环境影响，即碳足迹。该方法优势在于能够比较精确地评估产品或服务的碳足迹和环境影响，且可以根据具体目标设定其评价目标、范围的精确度而被广泛应用于产品碳足迹计算之中。

3.4.2.2 核算原则

①相关性、准确性。选择适合评估所研究的整个或部分系统所产生的温室气体排放量和清除量的数据和方法，保证产品碳足迹的量化是准确的、可验证的、相关的和不误导的，并且尽可能减少偏差和不确定性。

②完整性、一致性。核算过程包括所有指定的、对评估产品的温室气体排放有实质性贡献的温室气体排放和存储，并且能够对有关温室气体信息进行有意义的比较。

③避免重复计算。核算过程的分配方式可避免研究产品系统内温室气体排放量和清除量的重复计算，有利于直接表达产品本身碳排放情况。

3.4.2.3 产品碳足迹核算流程

最为典型的碳足迹过程分析法由英国 Carbon Trust 机构提出。首先通过基本流程图详细描述全生命周期涉及的所有活动和原料，再根据产品的实际情况明确碳足迹计算系统边界，收集边界内活动、原料和碳排放因子的原始及次级数据，建立全质量平衡方程计算生命周期各环节的碳足迹，最后复核优化。①国际和国内相关标准统一后，规范的计算流程为：确定功能单位，确定核算边界，收集数据和分配数据。

1. 确定功能单位

在进行完整的碳足迹核算流程时，第一步是明确所评价产品的功能单位。功能单位是基于产品系统性能划分的用来量化的基准单位，应与核算目标和内容相一致。它是产

---

① 胡世霞，向荣彪，董俊，等. 基于碳足迹视角的湖北省蔬菜生产可持续发展探讨 [J]. 农业现代化研究，2016，37（03）：460–467.

品生产过程中输出和输入数据的归一化提供的有关基准，产品之间的碳足迹比较是建立在相同功能的基础上进行的，最终的核算结果是以每功能单位的二氧化碳当量来记录产品碳足迹量化的结果。[①]

功能单位可以是质量、数量单位。例如：1吨钢材、1吨水泥的功能单位是以不同产品质量划分；1台电脑、1部手机、1瓶可乐的功能单位是以不同商品的数量划分。

2. 确定核算边界

在进行产品碳足迹核算过程中，按照产品生产过程研究其工艺流程，了解目标产品的全生命周期流程，确定碳足迹核算边界。

（1）确定边界

产品的生命周期包含了产品自原材料开采（包括原材料的运输）、产品制造、商品流通销售、使用到最终废弃处置的整个过程。这一步骤需要尽可能将产品在整个生命周期所涉及的原料、活动和过程全部列出。[②]确定边界从全生命周期的角度出发包括确定系统边界（摇篮到大门，摇篮到坟墓）和时间边界两个方面。系统边界应与产品碳足迹评价目标和范围相一致，系统边界决定产品碳足迹评价所涵盖的单元过程。

①系统边界。a.“摇篮到大门”：从商业到商业（B2B），通常是指从原材料提取，完成产品本身的生产加工、包装，到出厂或下游客户的过程为核算边界，不涉及消费环节。b.“摇篮到坟墓”：从商业到消费者（B2C），指从原材料的提取加工，到产品的生产、包装、市场营销、使用、维护、再循环、废弃处置等过程为核算边界。

②时间边界。此外，在确定边界时还需要明确产品碳足迹核算的时间范围，即选择参考数据的时间边界。通常可以选择“一年/一段时间/一批次的生产时间”等，应选择产品碳足迹量化数据具有代表性的时间段，一般至少为一年。如果产品生命周期中与具体单元过程相关的排放与清除随时间推移而发生变化，则应收集一段足够长时间内的数据，以计算与该产品生命周期相关的平均排放量与清除量。选择时间边界的目的是保障目标产品涉及的数据的完整性和准确性，评价数据应与评价时间段相匹配。

（2）建立产品的全生命周期流程图

确定系统边界通常需要根据产品原材料的获取，原材料的运输与存储，产品制造、

---

① 深圳市市场监督管理局. 产品碳足迹评价通则［EB/OL］.（2016）［2023-08-04］. http://amr.sz.gov.cn/gkmlpt/content/5/5424/post_5424372.html#928.

② 住房和城乡建设部科技与产业化发展中心，中国建材检验认证集团股份有限公司. 碳足迹与绿色建材［M］. 北京：中国建筑工业出版社，2017.

使用、生命末期等阶段内可能包含的指标，依据确定的 B2B 或 B2C 角度绘制清晰的产品全生命周期流程图以辅助核算边界的确定。

①原材料的获取阶段。原材料的形成、提取或转化中的所有过程引起的温室气体排放与清除都应被纳入产品碳足迹评价，包括来自能源的排放以及与原材料的形成、提取或转化有关的直接温室气体排放。[①]

②原材料的运输与存储阶段。原材料通过陆运、空运、水运等各种运输方式产生的温室气体排放，应纳入产品碳足迹评价。一般应包括产品运输所用燃料、运输中与环境控制有关的过程产生的温室气体排放。原材料存储期间所产生的排放，主要包括输入物料（原材料）的存储，以及与存储有关的环境控制（如照明、制冷、供暖、通风、湿度控制和其他环境控制）。对于仓库运营等产生的排放，宜以产品在该设施内的停留时间及产品所占空间作为分配依据。对于产品制造阶段的存储所产生的排放，可在制造阶段统一考虑。[②]

③产品制造阶段。由产品生产或服务提供过程所产生的排放与清除，包括生产车间、仓库等主要和辅助系统、主要和辅助耗材所产生的排放，以及碳捕集、利用与封存等过程的清除，均应纳入产品碳足迹评价。但办公室、食堂、澡堂等生产相关服务设施所产生的排放与清除，不纳入产品碳足迹评价。

④使用阶段。产品使用阶段所产生的排放与清除，应纳入产品碳足迹评价。

⑤生命末期阶段。当生产阶段和回收处置阶段产生的废物经过回收不用于该产品的生产时，此回收过程应排除在产品碳足迹评价的系统边界外；当回收的材料作为该产品系统任何单元过程中的材料时，则此回收过程应包括在系统边界内；当焚烧过程产生的热量回用于该产品系统时，回用部分的热量应作相应抵消。

以天然气生产为例，其生命周期系统如图 3-5 所示。

（3）确定取舍原则

在进行数据选用时，纳入产品碳足迹评价的单元过程，以及对这些单元过程的评价应达到的详细程度，应遵循目标和范围定义阶段定义允许排除某些次要过程的统一截止标准，称为取舍原则（Cut-off Rules）。

① 山东省生态环境厅. 山东省低碳发展联盟发布《山东省产品碳足迹评价技术规范与评价报告指南》和《山东省产品碳足迹评价通则》[EB/OL].（2023）[2023-08-05]. http://sthj.shandong.gov.cn/zwgk/gsgg/202304/t20230414_4292355.html.
② 深证市生态环境局. 产品碳足迹评价技术规范 乳制品：DB4403/T284—2022 [S/OL]. 深圳：深证市市场监督管理，2022.

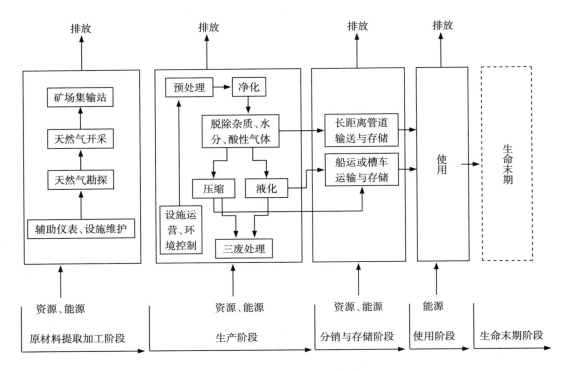

图 3-5 天然气生命周期系统边界图

一般而言，核算边界内应包括可归因于分析系统的所有工艺和流程，如果发现单个材料或能量流对特定单元工艺的碳足迹不重要，出于实际原因，在不会显著改变产品碳足迹评价总体结论的前提下，可以约定排除对评价的总体结论不会造成显著影响的生命周期阶段、过程、输入或输出，但需要清晰阐述忽略的具体情况，并说明排除的原因及可能产生的影响。

约定的截止标准可以根据重要性原则进行，即设定一个阈值（1%）重要性原则也是产品碳足迹评价中的一个重要的规定。如果在商品的全生命周期中某个排放源的排放量占该商品整个排放量不足 1%，则可认为该排放源重要性不足，其排放量贡献可以排除在碳足迹之外，但所有可以排除的各类排放源对应排放量总量不能超过整个产品碳足迹的 5%。重要性原则的引入在一定程度上能够降低收集数据的成本。

例如：有些产品所使用的原辅材料种类多达几十种甚至百余种，针对核算过程中产品原辅材料种类过多的情况，往往需要对原辅材料的种类选取做出取舍。取舍规则一般按照物料重量占产品重量的比例、物料类型等因素排除可以忽略的物料。另外，生产设备自身排放、厂房自身排放、生活设施自身排放等可以忽略，但在选定环境影响类型范围内的已知排放数据不应忽略。

3. 收集数据

（1）定义

在确定好边界后，需要对产品全生命周期中的每一个环节的所有参数进行抓取，称为收集数据。通过测量、计算或估算而收集到的数据，用于量化单元过程的输入和输出。

（2）数据质量要求

产品碳足迹评价应选取能满足评价目的和范围的初级数据和次级数据，尽可能选择高质量的数据，降低不确定性，应注意以下方面：

①技术代表性。数据能够反映实际生产情况，即体现实际工艺流程、技术和设备类型、原料与能耗类型、生产规模等因素的影响。[1]

②数据完整性。按照环境影响评价指标、数据取舍准则，判断是否已收集各生产过程的主要消耗和排放数据。缺失的数据需在报告中说明。[2]

③数据准确性。零部件、辅料、能耗、包装、产品生产等数据宜优先采用企业实际生产统计记录。所有数据均详细记录相关的数据来源和数据处理算法。估算或引用文献的数据需在报告中说明。

④数据一致性。每个过程的消耗与排放数据需保持一致的统计标准，即基于相同产品产出、相同过程边界、相同数据统计期。不一致的情况需在报告中说明。

（3）初级数据/次级数据

①初级数据。通常指来自组织实际所拥有、运行或控制的过程中对于各个过程而言应具有代表性，能够直观且清晰地反映所评价产品生命周期过程正常情况下的状况的数据选项。从下游温室气体源/汇收集到的数据不能直接作为产品的"初级数据"。通常在碳足迹计算过程中，应尽量选用初级数据，使研究结果准确度及可信度更高。

②次级数据。当在进行数据抓取选用的过程中，因产品本身造成无法获取初级数据的情况，则应根据数据质量要求，选择最相关的次级数据。确定次级数据应优先考虑官方且合格来源，如国家政府、联合国官方的出版物，受联合国支持的组织的出版物，以及其他普及度较高、可公开获取的区域、行业、国内或国际数据库等。

---

[1] 中华人民共和国工业和信息化部. 绿色设计产品评价技术规范家用及类似场所用过电流保护断路器［EB/OL］.（2018）［2023-08-06］. https://www.miit.gov.cn/cms_files/filemanager/1226211233/attach/20229/7720e78e28bf4f718709514fbf759105.pdf.

[2] 中华人民共和国工业和信息化部. 绿色设计产品评价技术规范塑料外壳式断路器［EB/OL］.（2018）［2023-08-06］. https://www.miit.gov.cn/cms_files/filemanager/1226211233/attach/20229/9f5c43dee41249919a3d014274e99c20.pdf.

（4）数据抽样

若在收集单元过程的输入数据时，收集数据来源为非单一来源，在计算过程中应选择具有产品代表性的数据样本进行数据收集，抽样数据同样需要满足数据质量的相关要求。

4. 分配数据

在进行产品碳足迹核算时，只有极少数存在单一生产线、单一产品的企业或生产组织，通常情况下，在产品设计生产阶段，为了最大限度地保持能源、材料、时间、空间以及生产线废弃物回收利用率，大部分选定的过程单元均存在与其他产品单元共用的情况，那么在核算过程中，需要对产品生产过程、所评价产品和其他产品（包含但不限于共生产品、废物等）温室气体排放或清除按照下述的原则、步骤以及方法进行分配拆分。

（1）数据分配原则

输入和输出应根据明确规定和合理的分配程序分配给不同的产品。

根据物质守恒定律，一个单元过程分配的输入和输出的总和在理论上应等于分配前单元过程的输入和输出。

当几个替代分配程序适用时，应进行敏感性分析以说明偏离所选方法的后果。

（2）分配程序

产品碳足迹核算过程应包括识别与其他单元过程产品系统共享的过程，并根据下面步骤对共享数据进行分配处理。

第一步：在可能的情况下，应通过以下方式避免分配。

①将待分配的单元过程继续划分为两个或多个子过程，并收集与这些子过程相关的输入和输出数据。①

②扩展产品系统边界以达到包含与联产品相关的附加功能。

第二步：在分配不可避免的情况下，系统边界的输入和输出应在其不同产品或功能之间以反映它们之间潜在物理关系的方式进行划分。

第三步：如果不能单独建立物理关系或将其用作分配的基础，则应寻找产品与功能之间是否存在其他关系，并根据其关联程度对产品及功能进行分配投入。例如，输入和输出数据可能会根据产品的经济价值按比例在联产品之间分配。

当产出同时包括联产品和废物时，应确定联产品与废物之间的比率，并且投入和产出应仅分配给联产品。分配程序应根据所研究产品的类似输入和输出统一应用。例如，

①陈莎，刘尊文. 生命周期评价与Ⅲ型环境标志认证［M］. 北京：中国标准出版社，2014.

如果对离开系统的可用产品（如中间产品或废弃产品）进行分配，则分配程序应类似于用于进入系统的此类产品的分配程序。

生命周期清单基于输入和输出之间的材料平衡。因此，分配程序应该尽可能地接近这种基本的输入/输出关系和特性。[①]

（3）分配方法（按产量、重量、体积、经济价值等分配）

碳足迹核算过程中应清楚地表述是否涉及多产品分配，是如何分配的。

①优先考虑产品与系统的物理关系：如所评价产品和其他产品一起被运输，则可基于产品重量或体积来对运输产生的温室气体排放或清除进行分配。对于各类产品生产的辅助性过程（如污水／废物处理过程），所评价产品和其他产品温室气体排放或清除可基于产量进行分配。

②若以上分配规则不可行，所评价产品和其他产品的温室气体排放可按不同产品的经济价值（如按投入成本、产品价值等）比例进行分配。

③再利用和再循环的分配问题（以及堆肥、能源回收和其他可被同化为再利用/再循环的过程）可能意味着与用于原材料提取和加工或产品最终处置的单元过程相关的输入和输出，由多个产品系统共享。

通常在处理再利用和再循环的分配问题时，根据循环的开闭性，可将分配划分为闭环分配程序和开环分配程序。

闭环分配程序适用于闭环产品系统，当此闭环分配程序回收材料的固有特性不会发生变化时，它也适用于开环产品系统。在这种情况下，可以避免分配的需要，因为使用次要材料取代了原始（主要）材料。

开环分配程序适用于开环产品系统，其中材料被回收到其他产品系统中，并且材料的固有特性发生了变化。其循环共享单元流程的分配程序应遵循常规分配方法及优先级作为分配的基础进行分配，即优先使用物理特性（如质量）分配；当无法分配时使用经济价值（如废料或回收材料的市场价值相对于初级材料的市场价值）进行分配；当上述分配方法均不能合理分配时，采用回收材料的后续使用次数进行分配。

碳足迹计算：

（1）碳足迹计算公式

综上所述，在计算碳足迹时有两项必要的数据源：一是产品生命周期中系统边界内

---

① 白雪，胡梦婷，朱春雁. ISO 14046: 2014《环境管理水足迹原则、要求与指南》国际标准解读［J］. 标准科学，2015（09）: 56-60.

所有单元过程的定性资料和定量数据（物料输入和输出、能源使用和运输等）；二是排放因子，即单位物质或能量所排放的二氧化碳等价物。

碳足迹的计算是将整个产品生命周期中所有活动的材料、能源和废弃物乘以其排放因子的和。产品生命周期各阶段碳排放计算公式如下：

$$E = \sum Q_i \times C_i \qquad\qquad （式3-54）$$

式中，E 是产品的碳足迹；Q_i 是活动水平数据，单位为吨/立方米/千米/千瓦时；C_i 是单位碳排放因子，单位为二氧化碳当量/单位。

明确了目标产品，选定了核算的系统边界、时间边界，梳理了系统边界范围内的所有排放源后，可以根据收集的数据进行分步计算，归一化收集处理数据。但由于产品的过程单元可能包含非常庞大的数据计算与汇总过程，所以在进行产品碳足迹的计算时，专业机构通常借助于专业的产品碳足迹数据库及软件进行产品碳足迹建模计算。通过产品碳足迹的核算，产品生命周期中原材料获取、产品生产、包装运输、产品使用、产品回收等各个环节的温室气体排放量就有了清晰的展示。

（2）常用软件和数据库

常用的碳足迹评价工具有国外的 GaBi、SimaPro、OpenLCA、Excel 软件，国内的 eFootprint 软件。常用的碳足迹数据库有国外的 Ecoinvent、ELCD、U. S. LCI，国内的 CLCD。

①常用软件简介：

GaBi 数据库是由德国的 Thinkstep 公司开发的 LCA 数据库，可提供超过 15 000 条过程和数据，大多基于与合作的公司、协会和公共机构收集的原始数据。GaBi 数据库包含 1 个基础数据库和 24 个拓展数据库。GaBi 还提供 20 多个专业拓展数据库，专业数据库包括各行业常用数据条，扩展数据库包括有机物、无机物、能源、钢铁、铝、有色金属、贵金属、塑料、涂料、制造业、电子、可再生材料、建筑材料、纺织数据库、美国 LCI 数据库、印度 LCA 数据库等。GaBi 数据量超过 10 000 条以上；环境影响评价方法可选较多；数据因子和计算重要参数都可视；可实现评价的建模过程，且实现多种环境影响评价；但一次性支出较大，按数据库类型分库收费，且有收取更新年费的可能；此外 GaBi 数据以国外数据为主，中国数据较少。

SimaPro 是在主要行业、研究机构和大学中使用最为广泛的 LCA 软件，允许系统、透明地分析及建立复杂生命周期模型。SimaPro 的特点如下：用户使用界面直观简易；LCA 管理器根据 ISO 14040 和 ISO 14044 原则指导用户进行 LCA；清单数据库包括上千个工序和最重要的影响评估方式；可分配多个输出工序；所有结果都可以追溯到初始状态；所有结果都能使用过滤选项；擅长分析复杂废弃物处理和回收利用情况。

eFootprint 软件的特点如下：支持各类产品的碳足迹和 LCA 调查、建模、计算、分析、报告、审核、发布；支持中国 CLCD 数据库、欧盟 ELCD 数据库、Ecoinvent 全球数据库，以及用户自建数据库管理；支持多级供应链调查和管理、第三方在线审核、对外展示模型与结果等。

②常用数据库简介：

Ecoinvent 数据库是由瑞士 Ecoinvent 中心开发的商业数据库，数据主要源于统计资料以及技术文献。Ecoinvent 数据库中涵盖了欧洲以及世界多国 7 000 多种产品的单元过程和汇总过程数据，包含各种常见物质的 LCA 清单数据，是国际 LCA 领域使用最广泛的数据库之一，也是许多机构指定的基础数据库之一。

ELCD 数据库由欧盟研究总署（JRC）联合欧洲各行业协会提供，是欧盟政府资助的公开数据库系统。ELCD 中涵盖了欧盟 300 多种大宗能源、原材料、运输的汇总 LCI 数据集，包含各种常见 LCA 清单物质数据，可为在欧洲生产、使用、废弃的产品的 LCA 研究与分析提供数据支持，是欧盟环境总署和成员国政府机构指定的基础数据库之一。

U. S. LCI 数据库由美国国家再生能源实验室（NREL）和其合作伙伴开发，代表美国本土技术水平，包含了 950 多个单元过程数据集及 390 个汇总过程数据集，涵盖常用的材料生产、能源生产、运输等过程。

CLCD 数据库最初由四川大学创建，之后由亿科环境持续开发，是一个基于中国基础工业系统生命周期核心模型的行业平均数据库，目标是代表中国生产技术及市场平均水平。CLCD 数据库成为国内唯一入选 WRI/WBCSD/GHG Protocol 的第三方数据库，也是首批受邀加入欧盟数据库网络（ILCD）的数据库，是国内外 LCA 研究者广泛使用的中国本地生命周期基础数据库。

3.4.3 案例分析

以某企业生产的电容器用压嵌绝缘套管为例，计算该产品从"摇篮"到"大门"的产品碳足迹。其核算步骤如下：

1. 确定功能单位

本产品功能单位为 1 件电容器用压嵌绝缘套管。

由于电容器用压嵌绝缘套管为非终端产品，因此本产品碳足迹核算的系统边界为从

"摇篮"到"大门",即包括目标产品的原材料获取阶段(包括原材料采集、加工及运输)和生产阶段,不包括产品的分销与存储阶段、使用阶段和生命末期阶段。

2. 梳理工艺流程

该过程包括梳理产品生产流程中的所有工艺项目。

3. 确定核算边界

核算边界包括目标产品所用原材料上游的采集、加工,原材料的运输以及产品生产过程产生的碳排放量。产品系统边界如图 3-6 所示。

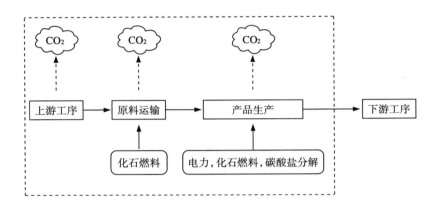

图 3-6　产品系统边界图

4. 碳足迹计算

本产品碳足迹计算分为以下三部分:

①原材料生产过程碳足迹计算。

②原材料运输过程碳足迹计算。

③目标产品生产过程碳足迹计算。其中目标产品生产过程的碳足迹包括,产品生产过程的排放量和生产过程中产生的废弃物运输过程排放量。涉及的排放源有化石燃料燃烧过程排放、工业生产过程排放、外购电力间接排放及废弃物运输过程排放。

5. 碳足迹排放量汇总

电容器用压嵌绝缘套管碳足迹包括其消耗的原材料生产过程中的排放量、消耗的原材料运输过程中的排放量以及生产过程中的排放量。具体表达形式如表 3-40 所示。

表 3-40 某企业电容器用压嵌绝缘套管碳足迹排放量

项目	数量
压嵌绝缘套管原材料生产排放（吨 CO_2）	1
压嵌绝缘套管原材料运输排放（吨 CO_2）	2
压嵌绝缘套管产品生产排放（吨 CO_2）	3
总排放量（吨 CO_2）	1＋2＋3
压嵌绝缘套管（件）	产量
单位产品碳排放量（千克 CO_2/件）	（1＋2＋3）/产量

本章思考题

1. 温室气体清单的编制依据有哪些？

2. 温室气体可能的排放源有哪些？

3. 如何理解土地利用变化和林业领域温室气体可能为排放源或碳吸收汇？

4. 核算边界确定方法是否影响排放源的准确识别？

5. 产品碳足迹核算原则有哪些？

6. 如何理解重要性原则中阈值的设置？

7. 选择某一行业，完成温室气体清单设计，并对其所需数据收集方法进行描述。

第 4 章　减排碳资产的开发

4.1 国际减排碳资产交易机制

减排碳资产交易机制的本质是碳抵消机制。碳抵消（Carbon Offset）机制是指已经批准或者正在执行的减排项目产生的经过核查的减排量在碳交易市场进行交易从而对排放量进行抵消。根据碳抵消产生方式和机制管理方式的不同，可将碳抵消机制分为国际性碳抵消机制、独立性碳抵消机制以及区域、国家和地方碳抵消机制三类。①

国际性碳抵消机制主要是由国际气候条约制约的机制，通常由国际机构管理，包括《京都议定书》提出的三种灵活的碳抵消机制：国际排放贸易机制（IET）、联合履约机制（JI）和清洁发展机制（CDM）。②

独立性碳抵消机制是指不受任何国家法规或国际条约约束的机制，由私人和独立的第三方组织（通常是非政府组织）管理。③

区域、国家和地方碳抵消机制由各自辖区内立法机构管辖，通常由区域、国家和地方各级政府进行管理。截至目前主要有 20 个区域、国家和地方碳抵消机制，如中国温室气体自愿减排交易机制（China Certified Emission Reduction， CCER）、澳大利亚减排

---

① 华宝证券. 环保行业碳中和系列报告：全国碳市场落地在即， 企业 CCER 价值有望重估［EB/OL］. （2021-06-06）［2023-09-04］. https：//max.book118.com/html/2021/0605/7166132062003130.shtm.pdf.

② 贤集网. 从海内外经验看碳交易的未来发展趋势，全国碳交易市场即将开启［EB/OL］.（2021-05-12）［2023-10-07］. https：//www.xianjichina.com/news/details_265212.html.pdf.

③ 罗戈网. 全球碳抵消机制现状分析［EB/OL］.（2023-08-25）［2023-10-08］. http：//www.logclub.com/articleInfo/NjY1MDA=.pdf，如黄金标准（Gold Standard，GS）、自愿碳减排核证（Verified Carbon Standard，VCS）和全球碳理事会（Global Carbon Concil，GCC）自愿碳抵消计划 原创力文档知识共享平台. 碳达峰碳中和深度研究［EB/OL］.（2022-04-15）［2023-10-07］. https://max.book118.com/html/2022/0413/8073104013004072.shtm.pdf.

基金（Australia Emissions Reduction Fund，ERF）和美国加州配额抵消计划（California Compliance Offset Program，CCOP）等。[①]

上述三大类碳抵消机制下的具体交易机制及主要内容详见本书附录部分表 1。

4.2 国内减排碳资产交易机制

我国的自愿减排交易机制既包括适用于全国碳市场的 CCER，也包括广东碳普惠抵消信用机制（PHCER）、福建林业碳汇抵消机制（FFCER）、北京林业碳汇抵消机制（BCER）、四川"碳惠天府"机制（CDCER）和重庆"碳惠通"项目自愿减排机制（CQCER）等地方性减排碳资产交易机制。

CCER 机制借鉴和起源于联合国清洁发展机制（Clean Development Mechanism，CDM），我国自 2004 年开始参与 CDM 机制。2012 年，《京都议定书》第一期承诺到期，CDM 机制前景不明朗，我国开始逐步建立国内自愿减排碳信用交易市场，即 CCER 市场。

PHCER 是广东省在全国范围内首创的碳普惠机制。碳普惠概念最早由广东省发展和改革委员会于 2015 年提出。《广东省碳普惠交易管理办法（粤环发〔2022〕4 号）》指出，PHCER 是指运用相关商业激励、政策鼓励和交易机制，带动社会广泛参与碳减排工作，促使控制温室气体排放及增加碳汇的行为。PHCER 机制适用于广东省纳入碳普惠制试点地区的相关企业或个人自愿参与实施的减少温室气体排放和增加绿色碳汇等低碳行为所产生的核证自愿减排量的管理和使用。

FFCER 即福建林业碳汇抵消机制。福建省发展和改革委员会于 2016 年发布的《福建省碳排放权抵消管理办法（试行）》指出，于 2005 年 2 月 16 日之后开工建设的、由具备独立法人资格的项目业主实施的、在福建省行政区域内产生、参照国家发展改革委或福建省碳交办备案发布的林业碳汇项目方法学开发的项目，其产生的碳汇（减排量）可开发为 FFCER。

BCER 是指北京林业碳汇抵消机制。2013 年，北京碳排放权交易正式上线，林业碳汇作为抵消机制纳入其中。2014 年，北京市发展和改革委员会和园林绿化局联合印发

---

①并购家. 碳中和报告：全国碳市场，企业 CCER（中国温室气体 自愿减排计划）价值［EB/OL］. （2021-07-02）［2023-10-07］. http：//ipoipo.cn/post/12807.html.pdf.

《北京市碳排放权抵消管理办法（试行）》，指出重点排放单位可利用来自北京市辖区内的碳汇造林项目和森林经营碳汇项目碳减排量进行碳抵消。

CDCER 是指成都市碳普惠机制。《成都市"碳惠天府"机制管理办法（试行）》指出，在成都市行政区域内建设和运行、依据市主管部门发布的方法学开发的项目碳减排量可申请为 CDCER。

CQCER 是指依据重庆市生态环境局发布的《重庆市"碳惠通"生态产品价值实现平台管理办法》开发、核证、备案的重庆市行政区域内减排量。减排量来源的项目类型包括非水可再生能源、绿色建筑、交通领域的二氧化碳减排，森林碳汇、农林领域的甲烷减少及利用，垃圾填埋处理及污水处理等方式的甲烷利用等项目，以及根据"十四五"重庆市应对气候变化工作实际，市生态环境局允许抵消的其他温室气体减排项目。

4.3 自愿减排交易机制的法规体系及要求

由于国内外各类减排交易机制的开发流程、方法学原理大同小异，因此，本章以 CCER 减排交易机制为代表展开介绍。本节主要介绍 CCER 机制的法规体系及项目开发的基本要求。

4.3.1 法规体系

国家发展改革委于 2012 年印发《温室气体自愿减排交易管理暂行办法》（以下简称《暂行办法》）、《温室气体自愿减排项目审定与核证指南》（以下简称《审定与核证指南》）等政策文件，为 CCER 交易市场建设搭建起整体政策框架。

CCER 在我国启动交易以来，有效地推动了全社会碳减排项目的建设投资，激发了全社会参与碳减排活动的积极性，取得了丰硕的减排成果，并积累了自愿减排机制运行的相关经验。但其在施行过程中也存在着个别项目不够规范、自愿减排交易量小等问题[1]。国家发展改革委为进一步完善和规范温室气体自愿减排交易，对《暂行办法》组织修订，于 2017 年 3 月暂停受理 CCER 项目相关申请事宜。

[1] 王科，刘永艳. 2020 年中国碳市场回顾与展望 [J]. 北京理工大学学报（社会科学版），2020（22）：10-19.

2018 年，中共中央印发《深化党和国家机构改革方案》，宣告应对气候变化和减排职责由国家发展改革委转移至新组建的生态环境部。

2020 年，习近平主席提出碳达峰碳中和目标之后，生态环境部于 2020 年 12 月 31 日印发《碳排放权交易管理办法（试行）》，规定重点排放单位每年可以使用 CCER 减排量抵销碳排放配额的清缴，抵销比例不得超过应清缴碳排放配额的 5%，且明确了国家核证自愿减排量是指对我国境内可再生能源、林业碳汇、甲烷利用等项目的温室气体减排效果进行量化核证，并在国家温室气体自愿减排交易注册登记系统中登记的温室气体减排量。

为推动实现碳达峰碳中和目标，鼓励企业广泛参与减排项目申请，进一步规范减排项目备案、交易流程，生态环境部对《暂行办法》组织修订，并于 2023 年 10 月 19 日公布《温室气体自愿减排交易管理办法（试行）》（以下简称《管理办法》），自公布之日起施行。对于 2017 年 3 月 14 日之前获得国家应对气候变化主管部门备案的温室气体自愿减排项目，《管理办法》规定，应当按照本办法规定，重新申请项目登记；2017 年 3 月 14 日之前已获得备案的减排量可以按照国家有关规定继续使用。

《管理办法》及其配套制度的建立，重新搭建起我国温室气体自愿减排交易及相关活动的法规体系，保障和推动了我国 CCER 市场的顺利运行。

4.3.2 项目准入资格

4.3.2.1 申请登记的 CCER 项目应当具备的条件

依据《管理办法》，申请登记的 CCER 项目应当具备以下条件：
①具备真实性、唯一性和额外性。
②属于生态环境部发布的项目方法学支持领域。
③于 2012 年 11 月 8 日之后开工建设。
④符合生态环境部规定的其他条件。
⑤不属于法律法规、国家政策规定有温室气体减排义务的项目。
⑥不属于纳入全国和地方碳排放权交易市场配额管理的项目。

上文中的唯一性，是指项目未参与其他温室气体减排交易机制（这里包括国内外其他温室气体减排交易机制，详见本书 4.1 和 4.2），不存在项目重复认定或者减排量重复计算的情形。

额外性的含义详见本书 4.5.1.7。

申请登记的温室气体自愿减排项目应当于 2012 年 11 月 8 日之后开工建设。该日期晚于《暂行办法》印发实施的时间（2012 年 6 月 13 日），亦即我国自愿减排交易机制正式建立的时间。自愿减排交易机制的建立是为了鼓励减排项目的发展，只有在该日期后开工建设的项目才可能是考虑了自愿减排交易的政策激励，在此之前建设的项目未考虑自愿减排交易机制的影响，不具有 CCER 项目所必需的额外性。

法律法规、国家政策规定有温室气体减排义务的项目，以及纳入全国和地方碳排放权交易市场配额管理的项目，其项目减排量是国家强制要求的，并非项目业主自愿开发，因此该类项目不具备 CCER 项目所需的额外性。

4.3.2.2 申请登记的 CCER 项目减排量应当具备的条件

依据《管理办法》，申请登记的 CCER 项目减排量应当可测量、可追溯、可核查，并具备以下条件：

①符合保守性原则。

②符合生态环境部发布的项目方法学。

③产生于 2020 年 9 月 22 日之后。

④在可申请项目减排量登记的时间期限内。

⑤符合生态环境部规定的其他条件。

申请登记的项目减排量符合保守性原则，是指在温室气体自愿减排项目减排量核算或者核查过程中，如果缺少有效的技术手段或者技术规范要求，存在一定的不确定性，难以对相关参数、技术路径进行精准判断时，应当采用保守方式进行估计、取值等，确保项目减排量不被过高计算。

申请登记的项目减排量符合生态环境部发布的项目方法学，是指项目的减排量应该是依据生态环境部新发布的方法学开发得到的，而非依据此前国家发展改革委发布的CCER 项目方法学。

减排量的产生时间应当在 2020 年 9 月 22 日之后。2020 年 9 月 22 日，习近平主席做出我国力争 2030 年前实现碳达峰，2060 年前实现碳中和的重大宣示，碳达峰碳中和纳入经济社会发展全局。自愿减排交易市场以服务碳达峰碳中和目标为根本目的，因此应明确支持碳达峰碳中和目标提出后产生的减排量。

拟申请的项目减排量应在可申请登记的时间期限内，这是因为《管理办法》规定，项目业主可以分期申请减排量登记，每期申请登记的项目减排量的产生时间应当在其申请登记之日前五年内。

4.3.2.3 CCER 项目类别要求

《暂行办法》要求申请备案的自愿减排项目必须属于以下四类项目之一：

①采用经国家主管部门备案的方法学开发的自愿减排项目。

②获得国家发展改革委批准作为清洁发展机制项目，但未在联合国清洁发展机制执行理事会注册的项目。

③获得国家发展改革委批准作为清洁发展机制项目且在联合国清洁发展机制执行理事会注册前就已经产生减排量的项目。

④在联合国清洁发展机制执行理事会注册但减排量未获得签发的项目。

新的《管理办法》不再对自愿减排项目类型做出限定，仅要求申请登记的温室气体自愿减排项目应当有利于降碳增汇，能够避免、减少温室气体排放，或者实现温室气体的清除。

4.3.2.4 减排温室气体种类要求

《暂行办法》规定，其适用于二氧化碳（CO_2）、甲烷（CH_4）、氧化亚氮（N_2O）、全氟化碳（$PFCs$）、氢氟碳化物（$HFCs$）和六氟化硫（SF_6）等六种温室气体的自愿减排量的交易活动。而新的《管理办法》在"附则"中指出，该办法中的温室气体包括 CO_2、CH_4、N_2O、$PFCs$、$HFCs$、SF_6 和 NF_3，即将 CCER 项目覆盖的温室气体种类增加至八种，新增了 NF_3。

4.3.3 申请主体的准入资格

《管理办法》规定：中华人民共和国境内依法成立的法人和其他组织，可以依照本办法开展温室气体自愿减排活动，申请温室气体自愿减排项目和减排量的登记。相对于《暂行办法》中规定的 CCER 减排量申请主体必须是中国境内注册的企业法人，新的管理办法扩大了 CCER 减排量申请主体的范围。

4.3.4 交易主体的准入资格

《管理办法》规定：符合国家有关规定的法人、其他组织和自然人，可以依据本办法开展温室气体自愿减排交易活动。

4.4 参与机构

本书主要针对 CCER 机制的参与机构及其职责展开介绍。

4.4.1 主管部门

《管理办法》规定全国温室气体自愿减排体系的主管部门是生态环境部。生态环境部按照国家有关规定建设全国温室气体自愿减排交易市场，负责制定全国温室气体自愿减排交易及相关活动的管理要求和技术规范，并对全国温室气体自愿减排交易及相关活动进行监督管理和指导，具体如下：

生态环境部按照国家有关规定，组织建立统一的全国温室气体自愿减排注册登记机构（以下简称"注册登记机构"）和全国温室气体自愿减排交易机构（以下简称"交易机构"），并组织建设全国温室气体自愿减排注册登记系统（以下简称"注册登记系统"）和全国温室气体自愿减排交易系统（以下简称"交易系统"）。

省级生态环境主管部门负责对本行政区域内温室气体自愿减排交易及相关活动进行监督管理。设区的市级生态环境主管部门配合省级生态环境主管部门对本行政区域内温室气体自愿减排交易及相关活动实施监督管理。市场监督管理部门、生态环境主管部门根据职责分工，对从事温室气体自愿减排项目审定与减排量核查活动的机构（以下简称"审定与核查机构"）及其审定与核查活动进行监督管理。

4.4.2 注册登记机构

依据《管理办法》，注册登记机构负责注册登记系统的运行和管理，通过该系统受理温室气体自愿减排项目和减排量的登记、注销申请，记录温室气体自愿减排项目相关信息和核证自愿减排量的登记、持有、变更、注销等信息，并依申请出具相关证明。注册登记系统记录的信息是判断核证自愿减排量归属和状态的最终依据。注册登记机构可以根据国家有关规定，制定温室气体自愿减排项目登记和核证自愿减排量登记的具体业务规则，并报生态环境部备案。

4.4.3 交易机构

依据《管理办法》，交易机构负责交易系统的运行和管理，提供核证自愿减排量的集中统一交易与结算服务，并按照国家有关规定采取有效措施，防止过度投机的交易行为，维护市场健康发展，防范金融等方面的风险。交易机构可以根据国家有关规定，制定核证自愿减排量交易的具体业务规则，并报生态环境部备案。

4.4.4 审定与核查机构

审定与核查机构，是指依法设立，从事温室气体自愿减排项目审定或者温室气体自愿减排项目减排量核查活动的合格评定机构。自愿减排项目管理专业性和技术性较强，第三方审定与核证机构在项目质量控制方面发挥着关键性作用。《管理办法》规定，审定与核查机构纳入认证机构管理，应当按照《中华人民共和国认证认可条例》《认证机构管理办法》等关于认证机构的规定，公正、独立和有效地从事审定与核查活动。审定与核查机构应当具备与从事审定与核查活动相适应的技术和管理能力，并且满足以下条件：

①具备开展审定与核查活动相配套的固定办公场所和必要的设施。

②具备十名以上相应领域具有审定与核查能力的专职人员，其中至少有五名人员具有两年及以上温室气体排放审定与核查工作经历。

③建立完善的审定与核查活动管理制度。

④具备开展审定与核查活动所需的稳定的财务支持，建立与业务风险相适应的风险基金或保险，有应对风险的能力。

⑤符合审定与核查机构相关标准要求。

⑥近五年无严重失信记录。

依据《管理办法》，审定与核查机构在通过市场监管总局和生态环境部审批后，方可进行审定与核查活动。

审定与核查机构审批流程如下：市场监管总局会同生态环境部根据工作需要制定并公布审定与核查机构需求信息，组织相关领域专家组成专家评审委员会，对审批申请进行评审，经审核并征求生态环境部同意后，按照资源合理利用、公平竞争和便利、有效的原则，做出是否批准的决定。

审定与核查机构应当遵守法律法规和市场监管总局、生态环境部发布的相关规定，在批准的业务范围内开展相关活动，保证审定与核查活动过程的完整、客观、真实，并做出完整记录，归档留存，确保审定与核查过程和结果具有可追溯性。鼓励审定与核查机构获得认可。审定与核查机构应当加强行业自律。审定与核查机构及其工作人员应当对其出具的审定报告与核查报告的合规性、真实性、准确性负责，不得弄虚作假，不得泄露项目业主的商业秘密。审定与核查机构应当每年向市场监管总局和生态环境部提交工作报告，并对报告内容的真实性负责。报告应当对审定与核查机构遵守项目审定与减排量核查法律法规和技术规范的情况、从事审定与核查活动的情况、从业人员的工作情况等做出说明。

4.4.5 审定与核查技术委员会

依据《管理办法》，为保证 CCER 项目审定与核查工作的质量，市场监管总局、生态环境部共同组建审定与核查技术委员会，负责协调解决审定与核查有关技术问题，提升审定与核查活动的一致性、科学性和合理性，为审定与核查活动监督管理提供技术支撑，针对审定与核查工作，研究提出工作建议等。

4.5 项目方法学

国内外各类减排交易机制下同类型项目的方法学原理大体相同，因此，本节以 CCER 项目方法学为代表展开介绍。

4.5.1 项目方法学的内容构成

CCER 项目方法学是指确定特定领域温室气体自愿减排项目基准线、论证额外性、核算项目减排量、制定监测计划等所依据的技术规范。依据《管理办法》，项目方法学应当规定适用条件、减排量核算方法、监测方法、项目审定与减排量核查要求等内容，并明确可申请项目减排量登记的时间期限。

依据生态环境部 2023 年 3 月发布的《温室气体自愿减排项目方法学编制大纲（环办便函〔2023〕95 号）》（以下简称"《编制大纲》"），CCER 项目方法学的内容构成如表

4-1 所示。

表 4-1 CCER 项目方法学编制提纲

方法学名称（×××方法学）	
引言	
适用条件	
引用文件	
术语与定义	
项目边界及排放源（汇或库）	
减排量核算方法学	基准线情景识别
	额外性论证
	基准线排放计算
	项目排放计算
	项目泄漏计算
	项目减排量核算
监测方法学	项目设计阶段确定的参数和数据
	项目实施阶段需监测的参数和数据
	项目实施及监测的数据管理要求
项目审定与核查要点	

4.5.1.1 方法学名称

方法学名称应准确、简明，并体现行业领域和应用技术特点，以及温室气体避免、减少或者清除原理。

4.5.1.2 引言

在方法学引言部分，应说明方法学编制目的、编制单位，说明方法学是新的方法学，还是原有已备案方法学修订。简要描述方法学的关键要素，包括适用条件、基准线情景、额外性论证方式等。如果是原有已备案方法学修订，还应说明被修订的方法学名称、版本号，以及修订完善的主要内容、修订理由。

4.5.1.3 适用条件

方法学中应明确其适用的项目条件，包括项目活动必须满足的具体技术条件，如有方法学不适用的特定情况或情景，也应具体说明。

4.5.1.4 引用文件

方法学中应列明在其使用过程中需要配套引用或使用的主要方法学、指南导则、方法学工具、相关技术规范和参考文献等。

4.5.1.5 术语与定义

方法学中应对所涉及的关键术语和定义进行说明，确保在方法学使用过程中不产生误解和歧义。术语和定义有相关出处的，应注明出处。

4.5.1.6 项目边界及排放源（汇或库）

项目边界是指项目活动的空间范围。方法学中应准确描述其适用项目的项目边界，包括项目设备设施和系统所在的地理边界。此外，方法学中还应说明项目边界内的温室气体种类和排放源，以及项目边界内的碳汇或碳库。碳汇或碳库是指具有吸收并储存二氧化碳能力的碳的寄存体，如森林、湿地植被等[①]。

4.5.1.7 减排量核算方法学

减排量核算方法学包括以下六部分内容：

（1）基准线情景识别

基准线情景是指能够合法、合理地代表不实施拟议项目（即拟开发的项目）时项目边界对应的空间范围内的温室气体人为排放的情况。与之相对应的是项目情景，是指实施拟议项目活动时项目边界内的温室气体人为排放的情况。基准线情景的识别是 CCER 项目方法学的关键程序，项目的额外性论证（额外性的定义见下文）和减排量计算均需以合理、真实的基准线情景为基础。

因此，方法学中应详细说明识别、确定基准线情景的程序和方法，需列出在不实施拟议项目活动的情景下，项目边界内可能会发生的、现实可信的、能提供同等服务或产品的所有可行替代方案。

（2）额外性论证

额外性是指作为温室气体自愿减排项目实施时，与能够提供同等产品和服务的其

---

①曹馨匀. 基于三角模糊层次分析法的重庆地区建筑低碳化评价指标体系研究［D］. 重庆：重庆大学，2014.

他替代方案相比，在内部收益率财务指标等方面不是最佳选择，存在融资、关键技术等方面的障碍，但是作为自愿减排项目实施有助于克服上述障碍，并且相较于相关项目方法学确定的基准线情景，具有额外的减排效果，即项目的温室气体排放量低于基准线排放量，或者温室气体清除量高于基准线清除量。通俗地讲，若该项目活动的温室气体排放量低于基准线情景的排放量（或者其温室气体清除量高于基准线情景的清除量），并且能够证明该项目活动不是任何一种可能的基准线情景，则该项目及其减排量具备额外性。

方法学中的额外性论证分为一般论证、简化论证和免予论证等三种方式。一般论证通常从投资分析、障碍分析、识别替代情景并判断是否属于法律法规强制要求、普遍实践分析、同类项目首例分析等方面开展详细论证。简化论证可选择一般论证中的一项或多项开展，并根据实际情况简单论证。免予论证即无须开展上述论证。

一般论证中的投资分析包含三种可选方法：简单成本分析、投资比较分析和基准分析。

①简单成本分析的思路：如果拟开发项目除 CCER 减排收益外再无其他经济收益，那么则认为该项目具备额外性。例如：采用简单成本分析来论证垃圾填埋气回收项目的额外性。垃圾填埋场原本为环卫公益事业，无商业价值，而且垃圾填埋气收集需要专业设备，从而增加项目运行成本。因此，在不引入 CCER 机制时，垃圾填埋气回收项目不具备财务吸引力，存在融资障碍，不属于基准线情景，即该项目的减排量相对于基准线是额外的。

②投资比较分析的思路：将拟议项目和其可能的基准线情景的投资效益财务指标进行对比，若存在至少一个基准线情景的一项或若干项投资效益财务指标优于拟议项目，则该项目不能被视作最具有财务吸引力，因而该项目具有额外性。投资效益财务指标通常包括项目全投资财务内部收益率（Internal Rate of Return，IRR）、净现值（Net Present Value，NPV）、经济效益费用比、单位服务成本等。

③基准分析的思路：将拟议项目的投资效益财务指标与相关的财务基准值进行比较，财务基准值代表市场的标准回报率（如电力行业的 IRR 基准值），并考虑了该项目类型特定的风险条件，但与具体项目开发者主观的收益率期望或风险预测无关。若某行业的财务基准值优于拟议项目活动，则可认为拟议项目活动不具备财务吸引力，因而具有额外性。[①]如中国电力行业 IRR 基准值为 8%（所得税后），若拟议项目的 IRR 小于8%，则可认为该项目具备额外性。

---

① 段茂盛，周胜. 清洁发展机制方法学应用指南［M］. 北京：中国环境科学出版社，2010.

一般论证中的障碍分析，即通过对拟议项目面临的运行障碍（而这些障碍并不影响基准线情景的实施）进行定性阐述来论证项目的额外性。具体而言，具备额外性的项目及其减排量若无 CCER 减排机制和政策支持，通常会存在技术风险、融资渠道、财务效益指标、市场普及和资源等方面的障碍因素，依靠项目业主自身条件难以实现，因而该项目的减排量在无 CCER 机制时就难以产生，该项目则不属于基准线情景。[①]反之，若拟议项目活动在不引入 CCER 机制的情况下就可以正常运行并产生减排量，那么该项目就属于基准线情景，项目减排量不具备额外性。

一般论证中的普遍实践分析（又称"普遍性分析"），即论证在项目所在地或类似的社会经济和生态环境条件下，是否普遍存在与拟议项目类似的项目活动。若类似项目普遍存在，则说明拟议项目属于基准线情景，不具备额外性；否则，拟议项目不属于基准线情景，具备额外性。

（3）基准线排放计算

基准线排放指基准线情景下项目边界内的温室气体排放量。方法学中应详细说明基准线排放量计算的程序、计算公式、参数含义和数据来源。

（4）项目排放计算

项目排放指项目情景下项目边界内的温室气体排放量。方法学中应详细说明项目排放量计算的程序、计算公式、参数含义和数据来源。

（5）项目泄漏计算

项目泄漏指由拟议项目活动引起的、发生在项目边界之外的、可测量的温室气体排放量。[②]方法学中应详细说明项目泄漏的可能性，以及存在项目泄漏时泄漏量计算的程序、计算公式、各类参数含义和数据来源。

（6）项目减排量核算

方法学中应详细说明项目减排量核算的公式。对于碳减排类项目（非碳汇类项目），项目减排量＝基准线排放量－项目排放量－项目泄漏量。由于碳汇和碳排放是两个相反的过程，因此，对于碳汇等温室气体清除类项目，项目减排量＝项目清除量－基准线清除量－项目泄漏量。[③]特别的，对于造林碳汇项目（包括红树林营造项目），其可能会由于

---

① 孟早明，葛兴安. 中国碳排放权交易实务［M］. 北京：化学工业出版社，2017.

② 道客巴巴. 竹林经营碳汇项目方法学［EB/OL］.（2016-05-04）［2023-10-07］. https://www.doc88.com/p-2804524909014.html.pdf.

③ 项目清除量、基准线清除量和项目泄漏量的计算详见本书 4.5.3。

自然因素（如火灾、病虫害、雨雪冰冻、风灾等）或人为干扰（如非法采伐和破坏等）原因导致项目清除的温室气体重新释放到大气中（即非持久性风险），需要通过非持久性风险扣减率对项目减排量进行保守性校正，校正后的项目减排量＝（项目清除量-基准线清除量-项目泄漏量）×（1-非持久性风险扣减率），非持久性风险扣减率通常采用方法学给出的默认值。①

4.5.1.8 监测方法学

1. 项目设计阶段需确定的参数和数据

方法学中应明确在项目设计阶段需确定的参数和数据，即在项目计入期内不再变化、不需要监测的参数和数据。计入期指项目活动相对于基准线情景产生额外的温室气体减排量的时间区间②，计入期不应超过项目活动的寿命期限。这类参数和数据可通过查阅主管部门统计数据、权威机构研究报告、国内外文献、制造厂商设计说明等文件的方式获取。方法学应详细说明参数和数据的名称、描述、单位、来源、选用合理性、用途等。

2. 项目实施阶段需监测的参数和数据

方法学中应明确在项目实施阶段需进行监测的参数和数据。这类参数和数据可通过实际监测、统计核算、问卷调查等方式获取，数据更新周期一般至少为一年（具体参数和数据如有不同的周期要求应分别明确）。方法学中应详细说明参数和数据的名称、描述、单位、来源、监测要求、质量保证与质量控制程序、用途等。尽可能提供上述参数和数据的工况数据链接或区块链等信息技术，用以保存有关存证材料的可行途径，通过信息化手段确保数据质量。

3. 项目实施及监测的数据管理要求

方法学中应详细说明项目实施及监测计划实施过程中的数据管理及数据质量控制的存档要求，以满足项目审定、减排量核算与核查需求，包括监测职责分工、监测设备与安装情况、监测点位示意图，数据监测、传递、汇总和报告的信息流及相关台账记录、质量保证与质量控制程序等。如果项目所造成的环境影响较显著，则监测计划还应包括收集与项目相关的环境影响信息。

---

① 《关于印发《温室气体自愿减排项目方法学 造林碳汇（CCER-14-001-V01）》等 4 项方法学的通知》，中华人民共和国生态环境部 环办气候函〔2023〕343 号。
② 李金良，施志国. 林业碳汇项目方法学［M］. 北京：中国林业出版社，2016.

对于碳汇等清除类项目，还应详细说明其他相关内容，包括基准线情景下清除量的监测、项目活动的监测、项目边界的监测、项目分层、抽样设计、样地设置、非持久性影响及措施等。

4.5.1.9 项目审定与核查要点

为确保项目及减排量的真实性、准确性、保守性，方法学应说明针对本方法学适用的项目审定、减排量核查要点。重点应针对项目真实性、项目边界及排放源准确性、减排量核算方法的准确性、核算参数及结果的保守性等方面，说明需要审定与核查的重点内容、数据参数，明确审定与核查可得的数据源、参考文献、抽样比例、交叉验证途径等。

4.5.2 项目方法学发展现状

国家发展改革委 2013—2016 年间在中国自愿减排交易信息平台上公布了 12 批共计 200 个方法学。这 200 个方法学多是清洁发展机制执行理事会（UNFCC-EB）批准的 CDM 方法学，经国内有关机构根据我国实际情况修订，由国家发展改革委进行备案的方法学，另有一部分由我国相关机构和企业独立开发并经国家发展改革委备案的方法学。

随着"双碳"目标的不断推进和全国碳市场建设的不断完善，原有方法学的局限性也日益凸显：许多方法学在基准线和额外性论证方面力度不足，部分方法学缺乏推广使用价值和应用场景，少部分方法学不符合产业政策导向，许多创新减排技术亟须相应的方法学支持。

根据《管理办法》，生态环境部负责组织制定并发布项目方法学等技术规范，作为相关领域自愿减排项目审定、实施与减排量核算、核查的依据。为解决原有方法学存在的问题，2023 年 3 月 28 日，生态环境部向全社会公开征集温室气体自愿减排项目方法学建议：具备温室气体自愿减排项目方法学编制技术条件的项目业主、行业协会以及科研机构、大专院校等企事业单位均可提出方法学建议；拟提出的温室气体自愿减排项目方法学建议可以是原有已备案方法学的修订，也可以是新的方法学，符合国家相关产业政策要求，体现绿色低碳技术发展趋势，有利于保护生态环境，有利于推动实现碳达峰碳中和目标，能够避免、减少温室气体排放或者实现温室气体的清除。所建议方法学及额外性论证应当清晰、可操作、便于审定与核查，并确保案例项目活动产生的减排量真实、准确、保守。鼓励对减排效果明显、社会期待高、技术争议小、数据质量可靠、社会和生态效益兼具的行业和领域提出方法学建议，其额外性可免予论证或简化论证。不能对现有法律法规规定等有强制温室气体减排义务的行业和领域提出方法学建议。

截至 2023 年 4 月 30 日，第一批 CCER 项目方法学公开征集工作结束，生态环境部共收集方法学建议 300 余项，涉及能源产业、林业、废物处理及处置等多个方法学领域。生态环境部将按照"成熟一个发布一个"的原则，择优发布减排效果明显、社会期待高、技术争议小、数据质量可靠、社会和生态效益兼具的方法学，逐步扩大自愿减排市场支持领域，并将视情况持续公开征集温室气体自愿减排项目方法学建议。

2023 年 10 月 24 日，生态环境部正式发布与《管理办法》配套的四个 CCER 项目方法学，分别是《温室气体自愿减排项目方法学 造林碳汇（CCER-14-001-V01）》《温室气体自愿减排项目方法学 并网光热发电（CCER-01-001-V01）》《温室气体自愿减排项目方法学 并网海上风力发电（CCER-01-002-V01）》《温室气体自愿减排项目方法学 红树林营造（CCER-14-002-V01）》，于印发之日起施行。

新发布的《管理办法》规定，申请登记的 CCER 项目应当属于生态环境部发布的项目方法学支持的领域。目前生态环境部已发布的四个方法学仅涵盖造林（造林碳汇、红树林营造）和可再生能源领域（并网光热发电、并网海上风力发电）。对于生态环境部后续可能支持的 CCER 项目领域，可以参考国家发展改革委于 2012 年发布的《温室气体自愿减排项目审定与核证指南》（后文简称《审定与核证指南》）。依据《审定与核证指南》，国内自愿减排项目可划分为 16 个专业领域（表 4-2）。已在国家发展改革委备案的 200 个方法学涵盖了除碳捕获与储存领域以外的 15 个专业领域。

表 4-2　16 个温室气体自愿减排项目专业领域

序号	专业领域
1	能源工业（可再生能源/不可再生能源）
2	能源分配
3	能源需求
4	制造业
5	化工行业
6	建筑行业
7	交通运输业

续表

序号	专业领域
8	矿产品
9	金属生产
10	燃料的飞逸性排放（固体燃料、石油和天然气）
11	碳卤化合物和六氟化硫的生产和消费产生的飞逸性排放
12	溶剂的使用
13	废物处置
14	造林和再造林
15	农业
16	碳捕获与储存

4.5.3 代表性方法学原理介绍

本节将对生态环境部已发布的四个方法学和后续发布可能性较大的两个方法学的基本原理进行论述。

根据权威分析，除了生态环境部已发布的四个方法学外，甲烷减排类项目也是生态环境部可能大力支持并发布方法学的项目领域。甲烷减排类项目是指通过将农业、畜牧业、煤炭开采、油气开采、垃圾处理等情景中产生的甲烷进行回收利用从而减少温室气体排放的项目，如动物粪便管理系统甲烷回收项目。此外，可再生能源领域的地热供暖项目也具备较大的 CCER 项目开发潜力。由于生态环境部尚未公布这两个项目相关的方法学，因此，本节介绍的甲烷减排类和地热供暖项目方法学为国家发展改革委此前发布的方法学，仅供参考。

4.5.3.1 温室气体自愿减排项目方法学

造林碳汇（CCER-14-001-V01）造林是指在不符合森林定义的规划造林地上，通过人工措施营建或恢复森林的过程。造林碳汇项目可通过增加森林面积和森林生态系统碳储量实现二氧化碳清除，是减缓气候变化的重要途径。

1. 方法学适用性

该方法学适用于乔木、竹子和灌木造林，包括防护林、特种用途林、用材林等造林，不包括经济林造林、非林地上的通道绿化、城镇村及工矿用地绿化。项目活动必须满足

表 4-3 所示条件才可使用该方法学进行减排量的开发。

表 4-3　CCER-14-001-V01 方法学适用条件

序号	适用条件
1	项目土地在项目开始前至少三年为不符合森林定义的规划造林地
2	项目土地权属清晰，具有不动产权属证书、土地承包或流转合同；或具有经有批准权的人民政府或主管部门批准核发的土地证、林权证
3	项目单个地块土地连续面积不小于 400 m²。对于 2019 年（含）之前开始的项目，土地连续面积不小于 667 m²
4	项目土地不属于湿地
5	项目不移除原有散生乔木和竹子，原有灌木和胸径小于 2 cm 的竹子的移除比例总计不超过项目边界内地表面积的 20%
6	除项目开始时的整地和造林外，在计入期内不对土壤进行重复扰动
7	除对病（虫）原疫木进行必要的火烧外，项目不允许其他人为火烧活动
8	项目不会引起项目边界内农业活动（如种植、放牧等）的转移，即不会发生泄漏
9	项目应符合法律、法规要求，符合行业发展政策

2. 项目边界识别

依据方法学，造林碳汇项目区域可包括若干个不连续的地块，每个地块应有特定的地理边界。项目边界内不包括宽度大于 3 m 的道路、沟渠、坑塘、河流等不符合适用条件的土地。

造林碳汇项目边界可选择下述两种方法之一确定：

①利用北斗卫星导航系统（BDS）、全球定位系统（GPS）等卫星定位系统，直接测定项目地块边界的拐点坐标，要求单点定位误差不超过 ±5 m。

②利用空间分辨率不低于 5 m 的地理空间数据（如卫星遥感影像、航拍影像等）、林草资源"一张图"、造林作业设计等，在地理信息系统（GIS）辅助下直接读取项目地块的边界坐标。

3. 碳库和温室气体排放源

理论上，造林碳汇项目边界内可能涉及的碳库包括地上生物质、地下生物质、枯死木、枯落物、土壤有机碳、木（竹）产品。

依据本方法学，基准线情景下，造林项目边界内上述碳库均忽略不计。

项目情景下，碳库的选择较为复杂。其中，地上生物质和地下生物质是项目活动产生的主要碳库，是必选项。对于枯死木和枯落物，项目参与方可以根据实际情况选择或忽略该碳库；相比基准线情景，造林项目通常会增加枯死木和枯落物碳储量；如果项目存在移除枯死木和枯落物的情形，基于保守性原则不选择该碳库。造林项目会引起土壤有机碳储量发生变化，因此土壤有机碳是必选碳库。对于木（竹）产品，方法学规定根据保守性原则忽略不计。

理论上，造林碳汇项目边界内可能涉及的温室气体排放源包括火灾或人为火烧、使用车辆或机械设备等过程中化石燃料燃烧产生的排放、使用石灰或污泥施肥过程中产生的排放。

本方法学规定，基准线情景下，造林项目边界内上述温室气体排放源均依据保守性原则忽略不计。

项目情景下，项目边界内可能的温室气体排放源为火灾或人为火烧引起的甲烷和氧化亚氮排放，此处不考虑二氧化碳排放是因为生物质燃烧导致的二氧化碳排放已在碳储量变化中考虑。而使用车辆或机械设备等过程中化石燃料燃烧产生的排放，以及使用石灰或污泥施肥过程中产生的排放，相对于基准线情景，排放量的变化量不显著，方法学规定忽略不计。若无火灾或人为火烧发生，则项目边界内温室气体排放可视作 0。

4. 项目计入期和项目寿命期限

项目计入期为可申请项目减排量登记的时间期限，从项目业主申请登记的项目减排量的产生时间开始，最短时间不低于 20 年，最长不超过 40 年。项目计入期须在项目寿命期限范围之内。

项目寿命期限应在项目业主对项目边界内土地的所有权（或使用权）或项目边界内林木的所有权（或经营权）的有效期限之内。项目寿命期限的开始时间即项目边界内首次实施整地、播种或植苗的项目开工日期。

5. 基准线情景识别与额外性论证

本方法学规定的造林项目的基准线情景为维持项目开始前的土地利用与管理方式。

造林项目的额外性论证分两种情况：

①符合下列条件之一的造林项目，免予论证额外性：

a. 在年均降水量≤400 mm 的地区开展的造林项目①；

---

① 年均降水量≤400 mm 的地区可参考《国家林业局关于颁发〈"国家特别规定的灌木林地"的规定〉（试行）的通知》（林资发〔2004〕14 号）。

b. 在国家重点生态功能区开展的造林项目[1]；

c. 属于生态公益林的造林项目。

②其他造林项目按照《温室气体自愿减排项目设计与实施指南》中"温室气体自愿减排项目额外性论证工具"对项目额外性进行一般论证。由于《温室气体自愿减排项目设计与实施指南》尚未正式发布，额外性一般论证思路可参考本书 4.5.1.7。

6. 项目减排量计算

如本书 4.5.1.7 所述，造林碳汇项目减排量＝（项目清除量−基准线清除量−项目泄漏量）×（1−非持久性风险扣减率）。由于方法学要求适用项目不引起项目边界内农业活动（如种植、放牧等）的转移，即不会发生泄漏，因此，项目活动泄漏量可视作 0。

（1）基准线清除量的计算

方法学规定，项目开始后每一年的基准线清除量为 0。

（2）项目清除量的计算

项目开始后每一年的项目清除量，等于项目情景下项目边界内各碳库碳储量变化之和，减去项目边界内的温室气体排放量，再减去当年原有植被（乔木、竹子和灌木）的生物质碳储量变化量。

项目情景下项目边界内各碳库碳储量变化之和等于项目边界内乔木林生物质碳储量的变化量、项目边界内竹林生物质碳储量的变化量、项目边界内灌木生物质碳储量的变化量、项目边界内枯死木碳储量的变化量、项目边界内枯落物碳储量的变化量和项目边界内土壤有机碳储量的变化量之和。

项目边界内可能的温室气体排放源主要为火灾或人为火烧引起的生物质燃烧导致的甲烷和氧化亚氮排放。在项目设计阶段，无法预料火灾的发生，因此项目情景下的温室气体排放量视作 0。在项目实施阶段，若无火灾或人为火烧发生，则项目边界内温室气体排放可视作 0。若发生火灾或人为火烧，则项目边界内温室气体排放量等于项目边界内由火灾引起的地上生物质燃烧造成的非二氧化碳温室气体排放量、项目边界内由火灾引起的死有机质燃烧造成的非二氧化碳温室气体排放量与项目边界内由人为火烧造成的非二氧化碳温室气体排放量三者之和。

原有植被（即基准线情景下原有）的生物质碳储量年变化量等于项目边界内原有植被的乔木林生物质碳储量的变化量、项目边界内竹林生物质碳储量的变化量与项目边界

---

[1] 国家重点生态功能区可参考《国务院关于印发全国主体功能区规划的通知》（国发〔2010〕46 号）、《国务院关于同意新增部分县（市、区、旗）纳入国家重点生态功能区的批复》（国函〔2016〕161 号）。

内灌木生物质碳储量的变化量三者之和。

造林碳汇项目设计阶段和实施阶段需确定的参数和数据详见本书附录部分表 2 和表 3。

4.5.3.2 温室气体自愿减排项目方法学 红树林营造（CCER-14-002-V01）

红树林是分布在热带、亚热带地区潮间带湿地的木本植物群落，不包括卤蕨、尖叶卤蕨等非木本红树植物。红树林营造是指在适宜红树林生长的潮间带地块人工种植红树植物繁殖体或幼苗，构建红树林并使其可以形成稳定的植被群落和生态系统，提供与原生红树林生态系统相似的生态功能。营造红树林可通过增加红树林面积和生态系统碳储量实现二氧化碳清除，是海岸带生态系统碳汇能力提升的重要途径。

1. 方法学适用性

只有满足表 4-4 所示条件的红树林营造项目才可采用本方法学进行开发。

表 4-4　CCER-14-002-V01 方法学适用条件

序号	适用条件
1	在生境适宜或生境修复后适宜红树林生长的无植被潮滩和退养的养殖塘，通过人工种植构建红树林植被的项目
2	项目边界内的海域和土地权属清晰，具有县（含）级以上人民政府或自然资源（海洋）主管部门核发或出具的权属证明文件
3	人工种植红树林连续面积不小于 400 m²
4	不得改变项目边界内地块的潮间带属性，即实施填土、堆高或平整后的潮滩滩面在平均大潮高潮时仍全部有海水覆盖
5	项目不进行施肥
6	项目应符合法律、法规要求，符合行业发展政策

2. 项目边界识别

红树林营造项目区域可包括若干个不连续的种植地块，每个地块应有特定的地理边界。项目边界内不包括面积超过 400 m² 以上的坑塘，宽度大于 3 m 的道路、沟渠、潮沟等区域，也不包括项目实施前已经存在且覆盖度大于 5%的红树林地块。

项目边界可选择以下两种方法确定：

①利用北斗卫星导航系统（BDS）、全球定位系统（GPS）等卫星定位系统，直接测定项目地块边界的拐点坐标，单点定位误差不超过±2 m。

②利用空间分辨率不低于 2 m 的地理空间数据（如卫星遥感影像、航拍影像等）、

自然资源"一张图"、红树林种植作业设计等，在地理信息系统（GIS）辅助下直接读取项目地块的边界坐标。

3. 碳库和温室气体排放源

理论上，红树林营造项目边界内可能涉及的碳库包括地上生物质、地下生物质、枯死木、枯落物和土壤有机碳。本方法学中关于土壤有机碳储量的计算均设定为 1m 深度的土壤有机碳。

依据本方法学，基准线情景下仅存在土壤有机碳碳库，但变化量较小，忽略不计。

项目情景下的碳库包括地上生物质、地下生物质和土壤有机碳，三者为主要碳库，必须考虑。枯死木和枯落物碳库的清除量所占比例较小，忽略不计。

理论上，红树林营造项目边界内可能涉及的温室气体排放源包括土壤微生物代谢产生的二氧化碳、甲烷和氧化亚氮，以及使用车辆、船舶、机械设备等过程中化石燃料燃烧产生的排放。

本方法学规定，基准线情景下土壤微生物代谢产生的二氧化碳、甲烷和氧化亚氮依据保守性原则忽略不计。

项目情景下，项目边界内主要的温室气体排放源为土壤微生物代谢产生的甲烷和氧化亚氮排放，此处不考虑二氧化碳排放是因为已在计算土壤有机碳储量变化中考虑。而使用车辆、船舶、机械设备等过程中化石燃料燃烧产生的排放量较小，忽略不计。

4. 项目计入期和项目寿命期限

红树林营造项目的项目计入期的定义、时间长度要求与造林碳汇项目完全一致，详见本书 4.5.3.1。

项目寿命期限应在项目业主对项目边界内海域和土地的所有权（或使用权）权属的有效期限之内。项目寿命期限的开始时间即项目边界内首次实施生境修复、整地、播种或种植的项目开工日期。

5. 基准线情景识别与额外性论证

本方法学规定的项目基准线情景为：在实施项目活动前，项目边界内的海域或土地资源开发利用方式为无植被潮滩或退养的养殖塘。

满足本方法学适用条件的红树林营造项目的额外性免予论证。这是因为，红树林营造易受极端气候和人为活动干扰，植被种植和管护成本高，不具备财务吸引力，属于不以营利为目的的公益行为，本就具备额外性。

6. 项目减排量计算

如 4.5.1.7 所述，红树林营造项目减排量＝（项目清除量－基准线清除量－项目泄漏量）×（1－非持久性风险扣减率）。根据方法学要求的适用条件，项目不考虑泄漏，因此，项目活动泄漏量可视作 0。

（1）基准线清除量的计算

方法学规定，项目开始后每一年的基准线清除量为 0。

（2）项目清除量的计算

项目开始后每一年的项目清除量，等于项目情景下项目边界内各碳库碳储量变化之和，减去项目边界内的温室气体排放量。

项目情景下项目边界内各碳库碳储量变化之和等于项目边界内生物质碳储量的变化量与土壤有机碳储量的变化量之和。

项目边界内的温室气体排放量等于土壤微生物代谢产生的甲烷和氧化亚氮排放量之和。

红树林营造项目设计阶段和实施阶段需确定的参数和数据详见本书附录部分表 4 和表 5。

4.5.3.3 温室气体自愿减排项目方法学 并网光热发电（CCER-01-001-V01）

光热发电是指将太阳能转换为热能，再通过热功转换过程发电，又称太阳能热发电。并网光热发电项目具备绿色发电、储能和调峰电源等多重功能，该项目利用太阳能转换的热能代替化石能源，避免了项目所在区域的其他并网发电厂在发电过程产生的温室气体排放，因此具备开发为 CCER 项目的潜力。

1. 方法学适用性

本方法学适用于符合法律、法规和行业发展政策的独立并网光热发电项目、"光热＋"一体化项目中的并网光热发电部分（要求并网光热发电部分的上网电量可单独计量）。

2. 项目边界识别

独立并网光热发电项目的项目边界包括光热发电项目发电及配套设施，以及项目所在区域电网中的所有发电设施。

"光热＋"一体化项目的项目边界包括光热发电项目发电及配套设施、与之相连的一体化项目发电及配套设施，以及项目所在区域电网中的所有发电设施。

3. 温室气体排放源及气体种类

方法学规定，项目边界内基准线情景下的温室气体排放源为项目替代的所在区域电网的其他并网发电厂（包括可能的新建发电厂）发电产生的排放，温室气体种类为二氧化碳；甲烷和氧化亚氮为次要排放源，按照保守性原则忽略不计。

方法学规定，项目边界内项目情景下的温室气体排放源包含项目防凝导致的化石燃料消耗产生的二氧化碳排放、项目运维电力消耗产生的二氧化碳排放、项目运维车辆使用化石燃料产生的二氧化碳排放；其中，项目运维车辆使用化石燃料产生的二氧化碳排放量小，为降低项目实施和管理成本，计为 0；项目防凝导致的化石燃料消耗、项目运维电力消耗、项目运维车辆使用化石燃料产生的甲烷和氧化亚氮均为次要排放源，忽略不计。因此，并网光热发电项目边界内项目情景下的温室气体排放源实际包括项目防凝导致的化石燃料消耗产生的二氧化碳排放和项目运维电力消耗产生的二氧化碳排放两项。

4. 项目计入期和项目寿命期限

项目计入期为可申请项目减排量登记的时间期限，从项目业主申请登记的项目减排量的产生时间开始，最长不超过十年。项目计入期须在项目寿命期限范围之内。

项目寿命期限的开始时间为项目并网发电日期。项目寿命期限的结束时间应在项目正式退役之前。

5. 基准线情景识别与额外性论证

本方法学适用项目的基准线情景为：并网光热发电项目的上网电量由项目所在区域电网（包括可能的新建发电厂）的其他并网发电厂替代生产。

符合本方法学适用条件的并网光热发电项目的额外性免予论证。原因有两点：一是并网光热发电项目为实现长时储能和稳定供能，投资建设成本及后期运维成本高，不具备财务吸引力；二是该类项目仍处于产业发展初期，存在技术和投融资障碍。因此，符合本方法学适用条件的光热发电项目本身就具备额外性。

6. 项目减排量计算

并网光热发电项目属于碳减排类项目（非碳汇类项目），在本书 4.5.1.7 小节已经介绍过，对于碳减排类项目（非碳汇类项目），项目减排量＝基准线排放量-项目排放量-项目泄漏量。

（1）基准线排放量计算

项目基准线排放量＝项目净上网电量×项目所在区域电网的组合边际排放因子。

项目净上网电量＝项目输送至区域电网的上网电量-区域电网输送至项目的下网电量。

区域电网的组合边际排放因子＝区域电网的电量边际排放因子×电量边际排放因子的权重＋区域电网的容量边际排放因子×容量边际排放因子的权重。

在项目设计阶段，项目输送至区域电网的上网电量和区域电网输送至项目的下网电量可采用可行性研究报告预估数据；在项目实施阶段，项目输送至区域电网的上网电量和区域电网输送至项目的下网电量为实测值，要求采用电能表连续监测，至少每月记录一次数据。

区域电网的电量边际排放因子和容量边际排放因子采用生态环境部最新公布的数值。电量边际排放因子的权重和容量边际排放因子的权重采用方法学中的默认值，均为 0.5。

（2）项目排放量计算

项目排放量等于项目各类化石燃料的消耗量与对应化石燃料的二氧化碳排放系数之积的加和。

各类化石燃料的二氧化碳排放系数等于该类化石燃料的平均低位发热量、单位热值含碳量、碳氧化率三者之积再乘以二氧化碳与碳的相对分子质量之比（44/12）。

在项目设计阶段，各类化石燃料的消耗量可采用可行性研究报告预估数据；在项目实施阶段，需通过符合准确度要求的计量设备对消耗量进行连续监测，至少每月记录一次数据。

各类化石燃料的平均低位发热量、单位热值含碳量、碳氧化率采用生态环境部发布的最新的企业温室气体排放核算与报告指南确定的缺省值。

（3）项目泄漏计算

并网光热发电项目的泄漏可能发生于上游部门在开采、加工、运输等环节使用化石燃料的情形下，但与项目减排量相比，泄漏量较小，方法学规定可忽略不计。

4.5.3.4 温室气体自愿减排项目方法学 并网海上风力发电（CCER-01-002-V01）

海上风力发电是指在沿海多年平均大潮高潮线以下海域开展的风力发电活动，这类项目以风能替代化石能源发电，避免了项目所在区域电网的其他并网发电厂（包括可能的新建电厂）发电产生的温室气体排放，是创新型可再生能源发电项目，具备开发为 CCER 项目的潜力。

1. 方法学适用性

本方法学适用于符合法律、法规和行业发展政策要求的离岸 30 km 以外或者水深大于 30 m 的并网海上风力发电项目。

2. 项目边界识别

并网海上风力发电项目边界包括项目的发电及配套设施，以及项目所在区域的其他并网发电设施。

3．温室气体排放源及气体种类

方法学规定，项目边界内基准线情景下的温室气体排放源为项目替代的所在区域电网的其他并网发电厂（包括可能的新建发电厂）发电产生的排放，温室气体种类为二氧化碳；甲烷和氧化亚氮为次要排放源，按照保守性原则忽略不计。

方法学规定，项目边界内项目情景下的温室气体排放源为项目备用发电机、运维船舶和车辆使用化石燃料产生的二氧化碳排放，但该排放量小，为降低项目实施和管理成本，计为 0；项目备用发电机、运维船舶和车辆使用化石燃料产生的甲烷和氧化亚氮均为次要排放源，忽略不计。因此，该方法学适用项目的项目排放量计为 0。

4．项目计入期和项目寿命期限

并网海上风力发电项目的项目计入期的定义、时间长度要求与并网光热发电项目完全一致，详见本书 4.5.3.3。

5．基准线情景识别与额外性论证

本方法学适用项目的基准线情景为：并网海上风力发电项目的上网电量由项目所在区域电网的其他并网发电厂（包括可能的新建发电厂）进行替代生产的情景。

符合本方法学适用条件的并网海上风力发电项目的额外性免予论证。原因有两点：一是并网海上风力发电项目受海洋环境复杂、关键设备进口依赖性强等因素影响，建设和运维成本高，不具备财务吸引力；二是该类项目处于可再生能源发电领域的前沿，相关技术创新性强，海上运维难度大，项目普遍存在技术障碍。因此，符合本方法学适用条件的并网海上风力发电项目本身就具备额外性。

6．项目减排量计算

并网海上风力发电项目属于碳减排类项目（非碳汇类项目），项目减排量＝基准线排放量−项目排放量−项目泄漏量。

（1）基准线排放量计算

项目基准线排放量＝项目净上网电量×项目所在区域电网的组合边际排放因子。

项目净上网电量＝项目输送至区域电网的上网电量−区域电网输送至项目的下网电量。

区域电网的组合边际排放因子＝区域电网的电量边际排放因子×电量边际排放因子的权重＋区域电网的容量边际排放因子×容量边际排放因子的权重。

在项目设计阶段，项目输送至区域电网的上网电量和区域电网输送至项目的下网电量可采用可行性研究报告预估数据；在项目实施阶段，项目输送至区域电网的上网电量和区域电网输送至项目的下网电量为实测值，要求采用电能表连续监测，至少每月记录一次数据。

区域电网的电量边际排放因子和容量边际排放因子采用生态环境部最新公布的数值。电量边际排放因子的权重和容量边际排放因子的权重采用方法学中的默认值，均为0.5。

（2）项目排放量计算

如前所述，并网海上风力发电项目的项目排放量计为0。

（3）项目泄漏计算

并网海上风力发电项目的泄漏可能发生于上游部门在开采、加工、运输等环节使用化石燃料的情形下，但与项目减排量相比，泄漏量较小，方法学规定可忽略不计。

4.5.3.5 CM-022-V01 供热中使用地热替代化石燃料（第一版）①

1. 方法学适用性

该方法学适用于在建筑物中引进集中地热供热系统进行空间供暖。该方法学也适用于新建设施，或者通过在系统上添加地热井来扩大其运营的区域地热供热系统。具体来看，该方法学适用于如表4-5所示情况。

表4-5　CM-022-V01 供热中使用地热替代化石燃料（第一版）方法学适用条件

序号	适用条件
1	根据与现有供热系统相连接的建筑物的位置以及将会使用地热的新建建筑物的位置，可以清楚地界定项目边界的地理范围。如果是现有设施的扩展，可以清楚地识别现有地热井以及供热系统基础设施的位置和容量
2	项目活动将使用地热资源为居民区、商业区和/或工业区的集中空间供热系统供热
3	该方法学适用于在新建建筑物中安装新的供热系统，替代现有的化石燃料空间供热系统。当前使用的用于空间供热的化石燃料被来自地热水的热能部分或者完全地代替。如果是现有设施的扩建，则该方法学适用于扩建现有的地热供热系统
4	由于项目活动实施产生的热容量的增加量不得大于项目实施之前现有容量的10%，否则需要为新的容量确定新的基准线情景
5	在基准线中使用的所有的化石燃料纯供热锅炉都必须是为区域供热系统供热的，该系统仅用于为居民和/或商业部门的建筑物供暖和/或提供热自来水，而不是用于工业过程
6	该方法学不允许使用温室气体排放制冷剂

---

① 原创力文档. CM-022-V01 供热中使用地热替代化石燃料（第一版）.［EB/OL］.（2017-03-24）［2023-10-07］. https：//max.book118.com/html/2017/0323/96484165.shtm.pdf.

2. 项目边界识别

依据方法学，项目边界的空间范围包括地热提取点、集中供热系统、分散供热设备，具体如表 4-6 所示。

表 4-6 项目边界的空间范围

地热提取点	包括地热井、再注入井、泵、地热水储罐等
集中供热系统	包括管道、热站、分站以及已经或者将要与地热供热系统相连接的建筑物
分散供热设备	包括燃烧化石燃料的炉子等

3. 温室气体排放源及气体种类

项目边界内包括的以及从项目边界内排除的温室气体种类如表 4-7 所示。

表 4-7 项目边界内包括的以及从项目边界内排除的温室气体排放源

排放源		温室气体种类	是否包括	理由/解释
基准线	用于空间供热的化石燃料	CO_2	是	主要排放源
		CH_4	否	次要排放源。为了简化和保守起见，可予以忽略
		N_2O	否	次要排放源。为了简化和保守起见，可予以忽略
项目活动	用于地热提取/运行的电能	CO_2	是	可能是主要排放源
		CH_4	否	次要排放源
		N_2O	否	次要排放源
	用于地热提取/运行的燃料	CO_2	是	可能是主要排放源
		CH_4	否	次要排放源
		N_2O	否	次要排放源
	地热资源提取时的逸散性排放	CO_2	是	可能是主要排放源
		CH_4	是	可能是主要排放源
		N_2O	否	次要排放源

4. 基准线情景识别和额外性论证

按照方法学，基准线情景识别应该采用"基准线情景识别与额外性论证组合工具"，按照下述三个步骤进行：

步骤一：识别出拟议项目活动的可替代情景。

步骤二：定义拟议项目活动的替代情景。

识别项目参与方可以获得的、能够提供与拟议项目活动同质量的能量输出或者服务

（即供热）的所有替代情景。为了识别相关的替代情景，需要概述在项目活动实施之前或者在相关地区目前已经采用的其他发热技术或做法。需要注意的是，如果在项目活动过程中，容量增加超过之前已有容量的10%，则需要为新的容量重新确定基准线情景。

步骤三：选择符合强制性法律法规的替代情景。

一系列的项目活动替代方案必须遵守在项目所在地区强制执行的法律法规以及执行理事会关于国家和/或产业政策、法规等的决议。

经上述步骤识别出的适用于本方法学的三种可能的基准线情景如下：

基准线情景一：基于化石燃料的集中供热系统，不同于热电联产，采用单一的分散的化石燃料供热技术。

基准线情景二：采用多种技术（类型 i）的基于化石燃料的分散供热系统，基准线排放量是不同技术供热系统排放量的总和。

基准线情景三：是以下两种可替代方案的组合：

①基于化石燃料的集中供热系统，不同于热电联产，采用单一的分散的化石燃料供热技术（如上述基准线情景一）。

②采用现有的地热集中供热系统。

关于额外性论证，该方法学对于额外性论证的步骤没有明确规定。实际项目开发时可参考本书4.5.1.7的额外性论证方法进行论证。

5. 项目减排量计算

项目减排量＝基准线排放量-项目排放量-泄漏排放量。

（1）基准线排放量的计算

对于上述基准线情景，基准线排放来源于使用化石燃料供热产生的排放。因此，基准线排放量等于基准线供热系统消耗的化石燃料总热量乘以某种供热技术使用化石燃料的单位热量二氧化碳排放因子。基准线供热系统消耗的化石燃料总热量等于供热设施端实测的净输出热量除以该种技术利用化石燃料供热的净热效率。如果在锅炉中同时使用多种燃料类型，依据保守原则，则使用二氧化碳排放因子最低的燃料类型进行基准线排放量的计算。若基准线情景为多种技术供热，则基准线排放量等于不同技术供热系统排放量的总和。

如果拟议项目是对已有地热设施的扩展，则计算基准线排放量时应当扣除来自已有地热设施的基准线供热，只包括基准线化石燃料供热系统所产生的净热量输出。

（2）项目排放量的计算

项目排放的来源包括来自地热孔的逸散性二氧化碳和甲烷排放、用泵抽取地热水所消耗的电量引起的间接排放以及运行地热设备所使用的化石燃料燃烧排放。因此，项目排放量等于上述三部分排放量之和。

如果拟议项目是对已有地热设施的扩展，则项目排放量等于上述三部分排放量之和再乘以校正系数。校正系数为从项目新建地热井中提取的实际热量（该地热井在基准线中没有得到开发）占项目活动地热井总提取热量（等于基准线地热井与新建地热井提取热量之和）的比例。

（3）泄漏排放量的计算

依据方法学，项目活动没有泄漏排放。

4.5.3.6 CMS-021-V01 动物粪便管理系统甲烷回收（第一版）①

1. 方法学适用性

该方法学适用于替代或改变养殖场内厌氧粪便管理系统，通过燃烧或使用回收的甲烷实现甲烷回收和利用的项目活动，也适用于在一个集中厂区内收集多个养殖场的粪便进行处理的项目活动。具体来看，该方法学的适用条件和范围如表 4-8 所示。

表 4-8　CMS-021-V01 动物粪便管理系统甲烷回收（第一版）方法学适用条件和范围

序号	适用条件和范围
1	养殖场的动物采用封闭式管理
2	粪便或处理后的沼液未排入天然水体（如河流或者河口三角洲）；否则采用方法学 AMS-III. H"废水处理中的甲烷回收"
3	开放式厌氧氧化塘所在地年平均气温高于 5 ℃
4	粪便在厌氧处理系统内的保存时间超过 1 个月，基准线情景下的粪便管理方式如果是开放式厌氧氧化塘，则氧化塘的深度要超过 1 m
5	在基准线情景下，不存在利用火炬燃烧甲烷和有偿使用回收甲烷的情况
6	沼渣必须在好氧条件下进行处理，否则利用 CMS-016-V01 方法学"通过可控厌氧分解进行甲烷回收"计算厌氧条件下的排放量。如果沼渣作为肥料施用到农田，必须确保采取适当措施避免甲烷排放
7	应采取技术措施（包括应急情况下采用火炬燃烧甲烷），确保沼气池产生的所有沼气被利用或燃烧掉

---

① 道客巴巴. CMS-021-V01 动物粪便管理系统甲烷回收（第一版）[EB/OL].（2016-03-03）[2023-10-07]. https：//www.doc88.com/p-0807691047559.html.pdf.

续表

序号	适用条件和范围
8	粪便从养殖舍内移出后的贮存时间（包含运输时间）不得超过 45 天。如果项目实施者能证明动物粪便干物质含量大于 20%，则不受上述时间约束
9	涉及垃圾填埋项目的甲烷回收应采用方法学《CMS-022-V01 垃圾填埋气回收》，涉及污水处理项目应采用方法学《CMS-076-V01 废水处理中的甲烷回收》；涉及动物粪便堆肥项目应采用方法学《CMS-075-V01 通过堆肥避免甲烷排放》；涉及动物粪便和其他有机物质联合发酵的项目应采用方法学《CMS-016-V01 通过可控厌氧分解进行甲烷回收》
10	《CMS-076-V01 废水处理中的甲烷回收》所述回收沼气的不同利用方式同样适用于本方法学，但应遵循《CMS-076-V01 废水处理中的甲烷回收》下各项规程。如果回收的沼气用于项目活动的辅助发电，其排放因子可认为是 0，但是用作此目的的能源不符合可再生能源类型项目
11	只有符合《SSC-CDM 方法学的一般指南》相关要求的新建项目和扩容项目才适用于本方法学
12	证明被替代设备的剩余寿命应满足《SSC-CDM 方法学的一般指南》的相关要求
13	项目中所有除可再生能源和能源效率改善项目类型以外的其他类型项目的年减排总量小于或等于 60 kt CO_2 当量

2. 项目边界识别

依据方法学，项目边界包括项目活动中的牲畜、动物粪便管理系统（包括粪便集中处理场）、回收和点燃/燃烧或利用甲烷的系统。

3. 基准线情景识别和额外性论证

该方法学的基准线情景是指在没有开展项目活动的情况下，动物粪便在项目边界内厌氧消化并向大气释放甲烷的情景。

额外性论证：可以通过证明中国没有强制性要求收集和销毁粪便管理产生的甲烷来说明项目活动的额外性。在这种情况下，可以不遵循《小规模项目活动额外性示范指南》。这种额外性论证方法也适用于新建项目。此外，对于联合采用本方法学和可再生能源项目类型方法学，且项目活动的能源装机容量小于 5 兆瓦的项目，这种额外性论证方法同样适用。

4. 项目减排量计算

项目减排量＝基准线排放量-项目排放量-泄漏排放量。

（1）基准线排放量计算

基准线排放量有以下两种计算方法：

方法一：通过基准线情景下，项目边界内的动物存栏量、动物排泄进入动物粪便管理系统的挥发性固体量、动物粪便管理系统厌氧处理的动物粪便比例、动物排泄的挥发性固体的最大甲烷生产潜力、动物粪便管理系统的甲烷转换因子、甲烷的密度及其全球变暖潜势、模型的不确定性修正系数的乘积计算得到基准线排放量。

方法二：通过基准线情景下，动物粪便管理系统中的动物粪便处理量、实测的每吨干物质动物粪便中挥发性固体的含量、动物排泄的挥发性固体的最大甲烷生产潜力、动物粪便管理系统的甲烷转换因子、甲烷的密度及其全球变暖潜势、模型的不确定性修正系数的乘积计算得到基准线排放量。

（2）项目排放量计算

项目活动包含的排放源如表 4-9 所示。项目排放量等于下述五部分排放量之和。

表 4-9　项目活动的排放源

排放源 1	粪便管理系统在生产、收集、沼气传输过程中因物理泄漏所造成的排放
排放源 2	多余沼气火炬点燃或燃烧造成的排放
排放源 3	已安装设备在运行过程中消耗化石燃料或电力造成的二氧化碳排放
排放源 4	粪便运输过程所造成的二氧化碳排放
排放源 5	粪便在投入厌氧氧化塘之前在存储过程中的排放

（3）泄漏排放量计算

依据方法学，项目泄漏排放量根据清洁发展机制《厌氧沼气池的项目和泄漏排放》工具中的相关规定确定。

（4）项目减排量计算

项目活动粪便处理过程的甲烷转换因子很可能高于基准线情景。因此，项目减排量必须用事后监测参数计算的基准线排放量减去用项目活动实际监测数据估算的项目排放量计算得到。将此计算方法记作方法一。

此外，项目减排量还等于项目活动收集和使用的甲烷量（tCO_2e）减去监测的设备运行过程使用化石燃料或电能产生的排放量。将此计算方法记作方法二。

依据减排量估算的保守原则，任何一个年度的项目减排量应该是方法一和方法二计算出的减排量中的较低者。

4.5.4 常用的方法学工具

国家发展改革委于 2013—2016 年间发布的 CCER 项目方法学常用到如下方法学工具：《基准线情景识别与额外性论证组合工具》《投资分析工具》《普遍性分析工具》《电

力系统排放因子计算工具》《化石燃料燃烧导致的项目或泄漏二氧化碳排放计算工具》《火炬燃烧导致的项目排放计算工具》《电力消耗导致的基准线、项目和/或泄漏排放计算工具》《堆肥导致的项目和泄漏排放计算工具》《厌氧消化池项目和泄漏排放的计算工具》《固体废弃物处理站的排放计算工具》《热能或电能生产系统的基准线效率确定工具》《气流中温室气体质量流量的确定工具》《公路货运导致的项目和泄漏排放计算工具》《火炬燃烧含甲烷气体导致的项目排放计算工具》。

上述方法学工具均由 UNFCC-EB 批准和发布，用于以标准化方式进行项目的基准线识别、额外性论证、普遍性分析、排放量及相关参数计算等。随着 CCER 市场重启工作的不断推进，预测生态环境部后续将会公布一套适用于 CCER 项目的新方法学工具，例如：在新发布的《温室气体自愿减排项目方法学 造林碳汇（CCER-14-001-V01）》中就提到，需要进行额外性一般论证的造林项目应按照《温室气体自愿减排项目设计与实施指南》中"温室气体自愿减排项目额外性论证工具"对项目额外性进行一般论证。

4.6 减排碳资产开发及交易流程

国内外各类减排机制下的减排碳资产项目开发流程大同小异，大体包括项目前期准备、项目设计文件编制、项目审定、项目登记、项目实施监测与报告、减排量核算、减排量核查、减排量登记等环节。本节仍以 CCER 机制为代表，就其开发及交易流程展开介绍。

4.6.1 项目前期准备

碳资产项目的前期准备阶段需完成项目可行性研究报告、项目初设、环境影响评价等材料的编制及政府部门备案批复。在项目可行性研究报告和项目初设中应体现项目的额外性，主要通过以下几点来体现：a. 突出减排是项目建设的唯一目的；b. 通过项目的财务指标如项目内部收益率来论证，项目在不考虑减排收益机制情况下，会存在财务方面的运行障碍；c. 若通过财务指标论证存在困难，也可定性项目的额外性，即阐明在没有 CCER 减排收益支持下，项目会面临因技术和财务风险带来的投资/融资障碍、技术障碍等。

4.6.2 项目设计文件编制

业主从项目开工时间、减排量产生时间、是否属于禁入项目等方面对拟开发项目进行识别，若项目符合 CCER 机制准入要求，即可着手编制项目设计文件。

项目设计文件是指依据经国家主管部门备案的方法学编制的对拟开发 CCER 项目是否符合 CCER 法规体系要求的系统性论证文件。项目设计文件需按照生态环境部规定的统一模板进行编制。业主可自行编制，也可委托第三方机构编制。《管理办法》规定，项目设计文件所涉数据和信息的原始记录、管理台账应当在该项目最后一期减排量登记后至少保存十年。

项目设计文件涵盖五个板块：A 部分——项目活动描述；B 部分——采用的基准线情景和监测方法学；C 部分——项目活动开工日期、计入期和活动期限；D 部分——环境影响及可持续发展；E 部分——当地利益相关方意见。这五个板块主要包含以下八部分内容：项目活动概述、方法学适用性分析、基准线情景和项目边界的识别、额外性论证、减排量计算、项目监测计划、项目计入期、项目环境影响分析。生态环境部 2023年 3 月发布了温室气体自愿减排项目设计文件模板（非林业版）及林业温室气体自愿减排项目设计文件模板，据此，本书整理了非林业碳汇类和林业碳汇类 CCER 项目的项目设计文件编制大纲，详见本书附录部分表 6 和表 7。

4.6.3 项目公示

依据《管理办法》，CCER 项目业主申请项目登记前，应当通过注册登记系统公示项目设计文件，并对公示材料的真实性、完整性和有效性负责。项目业主还应同步公示其委托的审定与核查机构的名称。公示期为 20 个工作日。公示期间，公众可以通过注册登记系统提出意见。

4.6.4 项目审定

依据《管理办法》，审定与核查机构应当按照国家有关规定对申请登记的温室气体自愿减排项目的以下事项进行审定，并出具项目审定报告，上传至注册登记系统，同时向社会公开：

①是否符合相关法律法规、国家政策。

②是否属于生态环境部发布的项目方法学支持领域。

③项目方法学的选择和使用是否得当。

④是否具备真实性、唯一性和额外性。

⑤是否符合可持续发展要求，是否对可持续发展各方面产生不利影响。

项目审定报告应当包括肯定或者否定的项目审定结论，以及项目业主对公示期间收到的公众意见处理情况的说明。

审定与核查机构应当对项目审定报告的合规性、真实性、准确性负责，并在项目审定报告中做出承诺。

根据市场监管总局于 2023 年 12 月 25 日发布的《温室气体自愿减排项目审定与减排量核查实施规则》（以下简称"《审定与核查规则》"），项目审定程序如下：

（1）提出审定委托

项目业主向审定与核查机构提出审定委托，并按照审定与核查机构要求提供委托资料。

审定与核查机构应依据《审定与核查规则》要求编制审定与核查实施细则，并向市场监管总局（国家认监委）备案。审定与核查机构应根据法律法规、方法学及审定活动的需要在审定与核查实施细则中明确委托资料清单，至少包括项目设计文件、相关方法人证书、授权书（适用时）等。

（2）签订委托合同

审定与核查机构对项目业主提交的资料进行审核，按照审定与核查实施细则中的相关要求，做出是否接受委托的决定。接受审定委托的，双方签订委托合同，不接受审定委托的，及时告知项目业主。

（3）审定策划

1）制定审定方案

审定与核查机构在签订委托合同后开展策略分析，制定审定方案，组建审定组，明确审定目的、范围、依据、审定组成员及其职责分工、审定活动进度安排等内容。

2）审定组安排

审定组应至少由两名专职人员组成，其中至少一人具备相应行业领域的专业能力。审定组成员不应与所审定的项目存在利益关系。审定组组长确定审定组任务分工时，应充分考虑项目的技术特点、复杂程度、技术风险、设施的规模与位置、测量设备的种类、数据收集系统的复杂程度以及审定组的专业背景和实践经验等方面的因素。

3）审定时限

审定与核查机构应在审定与核查实施细则中对审定各环节的时限做出明确规定，并确保相关工作按时限要求完成。自公示项目设计文件之日起至出具审定报告之日止，原则上不超过 100 天。因项目业主未及时提交资料、不能按计划接受现场评审、未按规定回应整改要求等原因导致评审时间延长的，不计算在内。

（4）文件评审

审定组在开展现场评审前，应完成委托审定项目的文件评审，初步判断项目设计的合理性，并明确现场评审的重点。项目业主应按照审定与核查实施细则的要求提供相应材料。

对于避免、减少排放类项目，至少包括可行性研究报告及项目批复（核准、备案）文件、环境影响评价文件及其批复（备案）文件、项目开工建设证明文件以及其他相关支持性材料。对于清除（碳汇）类项目，至少包括造林作业设计文件、土地及林木权属文件、开工日期证明材料以及其他相关支持性材料。

文件评审应至少包括以下内容：

①评审项目基本情况以及合规情况。

②评审项目是否符合《温室气体自愿减排交易管理办法（试行）》规定的申请登记条件。

③评审项目设计文件信息与证据文件的一致性。

④评审项目设计文件中数据和信息的可靠性。

⑤其他支撑现场评审工作的必要内容。

审定与核查机构应结合项目特点，制定文件评审的具体内容，并在审定与核查实施细则中予以明确。

（5）现场评审

1）现场评审计划

审定组根据文件评审结果制定现场评审计划。现场评审计划至少包括目的、范围、内容、日期、访谈对象和抽样方案等内容。

现场（场所、样地）数量不超过五个的，应覆盖全部现场。现场数量超过五个的，应制定抽样方案并按照抽样结果赴现场进行走访，并且数量不少于五个。方法学另有规定的从其规定。

2）现场评审实施

现场评审原则上应到现场，审定组应确认项目是否符合《温室气体自愿减排交易管理办法（试行）》规定，对项目基本要求、项目类型和领域、项目描述、方法学选择、方法学应用、开工日期、计入期及寿命期限、环境影响和可持续发展等内容进行审定，具体内容可以参考《温室气体自愿减排项目设计与实施指南》，审定方式至少包括：

①与相关方访谈，了解项目设计和实施情况，并且对受访人员提供的信息进行交叉校核，确保没有遗漏相关信息。相关方可以包括：项目运营人员、地方主管部门、相关群众等。

②经现场查看并查阅相关文件，确认项目描述以及有关信息的真实性、完整性、准确性。

③根据方法学和相关规定，对减排量计算的合理性进行检查。

④查看相关设施、系统和设备，评估监测计划的合理性和可操作性。

在获得项目业主同意后，采用复印、拍摄、录音、笔记等方式保存现场评审记录。

审定与核查机构应结合项目特点，制定现场评审要求的具体内容，并在审定与核查实施细则中予以明确。

3）整改要求和观察项

现场评审完成后，审定组向项目业主书面反馈文件评审和现场评审中的整改要求和观察项，项目业主按商定的时间要求逐项予以回应，并提供相应的证据材料。

有以下情形之一的，审定组应向项目业主提出整改要求：

①影响项目真实性、唯一性、额外性的。

②不满足项目登记要求的。

③监测计划存在不合理、不全面的。

④由于获取的信息不准确、不充分或者不清晰，导致无法确定项目是否符合方法学及相关规定要求的。

对于与项目实施有关、可能影响后续减排量核算的问题，审定组应提出观察项，要求项目业主未来采取措施消除潜在的风险。

（6）编写审定报告

审定组在完成现场评审后，根据评审实际情况编写审定报告。只有在项目业主根据整改要求逐项予以回应，提供合理解释和证据，对项目设计文件进行必要修改并符合相关要求后，审定组方可做出肯定的审定结论。

审定报告至少涵盖以下内容：

①清晰描述审定发现情况，明确做出审定结论。

②报告所有提出的整改要求和观察项，项目业主的整改措施和结果，以及对整改有

效性的验证。

③说明项目业主对项目在公示期间收到的公众意见的解释和处理情况。

④以清单形式列出审定过程中所有支撑性文件名称，必要时可附上相关文件的全文或者部分内容。

（7）复核

审定与核查机构应对审定组做出的审定结论及有关资料/信息开展复核。复核应确认：

①所有审定活动已按照委托合同和审定方案完成。

②支持决定的证据的充分性和适宜性。

③重要的发现是否被识别、解决并形成文件。

审定与核查机构应明确复核要求的具体内容，并在审定与核查实施细则中予以明确。

复核人员应具备相应行业领域的专业知识和能力，不得是参与项目审定的人员，不得与所审定的项目存在利益关系。

（8）决定与审定报告签发

1）决定

复核完成后，审定与核查机构应做出肯定或否定的审定决定。

2）审定报告签发

审定与核查机构依据审定决定向项目业主出具审定报告。审定与核查机构应对项目审定报告的合规性、真实性、准确性负责，并在项目审定报告中做出承诺。

（9）记录保存

审定与核查机构应记录并保存审定过程中所有资料，自出具审定报告之日起保存至少十年。

4.6.5 项目登记

依据《管理办法》，审定与核查机构出具审定报告后，项目业主可以向注册登记机构申请项目登记。项目业主申请项目登记时，应当通过注册登记系统提交项目申请表和审定与核查机构上传的项目设计文件、项目审定报告，并附具对项目唯一性以及所提供材料真实性、完整性和有效性负责的承诺书。

注册登记机构对项目业主提交材料的完整性、规范性进行审核，在收到申请材料之日起 15 个工作日内对审核通过的项目进行登记，并向社会公开项目登记情况以及项目业主提交的全部材料；申请材料不完整、不规范的，不予登记，并告知项目业主。

依据《管理办法》，已登记的温室气体自愿减排项目出现项目业主主体灭失、项目不复存续等情形的，注册登记机构调查核实后，对已登记的项目进行注销。项目业主亦可自愿对已登记的项目申请注销。项目注销情况应通过注册登记系统公开；注销后的项目不得再次申请登记。

4.6.6 项目实施、监测与减排量核算

申请项目减排量登记的项目业主应当按照方法学等相关技术规范要求编制减排量核算报告（即监测报告，注意与核查机构编制的减排量核查报告相区分），并委托符合《管理办法》要求的审定与核查机构对减排量进行核查。

减排量核算报告通常应当包括项目实施情况、温室气体减排量核算结果等内容。依据《管理办法》，减排量核算报告所涉数据和信息的原始记录、管理台账应当在该温室气体自愿减排项目最后一期减排量登记后至少保存十年。

项目业主应当加强对项目实施情况的日常监测，确保项目减排数据可测量、可追溯、可核查。鼓励项目业主采用信息化、智能化措施加强数据管理。

根据中国自愿减排交易信息平台公布的监测报告模板，总结编制减排量核算报告大纲，详见本书附录部分表 9。中国自愿减排交易信息平台公布的监测报告模板是国家发展改革委发布的。随着 CCER 市场的重启工作逐步推进，预测生态环境部将会发布新的 CCER 项目减排量核算报告模板。因此，本书附录中的项目减排量核算报告模板仅供参考，项目具体实施时应以生态环境部公布的最新模板为准。

4.6.7 项目减排量公示

项目业主申请减排量登记前，应当通过注册登记系统对减排量核算报告和其所委托的审定与核查机构的名称进行为期 20 个工作日的公示，并对公示材料及信息的真实性、完整性和有效性负责。公示期间，公众可以通过注册登记系统提出意见。

4.6.8 项目减排量核查

依据《管理办法》，审定与核查机构应当依照国家有关规定对减排量核算报告的下列事项进行核查，并出具减排量核查报告，上传至注册登记系统，同时向社会公开：

①是否符合项目方法学等相关技术规范要求。

②项目是否按照项目设计文件实施。

③减排量核算是否符合保守性原则。

减排量核查报告应当确定经核查的减排量，并说明项目业主对公示期间收到的公众意见处理情况。

审定与核查机构应当对减排量核查报告的合规性、真实性、准确性负责，并在减排量核查报告中做出承诺，不得对经其审定的项目进行减排量核查，即审定与核查机构不得对同一个项目既进行审定又进行核查。

根据《审定与核查规则》，项目减排量核查程序如下：

（1）提出核查委托

项目业主向审定与核查机构提出核查委托，并按照审定与核查机构要求提供委托资料。审定与核查机构应根据法律法规、方法学及核查实施的需要在审定与核查实施细则中明确委托资料清单，应至少包括项目设计文件、减排量核算报告等。

（2）签订委托合同

审定与核查机构对项目业主提交的资料进行审核，按照审定与核查实施细则中的时限做出是否接受委托的决定。接受核查委托的，双方签订委托合同，不接受核查委托的，及时告知项目业主。

（3）核查策划

1）制定核查方案

审定与核查机构在签订委托合同后做出策略分析和风险评估，制定核查方案，组建核查组，明确核查目的、范围、依据、核查组成员及其职责分工、核查活动进度安排等内容。

2）核查组安排

核查组应至少由两名专职人员组成，其中至少一人具备相应行业领域的专业能力。核查组成员不应与所核查的项目存在利益关系。核查组组长确定核查组任务分工时，应充分考虑项目的技术特点、复杂程度、技术风险、设施的规模与位置、测量设备的种类、数据收集系统的复杂程度以及核查组的专业背景和实践经验等方面的因素。

3）核查时限

审定与核查机构应在审定与核查实施细则中对核查各环节的时限做出明确规定，并确保相关工作按时限要求完成。自公示减排量核算报告之日起至出具核查报告之日止，原则上不超过 100 天。因项目业主未及时提交资料、不能按计划接受现场评审、未按规定回应整改要求等原因导致评审时间延长的，不计算在内。

（4）文件评审

核查组在开展现场评审前，应完成委托核查项目的文件评审，并明确现场评审的重点。通过对项目业主提交的减排量核算报告、项目设计文件等资料的评审，初步判断项目实施与项目设计文件的符合性，监测计划与方法学的符合性，监测活动与监测计划的符合性，校准频次的符合性，减排量核算的准确性，以及监测计划及其相关参数的调整情况等。审定与核查机构应结合项目特点，制定文件评审要求的具体内容，并在审定与核查实施细则中予以明确。

（5）现场评审

1）现场评审计划

核查组根据文件评审结果制定现场评审计划。现场评审计划至少包括目的、范围、内容、日期、访谈对象和抽样方案等内容。现场（场所、样地）数量不超过五个的，应覆盖全部现场。现场数量超过五个的，应制定抽样方案并按照抽样结果赴现场进行走访，并且数量不少于五个。方法学另有规定的从其规定。

2）现场评审实施

核查组应确认已登记项目减排量核算符合《温室气体自愿减排交易管理办法（试行）》规定要求，对减排量唯一性、项目描述、项目实施与项目设计文件的符合性、监测系统与参数符合性、监测计划及其相关参数调整、减排量核算的准确性进行核查，具体内容可以参考《温室气体自愿减排项目设计与实施指南》，核查方式至少包括：

①与相关方访谈，了解项目运行和监测情况，并且对受访人员提供的信息进行交叉校核，确认项目实施与项目设计文件的符合性，确保没有遗漏相关信息。相关方可以包括：项目运营人员、地方主管部门、相关群众等。

②经现场查看并查阅相关文件，评估监测计划与方法学的符合性，监测活动与监测计划的符合性，确认已登记的项目是否按照计划监测，以及监测计划及其相关参数的调整情况。

③对各参数信息流进行评估，包括计量、记录、传递和汇总。

④对监测报告中数据进行交叉核对，包括生产记录信息、采购信息、财务信息等。

⑤对测量仪表进行检查，包括检定、校准情况和监测运行情况，确认检定、校准频次的符合性。

⑥检查温室气体排放数据和减排量核算准确性。

⑦查阅质量控制和质量保证程序，确保报告的监测参数不出现任何错误或遗漏。

在获得项目业主同意后，可以采用复印、拍摄、录音、笔记等方式保存现场评审记录。审定与核查机构应结合项目特点，制定现场评审要求的具体内容，并在审定与核查实施细则中予以明确。

3）整改要求和观察项

现场评审完成后，核查组向项目业主书面反馈文件评审和现场评审中的整改要求和观察项，项目业主按商定的时间要求逐项予以回应，并提供相应的证据材料。

有以下情形之一的，核查组应向业主提出整改要求：

①实际监测与监测计划不一致的。

②减排量核算错误的。

③在审定期间或上一次核算期核查过程中提出的观察项，在当前核算期应解决但未解决的。

④由于获取的信息不准确、不充分或者不清晰，导致无法确定项目的运行和监测是否符合相关要求的。

对于需要项目业主在下一个核算期对监测和报告进行调整的问题，核查组应提出观察项。

（6）编写核查报告

核查组在完成现场评审后，根据评审实际情况编写核查报告。只有在项目业主根据整改要求逐项予以回应，提供合理解释和证据，对减排量核算报告进行必要修改并符合相关要求后，核查组才能做出肯定的核查结论。核查报告至少涵盖以下内容：

①清晰描述核查发现情况，明确做出核查结论。

②报告所有提出的整改要求和观察项，项目业主的整改措施和结果，以及对整改有效性的验证。

③说明项目业主对减排量核算报告在公示期间收到的公众意见的解释和处理情况。

④以清单形式列出核查过程中所有支撑性文件名称，必要时可附上相关文件的全文或部分内容。

（7）编写核查报告

审定与核查机构应对核查组做出的核查结论及有关资料/信息开展复核。复核应确认：

①所有核查活动已按照委托合同和核查方案完成。

②支持决定的证据的充分性和适宜性。

③重要的发现是否被识别、解决并形成文件。

审定与核查机构应明确复核要求的具体内容，并在审定与核查实施细则中予以明确。

复核人员应具备相应行业领域的专业知识和能力，不得是参与项目核查的人员，不得与所核查的项目存在利益关系。

（8）决定与核查报告签发

1）决定

复核完成后，审定与核查机构应做出肯定或否定的核查决定。核查决定人员不得是参与项目核查的人员。

2）核查报告签发

审定与核查机构依据核查决定向项目业主出具核查报告。审定与核查机构应对减排量核查报告的合规性、真实性、准确性负责，并在减排量核查报告中做出承诺。

（9）记录保存

审定与核查机构应记录并保存核查过程中所有资料，保存期自该项目最后一期减排量登记后不少于十年。

4.6.9 项目减排量登记

依据《管理办法》，审定与核查机构出具减排量核查报告后，项目业主可以向注册登记机构申请项目减排量登记；申请登记的项目减排量应当与减排量核查报告确定的减排量一致。

项目业主申请减排量登记时，应当通过注册登记系统提交项目减排量申请表和审定与核查机构上传的减排量核算报告、减排量核查报告，并附具对减排量核算报告真实性、完整性和有效性负责的承诺书。

注册登记机构对项目业主提交材料的完整性、规范性进行审核，在收到申请材料之日起 15 个工作日内对审核通过的项目减排量进行登记，并向社会公开减排量登记情况以及项目业主提交的全部材料；申请材料不完整、不规范的，不予登记，并告知项目业主。

4.6.10 项目减排量交易

依据《管理办法》，CCER 项目减排量可依法依规用于抵销全国碳排放权交易市场和地方碳排放权交易市场碳排放配额清缴、大型活动碳中和、抵销企业温室气体排放。鼓励参与主体为了公益目的，自愿注销其所持有的 CCER 项目减排量。

CCER 项目减排量交易应当通过交易系统进行，从事交易的主体应当在注册登记系统和交易系统开设账户。

CCER 项目减排量交易可以采取挂牌协议、大宗协议、单向竞价及其他符合规定的交易方式。

注册登记机构根据交易机构提供的成交结果，通过注册登记系统为交易主体及时变更 CCER 项目减排量的持有数量和持有状态等相关信息。

交易主体违反关于 CCER 项目减排量登记、结算或者交易相关规定的，注册登记机构和交易机构可以按照国家有关规定，对其采取限制交易措施。

4.7 项目开发实例

本节以国内首个成功签发的碳汇造林 CCER 项目——广东长隆碳汇造林项目[①]为例，分别介绍该项目在项目设计阶段、项目审定阶段、项目监测阶段和项目核证阶段的开发要点。

广东长隆碳汇造林项目的项目业主和申请项目备案的企业法人均为广东翠峰园林绿化有限公司，项目所在领域属于领域 14——造林，所选择的方法学为国家发展改革委此前发布的《AR-CM-001-V01 碳汇造林项目方法学》。[②]本书成稿时，适逢生态环境部发布第一批 CCER 项目方法学，尚无依据新方法学成功开发的项目案例，故本书所介绍的案例仍为依据国家发展改革委公布的方法学开发的项目案例。本书以该项目为例简要介绍其项目设计文件、审定报告、监测报告、核证报告的编制要点。

4.7.1 项目设计文件编制要点

由于项目设计文件与监测报告存在大量相同内容，因此本节仅对项目设计文件中的

[①] 西藏林业信息网. 我国首个林业 CCER 项目减排量获签发［EB/OL］.（2015-09-12）［2023-10-7］. http：//www.xzly.gov.cn/article/730.pdf.

[②] 李金良，施志国. 林业碳汇项目方法学［M］. 北京：中国林业出版社，2016.

A 部分（项目活动描述）、B 部分（采用的基准线情景和监测方法学）和 C 部分（项目运行期及计入期）中关键内容进行简要介绍，其余内容可见本书 4.5.3。

4.7.1.1 A 部分：项目活动描述

1. 项目活动的目的和概述

为积极响应广东省委、省政府绿化广东的号召，广东翠峰园林绿化有限公司于 2011 年在广东省宜林荒山实施碳汇造林项目，造林规模为 13 000 亩，造林密度每亩 74 株。其中，梅州市五华县 4 000 亩、兴宁市 4 000 亩；河源市紫金县 3 000 亩、东源县 2 000 亩。拟议项目旨在实现造林增汇、改善生态环境、增加当地经济收入等多重效益。拟议项目在 20 年计入期内，预计产生 347 292 tCO₂e 的减排量，年均减排量为 17 365 tCO₂e。

2. 项目边界

该项目的事前项目边界采用 1∶10 000 的地形图进行现场勾绘，结合全球定位系统（GPS）实地测量，确定地块边界。拟议项目造林地 59 个小班四至界线清楚（其中，五华县包含 14 个小班，兴宁市包含 9 个小班，紫金县包含 26 个小班，东源县包含 10 个小班），具体地理坐标范围可见于项目设计文件。

3. 土地权属

拟议造林项目林地所有权和使用权属村集体所有，土地均为宜林荒山，权属清晰，不存在争议。

4. 土地合格性

通过实地调查及所获取的相关文件等证明，项目区土地符合所采用的方法学 AR-CM-001-V01 所规定的土地合格性的要求。

5. 采用的技术和（或）措施

拟议项目依据国家林业局颁布的相关技术标准或规程（实际项目设计文件中需罗列），结合造林地的立地条件以及各县近年来的造林经验，每亩按 74 株进行植苗，选用多树种进行随机混交种植。就近选用具备生产经营许可证、植物检疫证书、质量检验合格证和种源地标签的合格苗木造林。采用穴状割杂整地方式，禁止炼山和全垦整地。在早春阴雨天采用科学、成熟的栽植技术完成造林。

4.7.1.2 B 部分：采用的基准线情景和监测方法学

1. 所采用的方法学

采用《AR-CM-001-V01 碳汇造林项目方法学》。

2. 碳层划分

①事前基准线分层：根据方法学和实地调查情况，事前基准线分层以造林前项目地散生木的种类和数量进行划分，共划分为 12 个事前基准线碳层。

②事前项目分层：根据方法学和造林地地形、气候、土壤等条件，依据混交造林树种配置差异将项目区分为 9 个碳层。

3. 基准线情景识别

通过开展项目区土地利用现状调查和利益相关方访谈，识别并遴选出在无拟议项目活动情况下，不违反任何现有的法律法规、其他强制性规定以及国家或地方技术标准的土地利用情景两个：情景 1，项目区将长期保持当前的宜林荒山荒地状态；情景 2，开展非碳汇造林的项目。

4. 额外性论证

该项目的项目设计文件中先对项目关键性事件进行罗列，通过各项事件发生时间证明该项目在立项之初即作为减排项目进行开发，再根据方法学对遴选出的两种土地利用情景进行障碍分析、投资分析、普遍性分析，最终证明项目及其减排量具备额外性。

5. 事前确定的不需要监测的数据和参数

事前确定的不需要监测的数据和参数如表 4-10 所示。

表 4-10　事前确定的不需要监测的数据和参数

序号	描述	数据源
1	树种的基本木材密度	使用《中华人民共和国气候变化第二次国家信息通报》"土地利用变化和林业温室气体清单"中的数值
2	树种的生物量扩展因子	
3	树种的地下生物量与地上生物量之比	
4	树种的生物量含碳率,用于将生物量转换成含碳量	采用 2006 IPCC 国家温室气体清单指南中的默认值
5	燃烧指数（针对每个植被类型）	因缺乏更优数据,采用《方法学》中的默认值
6	甲烷排放因子	
7	氧化亚氮排放因子	

6. 项目设计阶段预估的项目减排量

利用方法学中的生物量扩展因子法估算得到 20 年计入期内项目边界内基准线碳汇量为 19 409 tCO_2e。利用方法学中的林木蓄积量生长方程和林分碳储量计量模型预估得到 20 年计入期内事前项目碳汇量为 366 701 tCO_2e。项目事前无法预测项目边界内的火灾发生情况，因此项目设计文件中不考虑森林火灾造成的项目边界内温室气体排放，即温室气体排放为 0。继而得到 20 年计入期内事前预估的项目减排量为 347 292 tCO$_2$e。

4.7.1.3 C 部分：项目运行期及计入期

1. 项目运行期

项目活动的开始日期：2011 年 1 月 1 日（即项目施工合同书的签订日期）。

预计的项目运行期：20 年（以项目作业设计中的项目运行期为准）。

2. 项目计入期

项目计入期开始日期：2011 年 1 月 1 日（该项目以项目施工合同书的签订日期作为计入期开始日期。但方法学中计入期的定义是指项目活动所产生的额外的温室气体减排量的时间区间，因此更合理的项目计入期开始时间应为项目竣工验收后可产生额外减排量的某个时间点，应该在 2011 年 6 月 7 日之后）。

项目计入期：本项目计入期为 20 年。

4.7.2 项目审定过程和结论

中环联合（北京）认证中心有限公司（以下简称 "CEC"）受广东翠峰园林绿化有限公司委托，依据《暂行办法》《审定与核证指南》和联合国气候变化框架公约对 CDM 项目的相关要求，对广东长隆碳汇造林项目进行审定。

CEC 审定了拟议项目的项目设计文件、造林作业设计、造林项目合同等支持性文件，并通过现场访问和交叉校核等方式，确认拟议项目符合温室气体自愿减排项目的相关要求。

经 CEC 审定确认，项目设计文件（第 03 版）中的 "广东长隆碳汇造林项目" 符合《暂行办法》《审定与核证指南》以及方法学 AR-CM-001-V01《碳汇造林项目方法学》及相关工具的要求；审定准则中所要求的内容已全部覆盖；项目预期减排量真实合理，预计年减排量（净碳汇量）为 17 365 tCO$_2$e；项目计入期为 2011 年 1 月 1 日至 2030 年 12 月 31 日（含首尾两天，共计 20 年），计入期内的总减排量为 347 292 tCO$_2$e。审定过程中共提出 2 条不符合项和 12 条澄清项。项目参与方据此进行整改并修订项目设计文件，所有不符合和澄清要求均已关闭。

综上，CEC 推荐此项目备案为温室气体自愿减排项目。

4.7.3 项目监测报告编制要点

由于项目监测报告的 A 部分（项目活动描述）和 B 部分（项目活动的实施）内容通常与项目设计文件中内容差异不大，因此本节仅对项目监测报告中的 C 部分（对监测系统的描述）、D 部分（数据和参数）、E 部分（温室气体减排量的计算）中关键内容进行简要介绍。

4.7.3.1 C 部分：对监测系统的描述

1. 监测组织架构与职责

项目业主专门成立了由公司总经理直接领导的 CCER 监测工作组，指定专业咨询机构辅助工作，工作组下设监测记录小组和报告编写小组，各小组成员由公司人员和咨询机构人员共同组成。

2. 基线碳汇量的监测

根据方法学，项目采用经审定和备案的项目设计文件中的基线碳汇量，不需要对基线碳汇量进行监测。

3. 项目碳汇量的监测

采用连续固定样地的分层抽样方法进行监测，监测林木地上生物量和地下生物量两个碳库的变化量。在项目计入期 2011—2030 年内，对固定样地监测 4 次，每 5 年监测一次。按照森林调查要求，测定样地林木的树高、胸径，采用广东省森林资源调查常用数表中二元材积方程和生物量扩展因子法计算监测期内的林木碳储量变化量。

详细记录项目边界内的每一次森林火灾发生的时间、面积、地理边界等信息，并按方法学中公式计算项目边界内因森林火灾燃烧地上林木生物量所引起的温室气体排放。对于事后估计，项目边界内温室气体排放等于森林火灾引起地上林木生物质和死有机物燃烧造成的非二氧化碳温室气体排放的增加量之和。

4.7.3.2 D 部分：数据和参数

1. 事前或者更新计入期时确定的数据和参数

项目监测报告中事前或者更新计入期时确定的数据和参数与项目设计文件中基本一致，仅有树种的生物量含碳率取值发生变化。项目设计文件中采用 2006 IPCC 国家温室气体清单指南中的默认值，项目监测报告中改为当地实测值。

2. 监测的数据和参数

该项目监测的数据和参数简要概括如表 4-11 所示。

表 4-11　监测的数据和参数

序号	描述	数据源
1	某碳层的面积	采用国家森林资源清查或森林规划设计调查使用的标准操作程序进行野外测定
2	固定样地面积	
3	胸径（DBH），用于利用材积公式计算林木材积	采用国家森林资源清查或森林规划设计调查使用的标准操作程序进行野外测定
4	树高（H），用于利用材积公式计算林木材积	
5	某年某碳层发生火灾的面积	用 1∶10 000 地形图或造林作业验收图现场勾绘发生火灾危害的面积，或采用符合精度要求的 GPS 和遥感图像测量火灾面积

3. 抽样方案实施情况

①事后分层：项目事后分层共包含 9 个碳层。每次监测时，根据实际造林、营林的实际情况进行调整和更新。

②抽样设计：采用基于固定样地的分层抽样方法监测项目碳汇量。样地面积为 0.06 公顷，9 个碳层总样地数为 44 个。

③样地设置：采用随机起点的系统设置方式。

4.7.3.3 E 部分：项目温室气体减排量的计算

1. 基线碳汇量的计算

项目设计文件中事前预估的基线碳汇量已经通过审定和备案，在项目计入期内有效，无须再次计算，基线碳汇量为 1 952 tCO_2e。

2. 项目碳汇量的计算

项目第一监测期（2011 年 1 月 1 日—2014 年 12 月 31 日）内项目边界内林木生物质碳储量的变化量为 7 160 tCO_2e。项目第一监测期内未发生森林火灾，因此项目边界内温室气体排放量的增加量为 0。项目第一监测期内项目碳汇量等于林木生物质碳储量变化量减去项目边界内温室气体排放量的增加量，等于 7 160 tCO_2e。

3. 减排量（或人为净碳汇量）的计算小结

项目活动减排量等于项目碳汇量减去基线碳汇量，等于 5 208 tCO_2e。

4. 对实际减排量与备案项目设计文件中预计值的差别的说明

本监测期内实际减排量（5 208 tCO₂e）小于备案项目设计文件中的事前预估值（77 113 tCO₂e），差异的原因主要有三点：a. 造林当年（2011 年）春季雨量小，新栽苗木生长缓慢；b. 项目区土壤主要为红壤，脱硅富铝化作用明显，红壤淋溶作用强，土壤有机质和养分流失严重，土壤贫瘠；c. 树种生长速度相对较为缓慢。

4.7.4 项目核证过程和结论①

CEC 受广东翠峰园林绿化有限公司委托，对"广东长隆碳汇造林项目"第一次监测期内的碳减排量进行核证（注意：依据新的《管理办法》，审定与核证机构不得对同一个项目既进行审定又进行核查）。

该项目备案号为 021，备案日期为 2014 年 7 月 21 日，本次监测期时间为：2011 年 1 月 1 日—2014 年 12 月 31 日（包括首尾两天，共计 1 461 天）。

核证过程中对监测报告、监测计划、项目实施情况、温室气体减排量的计算等内容进行独立、客观和公正的第三方评审。核证过程包括：合同签订；核证准备；项目监测报告公示；文件评审；现场访问；核证报告的编写及内部评审；出具核证报告和核证意见。整个核证过程，从合同评审到给出核证报告和意见，均严格遵循 CEC 内部程序执行。核证过程中共提出 2 条不符合项和 7 条澄清项。项目参与方据此进行整改并修订监测报告，所有不符合和澄清要求均已关闭，未提出在下一个核证周期需要对监测和报告进行关注和调整的进一步行动要求。

经核证，CEC 确认本项目核证过程无未覆盖到的问题及遗留问题，并且核证范围中所要求的内容已全部覆盖，最终确认项目第 1 监测期内的项目碳汇量为 7 160 tCO₂e、基线碳汇量为 1 952 tCO₂e、项目减排量为 5 208 tCO₂e，并推荐该项目的计入期内的碳减排量备案。

---

① 石柳，唐玉华，张捷. 我国林业碳汇市场供需研究：以广东长隆碳汇造林项目为例［J］. 中国环境管理，2017（01）：104-110.

本章思考题

1. 对比《温室气体自愿减排交易管理暂行办法》和生态环境部最新发布的《温室气体自愿减排交易管理办法（试行）》，概括出两者在 CCER 项目准入条件、开发流程、参与机构等方面存在的主要差异。

2. 依据生态环境部 2023 年 3 月发布的《温室气体自愿减排项目方法学编制大纲（环办便函〔2023〕95 号）》，CCER 项目方法学由哪些内容构成？其中，减排量核算方法学部分包含哪些内容？

3. 通过投资分析进行项目及其减排量的额外性论证时，可选择哪些方法进行论证？试概述每种方法的论证思路。

4. 概括《温室气体自愿减排交易管理办法（试行）》中规定的 CCER 减排量开发流程。

5. 对比并概括《温室气体自愿减排项目方法学编制大纲（环办便函〔2023〕95 号）》中温室气体自愿减排项目设计文件模板（非林业版）及林业温室气体自愿减排项目设计文件模板的主要异同点。

第 5 章　碳管理体系

5.1 碳管理体系的概念

5.1.1 碳管理体系的意义

"力争 2030 年前实现碳达峰，2060 年前实现碳中和"是我国重大的战略决策，也是对国际社会做出的重大承诺。为全面落实《巴黎协定》，我国一直在国际社会中承担着与我国国情相符合的社会责任，积极发展绿色经济，推动能源转型，提高对应对气候变化工作的贡献。作为国民经济基础的各类组织理应在与此相关的温室气体管控活动中及时做出应有的贡献，并承担自身应尽的社会责任。

2021 年 7 月 16 日，全国碳交易活动在上海环境能源交易所正式启动，这标志着我国的碳交易乃至温室气体管控活动进入了一个新的阶段。

在全国"双碳"战略以及全国碳排放权交易市场启动的大背景下，碳管理体系的建立具有重大意义。首先，碳管理体系的推出和应用将有利于全国碳市场稳定发展。企业通过建立碳管理体系，加强碳管理能力，积极主动参与碳交易市场，能够提高市场流动性，同时提升企业交易的合规性和安全性，维护市场的稳定。其次，碳管理体系的推出和应用有助于地方政府实现碳达峰、碳中和目标。通过碳管理体系建设，地方政府可实现对控排企业的精准管理，摸清企业家底，制定地方的"双碳"目标实现路径，合理引导企业的转型发展和产业发展。最后，碳管理体系的建立能够帮助企业开展产品生命周期的碳排放相关工作，应对国际贸易下的碳关税风险。

碳管理体系借鉴能源管理体系（ISO 50001）和环境管理体系（ISO 14001）的模式，结合碳管理领域的特点和特殊要求，遵循系统管理原则，通过实施 PDCA（即策划—实施—处置—改进）循环，在组织内部建立起一个完整的、有效的、形成文件的管理体系。

通过建立碳管理体系，企业可以应对严苛的控排要求，适应中国碳市场的发展，更好地完成履约任务并实现降本增效，提升企业减排空间，降低减排成本，完善企业管理体系，提高行业竞争力。

碳管理体系是引导排放单位在能源管理体系的基础上建立碳管理体系和必要的管理过程，提高其碳排放绩效，包括降低碳排放总量和碳排放强度，促进碳排放权交易工作的开展。通过进行碳管理体系评价，推动重点用能单位建立健全能源/碳管理体系，提高企业持续改进能源/碳管理能力，不断提高能源利用效率，确保实现国家和地方节能减碳目标，为推动实现经济效益与社会效益共赢做出应有的贡献。建设与运行碳管理体系，是节能减碳的重要手段，是运用现代管理思想，借鉴成熟管理模式，将过程分析方法、系统工程原理和策划、实施、检查和改进循环管理理念引入企业碳管理，建立覆盖碳排放、碳资产、碳交易、碳中和全过程的管理体系，对促进企业构建节能减碳长效机制具有十分重要的意义。

5.1.2 碳管理体系的相关标准

国际上与碳相关的管理体系的标准主要为《ISO 14064-1 组织层次上对温室气体排放和清除的量化和报告的规范及指南》《ISO 14064-2 项目层次上对温室气体减排和清除增加的量化、监测和报告的规范及指南》等，主要对数据质量控制计划的制定和碳排放核算与报送工作做出了详细的规定，包括确定碳排放边界、确定碳排放源、收集活动水平数据和排放因子、评价和减少不确定性、管理碳排放信息、管理文件资料等。

我国相关的行业协会和地方也都各自发布了碳管理体系的团体标准和地方标准，中国工业节能与清洁生产协会于 2021 年 11 月 6 日发布了《碳管理体系要求及使用指南》，北京市质量技术监督局于 2018 年 9 月 29 日发布了地标《11/T1559—2018 碳排放管理体系实施指南》，广东省节能减排标准化促进会也于 2021 年发布了团体标准《碳排放管理体系要求》，以上这些标准都是借鉴质量管理体系（ISO 14001）和能源管理体系（ISO 50001）的相关标准结构编制而成的。碳管理体系依据 PDCA 的原则，从策划、支持、实施和运行、检查、管理评审五个方面详细阐述了企业在建立碳管理体系时应覆盖的范围和内容以及各部门的职责，旨在规范各行业各地方企业建立符合国际惯例的、与温室气体活动有关的管理体系，使企业能够持续地减少温室气体排放，同时在碳减排方面的资源投入与产出能够以资产的形式量化显现，并能够充分利用碳交易规则来实现阶段性的温室气体减排履约目标以及使企业能够沿着温室气体减排与增除的最佳途径实现零碳目标。

目前国内没有专门碳管理体系的国家标准，2021 年 11 月 26 日，上海环境能源交易所发布了团体标准《T/CIECCPA 002—2021 碳管理体系 要求及使用指南》，为规范碳减排工作、指导碳排放权交易提供了依据。

该标准所述的碳管理体系中包含了碳排放管理体系、碳资产管理体系、碳交易管理体系和碳中和管理体系四个组成部分。其中碳排放管理的目的是使组织能够持续地减少温室气体排放。碳资产管理的目的是使组织在碳减排方面的资源投入与产出能够以资产的形式量化显现。碳交易管理的目的是使组织能够充分利用碳交易规则来实现阶段性的温室气体减排履约目标。碳中和管理的目的是使组织能够沿着温室气体减排与增除的最佳途径实现零碳目标。

该标准以传统的"监测、报告、核查（MRV）"碳管理为基础，基于生命周期碳管理理念和风险思维，采用 ISO 管理体系标准高阶结构，以"提升碳绩效"为目标导向，遵循"策划—实施—检查—改进"（PDCA）持续改进的管理原则，建立系统、全面、有效的碳管理体系，为各类组织开展碳管理活动、提升碳管理绩效提出了规范性要求。该标准符合各类组织的碳管理体系要求，可供第一方、第二方和第三方各类机构使用。该标准引导组织采用体系的思维方式，全面分析组织面临的碳风险和机遇并采取行动，助力实现国家"双碳"目标。

该标准采用 ISO 14001 和 ISO 50001 核心要素和条款设计的理念，与其他管理体系更具兼容性。组织通过建立系统、全面、有效的碳管理体系并获得第三方认证，可有效规范组织碳排放数据的采集、分析、核算、报告和披露及其可信性，提升组织的碳数据管理的准确性和完整性，促进政府、行业、金融机构、供应商以及社会组织等相关方的采信。同时，标准鼓励组织通过碳信息披露机制，引导公众从低碳消费的视角共同参与组织的碳管理，关注从消费端促进碳减排，并提升组织自身的品牌形象。通过实施该标准，组织可从特定机制下的碳管理模式向产品/服务生命周期过程的碳管理理念转变，在"设计、采购、生产、交付、使用、废弃、回收处置"的生命周期过程中识别碳管理重点，系统策划、有效运行，带动组织上下游供应链和产业链共同提升碳管理绩效。

本章依据该标准，从碳排放管理体系、碳资产管理体系、碳交易管理体系、碳中和管理体系四个方面入手，论述碳管理体系的构建和四个方面的具体要求。

5.2 碳管理体系的构建

5.2.1 碳管理体系的整体运行流程

企业应依照 PDCA 循环的方式组织企业建立、运行碳管理体系。

碳管理体系具体的建立和运行流程如下：

（1）准备阶段

①了解组织所处的环境，包括内部环境和外部环境。

②了解组织相关方的需求和期望，包括监管部门、上级公司、客户和供应商，收集相关方的意见。

③成立碳管理工作领导小组和工作小组，任命管理者代表，组建体系推行团队，体系推行团队成员应以各部门主管或业务骨干为主，并确保能以相对充足的时间来推行并完成过程中的各项活动。

④召开启动大会和贯标培训，启动大会参与人员应包括最高管理者、管理者代表、体系涉及的所有部门负责人。启动大会上应说明体系推行的时间安排、重要的时间节点，并简单介绍各推行活动的大概内容，同时介绍碳排放、碳资产、碳交易、碳中和相关政策、行业核算指南、配额分配方案，以及将要推行的管理体系标准知识。

⑤确定碳管理体系范围。

⑥确定碳管理体系战略和方针。

⑦确定领导小组和工作小组的职责和工作要求。

（2）策划阶段

①根据现有法律法规、标准及政策，识别组织在碳管理体系实施过程中可能遇到的风险和机遇。

②进行碳管理评审，包括碳排放评审、碳资产评审、碳交易评审与碳中和评审。

③确定碳管理体系的目标，如已建立目标，则应评审其适宜性。

④制度文件的编写。

⑤文件评审。所有文件必须经评审后才能发行，参与评审的人员为该文件涉及的各部门负责人，评审的结果要使文件中所有有争议的地方得以解决。

⑥文件的受控与发行。

（3）运行阶段

①文件培训。文件编写人安排文件涉及的所有人参加培训，力求使所有相关人员理解并执行文件的要求。

②文件实施。各部门各文件使用人应按文件规定的要求实施相关活动，必要时寻求文件编写人进行现场指导，实施过程中的记录应予以保存。

③内审员培训。内审员应参加审核技能培训，其应具备的技能知识包括碳排放核算能力、配额核算能力、过程方法内审能力、审核的策划、体系标准审核要点、不符合项判定、改进措施/验证、审核员素质。

（4）检查与改进阶段

1）内部审核

体系试运行一段时间后，按照总推行计划的时间安排实施内部审核。本次审核应针对全过程、全部门、全场所和班次对体系进行审核，以验证体系的符合性和有效性。

内审员按照审核实施计划、内审检查表规定的检查内容，通过交谈、查阅文件、现场检查、调查验证等方法收集客观证据并逐项实事求是地记录，记录应清楚、易懂、全面，便于查阅和追溯，应准确、具体，如文件名称、合同号、记录的编号、设备的编号、报告的编号和工作岗位等。审核时，审核员应及时与被审核方沟通和反馈审核中的发现，并对事实证据进行确认。

2）管理评审

由最高管理者主持，针对管理体系运行的适宜性、有效性、充分性进行评审。

管理评审活动主要包括以下活动：年度管理评审计划（周期为一年一次，间隔不能大于 12 个月）、当次管理评审计划、管理评审会议通知（在做管理评审前一周送达相关部门，以便于其准备相关资料）、管理评审输入报告、各部门运作情况报告、各部门相关质量目标（包括分目标）达成情况统计、管理评审输出报告。

3）改进

内审不符合项以及管理评审输出的改善项目应按拟定的改善计划进行，对改善效果应及时确认和关闭。

审核结束后，各部门对审核发现的不符合项和体系中存在的薄弱环节，进行分析研究，找出原因，制定纠正、预防和改进措施计划，明确完成日期并组织实施。内审员按计划对受审核部门所采取的纠正措施进行评审、验证，并对纠正结果进行判断、评价和记录。碳管理体系运行流程如图 5-1 所示。

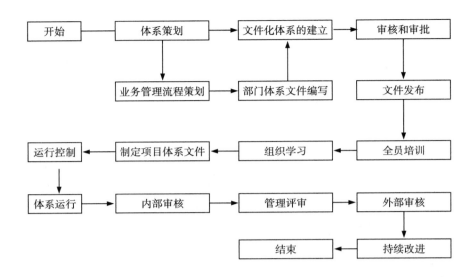

图 5-1　碳管理体系运行流程图

5.2.2 碳管理体系的总体要求

5.2.2.1 碳管理体系范围的要求

碳管理体系的范围可由企业或组织根据自身的实际生产经营状况确定，但是制定的边界应适合其组织边界，针对重点排放单位的碳管理体系还应适合其碳排放报告边界。碳管理体系的范围确定后，范围内的所有活动、产品和服务都应该纳入碳管理体系当中。

在制定碳管理体系的范围时，可采用全生命周期的观点考虑其对活动、产品和服务能实施控制或施加影响的程度。范围的制定应将所有的温室气体排放源的活动、产品和服务纳入碳管理体系的范围内。

碳管理体系应根据集团或公司所处的地理位置、运营场所、组织机构等确定其范围和边界。碳管理体系的范围应至少包括集团或公司所属行业的《核算指南》所有的排放设施和温室气体类型，排放设施包括直接生产系统、辅助生产系统以及直接为生产服务的附属生产系统，其中辅助生产系统包括动力、供电、供水、化验、机修、库房、运输等，附属生产系统包括生产指挥系统（厂部）和厂区内为生产服务的部门和单位。

生产运营场所中所有的排放源都应纳入碳管理体系的范围之内，包括但不限于：

①化石燃料燃烧产生的排放。

②工业过程产生的排放，主要指的是生产过程中因发生相关化学反应产生的排放，

如碳酸盐分解，碳氢化合物作为原材料。

③二氧化碳的回收利用，主要指公司回收燃料燃烧或工业生产过程产生的二氧化碳并作为产品外供给其他单位。

④净购入热力和电力产生的排放。

⑤其他温室气体排放，主要指在生产过程中产生其他非二氧化碳的温室气体，也应纳入碳管理体系的范围之内。

5.2.2.2 碳管理体系方针的要求

最高管理者负责确定和发布碳管理方针，碳管理方针应体现国家对行业节能减排的要求，阐述公司为持续改进碳管理绩效所做的承诺，以及在碳管理方面的宗旨和方向。

碳管理体系方针的制定应确保满足：

①碳管理方针与公司的宗旨相适应和协调，与公司碳排放、碳资产的特点和规模相适应。

②碳管理方针为建立和评审碳管理目标、指标提供框架。

③碳管理方针包含了满足与碳管理有关的适用法律法规及其他要求的承诺。

④碳管理方针包含了对碳达峰、碳中和的承诺。

⑤碳管理方针包含了公司持续改进碳管理体系的承诺。

碳管理方针是公司碳管理的宗旨和方向，公司在策划、建立、实施、保持、改进碳管理体系时，必须确保其工作符合碳管理方针的要求，方向与碳管理方针保持一致。

公司将碳管理方针形成文件，进一步明确碳管理的职责、权限，采取各种形式宣传碳管理方针，落实减碳、节能、降耗工作措施，形成"全员参与，分工负责，各部门高效联动"的工作格局，实现公司碳管理体系方针。为适应内外环境不断变化，最高管理者定期通过管理评审对碳管理方针持续适宜性进行评审，必要时予以更改并发布实施。

5.2.2.3 碳管理体系组织机构的要求

企业应按照上述已发布的碳管理体系标准，依照集团公司的要求和企业自身的实际情况，建立企业内部碳管理体系。按照碳管理体系建立和运行流程，应优先确立碳管理体系的组织架构。

企业应成立工作领导小组，加强企业内部的沟通协调，确保碳管理工作顺利开展。领导小组由组长、副组长和成员构成。公司总经理是公司碳管理工作的第一责任人，担任领导小组组长（最高管理者）；分管碳管理工作的副总经理担任领导小组副组长；组员包括涉及碳管理工作责任部门负责人。

同时，工作领导小组下设工作组。分管碳管理工作的副总经理担任工作组组长，碳管理工作归口部门负责人担任工作组副组长，归口部门碳管理专责（或兼责）及责任部门专工担任工作组成员。碳管理体系具体组织架构如图 5-2 所示。

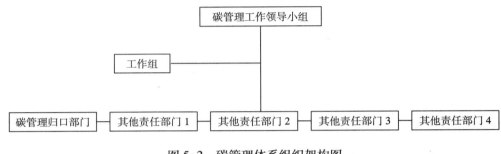

图 5-2　碳管理体系组织架构图

5.2.2.4 碳管理体系各机构的职责和工作要求

1. 碳管理工作领导小组职责

①建立碳管理体系的目标。

②任命管理者代表。

③制定本单位低碳发展规划，确保与本单位的总体战略方向相适宜。

④为碳管理工作组提供与碳管理体系相适宜的资源，如人力、设备设施、资金、信息等。

⑤参与管理评审，确定新的改进机会，确保碳管理体系实现预期结果并得到持续改进。

⑥贯彻执行国家、行业、地方政府、集团公司应对气候变化和碳管理的方针、政策、管理规定，领导协调碳管理工作。

⑦召开碳管理工作领导小组会议，审核和批准碳排放制度、碳资产制度、碳交易策略、"双碳"战略等。

⑧协调解决碳管理各项工作中出现的重大问题。

⑨审批碳管理工作中的重大考核事项。

2. 碳管理工作组的职责

①确定碳管理体系的范围。

②组织公司碳管理归口部门和责任部门落实领导小组的各项工作安排,包括起草修订碳管理相关制度、实施细则、工作计划等。

③组织相关部门配合碳盘查、第三方核查。

④协调解决碳管理工作中出现的问题。

⑤审批碳排放报告、补充数据表、数据质量控制计划等各类报送材料。

⑥开展年度工作总结,提出对各责任部门碳管理工作的考核意见。

3. 碳管理归口部门的工作职责

①设立碳管理专责(或兼责),负责公司碳管理具体工作。

②起草、修订公司碳管理相关制度、实施细则、工作计划等,审核执行工作中计划的调整。

③起草数据质量控制计划,建立排放源台账,指导、检查、监督各部门执行数据质量控制计划和各项碳排放制度。

④监督检查各部门碳管理工作绩效,提出考核目标和考评意见。

⑤组织各部门开展碳管理业务培训和经验交流。

⑥审核、汇总各责任部门碳排放数据,编制月度报表、年度碳排放报告等,按时报送分/子公司和集团公司审核。

⑦保持与地方政府主管机构、碳排放交易所、第三方核查机构等有关单位的有效沟通联系,协调处理碳排放业务。

⑧自行完成或配合咨询公司开展碳盘查,将批准后的文件报送地方政府主管部门。

⑨自行完成或配合碳资产公司执行集团公司批准的交易策略,完成履约。

⑩完成上级交办的其他碳排放相关事项。

4. 其他责任部门的职责

①明确部门内碳管理工作具体责任人。

②按照部门专业和职能分工落实碳排放相关具体工作,记录、校核、汇总、报送、归档各类碳排放数据和材料,重点排放单位还应及时完成碳排放管理信息系统信息录入工作。

③依据公司碳排放工作计划和数据质量控制计划,将碳管理相关工作统筹纳入部门年度工作计划。

④配合归口部门制定并执行数据质量控制计划,建立台账,开展碳排放生产运行数据的计量和采制化工作,做好监测设备的校验工作。

⑤配合财务部门完成碳交易相关工作,包括账户开立和资金调拨等。

⑥按照碳管理工作组和环保处的意见，按期落实整改工作中存在的问题。

5. 碳管理体系各机构工作要求

公司在日常碳工作管理时应优先依照集团公司的要求进行碳管理工作。碳管理体系归口部门负责执行数据质量控制计划，完成日监测、月审核、年报告，保证数据质量。重点排放单位还应按时在生态环境部信息平台填报排放数据。委托咨询公司开展相关盘查和交易工作的企业，应对碳盘查咨询、碳交易服务等工作进行监督。未经允许，不得擅自对外发布碳排放和交易信息。

碳管理领导小组和工作小组基本的工作要求如下：

①归口部门负责起草和修订数据质量控制计划，经审批后交各责任部门协同执行。各责任部门按照数据质量控制计划动态监测、规范记录各类数据，经统计分析、内部审核后，每月5日前向归口部门报送月度数据。归口部门负责对碳排放数据的准确性和完整性进行审核，汇总核算，形成与日报相关联的月度报表；重点排放单位应于每个月结束之后的30个自然日内在环境信息平台完成月报数据报送及支撑材料上传；维护碳管理信息系统，按流程报送日报、月报、年报数据，以及排放报告、核查报告等文件。

②归口部门应定期开展碳盘查工作或委托协议咨询方进行。其他责任部门配合归口部门或咨询方开展碳盘查工作，准备好与碳排放活动数据、排放因子数据和配额数据等相关的生产运行数据记录、设备台账、化验报告等材料，配合归口部门或咨询方开展现场盘查和提供材料。

③归口部门或咨询方完成碳盘查后形成报告，由工作领导小组组织各部门对碳排放数据的准确性和完整性进行核对，经审批后报集团公司和地方政府。

④重点排放单位的归口部门应牵头组织各责任部门配合政府部门委托的第三方核查机构的核查工作，按集团公司的统一标准，争取公司和集团利益最大化。对核查报告有异议的，及时提出并报告，说明理由以取得理解，维护企业利益。

⑤相关责任部门应根据下年度生产经营、基建投产情况，编制包括排放权配额、排放量、缺（盈）额、买（卖）配额、费用等指标的资金计划，经审批后，会同财务部将碳资产管理所需资金纳入年度生产经营计划。

⑥重点排放单位归口部门对省级生态环境部门配额发放进行核对，发现问题，提起申诉。碳交易工作相关责任部门实施或委托咨询公司实施。其他责任部门应配合执行集团公司碳管理部门批准的交易策略，及时完成代理协议签订和账户移交，划转交易所需资金，签署相关协议、合同等法律文件。

⑦归口部门年初制定碳管理相关培训计划，加强政策法规宣贯，确保碳排放相关人

员熟悉规定内容，掌握工作要求和标准，确保各项行为合法合规。同时应每月组织碳管理工作例会，对碳管理过程中存在问题进行分析、整改、提升，逐步提高碳管理水平。

⑧碳管理领导小组应定期对碳管理工作进行监测、测量、分析和评价，并在适当的时候对各相关部门进行考核。对于碳管理体系出现异常、重大偏差或可能出现重大偏差时，领导小组应分析原因并及时采取应对措施。

5.2.2.5 碳管理评审的要求

碳管理评审是组织策划的重要手段，初次建立碳管理体系时，应当进行初始碳管理评审。碳管理评审包括碳排放管理评审、碳资产管理评审、碳交易管理评审、碳中和管理评审。碳管理体系建立后，碳管理评审可以通过和内部审核结合的方式实现。

组织将碳排放管理评审、碳资产管理评审、碳交易管理评审、碳中和管理评审的过程及结果形成碳评审报告，作为公司碳管理体系策划、实施、保持和持续改进的依据。在设备、设施、系统、产品、工艺、碳资产等发生变化时，应当根据变化过程或环节重新进行碳管理评审。

5.2.2.6 碳管理体系目标的要求

碳管理体系的目标是为满足碳排放方针而设定，与改进碳管理绩效相关的、明确的预期结果或成效。

碳管理的目标应建立在对公司碳排放结果的数据分析的基础上，并应符合相关方和组织自身的要求。碳管理目标应是有具体指向、可量化的，并顾及中期和长期的需求。碳管理目标至少应涵盖碳排放量和排放强度的要求，同时应涉及碳资产的盈亏预期。碳管理目标的制定应兼顾以下方面：

①法律和法规及其他要求（如清缴义务）。

②主要温室气体源排放状况的优化及改进的机会。

③排放设备的绩效指标。

④能够反映主要碳排放源、碳排放单元的指标等。

⑤财务处境、运营状况、可选择的技术等。

⑥经核证的碳减排量和配额量的价格与减排成本的对比。

⑦行业碳排放强度先进值。

⑧相关方的建议。

碳管理体系的目标是落实碳管理方针的具体体现，各公司应根据客观情况的变化

（特别是生产计划或主要碳排放源变更时），适时调整碳管理目标，以适应变化要求。

5.2.2.7 碳管理体系文件的要求

碳管理归口部门应与相关责任部门相互配合，针对碳管理体系的范围编写相关的体系文件，体系文件应对从原料进厂到产品出厂、配额的核算、相关 CCER 的开发、碳金融产品的开发等所有涉及碳管理的工作进行全流程覆盖，体系文件的结构至少应包括：

①体系文件的编号。

②体系文件的编制依据。

③体系文件的编制目的。

④体系文件的适用范围。

⑤体系文件的责任部门或责任人。

⑥体系文件的具体内容。

体系文件具体涉及的内容包括但不限于原燃料采购过程、出入库过程、化验室采样制样化验过程、数据传递过程、培训过程、交易过程、履约过程、CCER 开发过程、考核过程等。碳管理归口部门和相关责任部门可依据以上目录和覆盖的内容编制公司的碳管理体系文件，文件名称和数量不做具体要求，但所有体系文件的范围至少应覆盖以上目录中描述的所有内容。体系文件编写完毕后报送碳管理工作领导小组进行审批，领导小组应组织工作会议，对相关人员进行体系文件的宣贯，同时应提供建立、实施、保持和持续改进碳管理体系所需的一切资源，确保碳管理体系能够持续稳定地运行。

5.2.2.8 碳管理体系内审的要求

组织制定并执行相关的内部审核制度，规定审核准则、范围、频次和方法，以及策划和实施审核、报告审核结果、保存相关记录的职责和要求，组织按策划的时间间隔对碳管理体系进行内部审核，以便：

①判定碳管理体系是否：a. 符合公司的需要和碳管理体系标准要求；b. 已经得到有效的实施和保持。

②确认碳管理体系的运行绩效，其内容包括：碳管理目标的实现程度、重点用能设备和系统的运行效率、综合能耗和节能量等。

③向管理者报告审核结果。

内部审核要严格按照内部审核程序，具体内容及步骤如下：编写年度内部审核计划；编写当次内部审核计划；分发当次内部审核计划到各相关部门（一般须提前一周时间）；

编写内部审核检查表；实施内部审核（首次会议、现场审核、末次会议）；填写内部审核不符合报告及内部审核分布表（包括条款及部门）；内部审核总结报告。

审核员根据对公司碳管理工作的影响和过去内部审核结果，对内部审核进行策划并形成审核方案。审核员的选择和审核的实施均应确保审核过程的客观性和公正性。记录内部审核的结果并将审核发现和审核结果通知相关部门和人员，以便采取必要的纠正措施。

5.2.2.9 碳管理体系管理评审的要求

组织建立管理评审的相关制度，对碳管理体系进行评审，以确保其持续的适宜性、充分性和有效性。评审应包括评价改进碳管理体系的机会和变更的需求。

管理者代表制定管理评审计划，明确开展管理评审的时间、目的、内容、参加人员、输入信息等要求并报总经理批准。

管理评审应包括：

①以往管理评审所采取措施的状况。

②与碳管理体系有关的内外部因素以及相关的风险和机遇的变化。

③与碳管理体系有关的相关方的需求和期望的变化。

④关于碳管理体系绩效方面的信息。

⑤碳排放管理体系、碳资产管理体系、碳交易管理体系、碳中和管理体系的变更需求。

⑥持续改进的机会，包括人员能力。

管理评审的结果（输出）是最高管理者对组织碳管理体系做出战略性决策的重要依据，按会议纪要形式形成文件。由管理者代表编写《管理评审报告》，报总经理批准，《管理评审报告》应包括与持续改进机会有关的决定以及任何碳管理体系变更需求，其中包括：

①改进碳管理绩效的机会。

②碳管理方针。

③温室气体排放基准年。

④碳减排绩效参数。

⑤碳管理目标、措施计划或碳管理体系的其他要素，以及目标未实现时将采取的措施。

⑥资源分配。

⑦提高能力、意识和沟通。

5.2.2.10 碳管理体系改进的要求

组织应制定并执行持续改进的相关制度，持续改进碳管理体系的适宜性、充分性和有效性。当发现体系运行中存在不符合时应：

①采取措施以控制并纠正它。

②评审不符合出现的原因。

③确定是否存在类似不符合或发生类似不符合的可能性。

④对采取的纠正措施进行评价，确认该措施的有效性，以及确保不再发生类似的不符合。

⑤必要时可对碳管理体系进行变更。

5.2.3 碳排放管理体系

根据标准《T/CIECCPA 002—2021 碳管理体系 要求及使用指南》，碳管理体系由四个子体系构成，即碳排放管理体系、碳资产管理体系、碳交易管理体系、碳中和管理体系。在建立碳管理体系时，宜从这四个方面入手，遵循 PDCA 的原则，完善碳管理体系的内容。本节重点描述在碳管理体系建设时，针对碳排放管理的具体要求。

碳排放管理的要求，除去上一节已描述过的碳管理体系的总体要求，还应从碳排放管理的目标、碳排放评审、碳减排绩效参数、计量设备的配备和校准、碳排放核算、碳减排方案、碳排放报告等方面做出具体要求。

5.2.3.1 碳排放管理目标的要求

碳排放管理目标和碳减排目标的制定应建立在对组织碳排放结果的数据分析的基础上，并应符合相关方和组织自身的要求。碳排放管理目标应是有具体指向、可量化的，并顾及中期和长期的需求。其表达方式应与碳减排绩效相联系，碳排放管理目标的制定应兼顾以下几个方面：

①法律和法规及其他要求（如清缴义务）。

②主要温室气体源排放状况的优化及改进的机会。

③排放设备的绩效指标。

④能够反映主要碳排放源、碳排放单元的指标等。

⑤财务处境、运营状况、可选择的技术等。

⑥经核证的碳减排量和配额量的价格与减排成本的对比。

⑦行业碳排放强度先进值。

⑧相关方的建议。

5.2.3.2 碳排放评审的要求

组织应定期每年一次对温室气体排放情况进行评审，以策划进一步降碳管理措施。

碳排放评审内容包括但不仅限于：

①基于能源消耗、工艺过程排放测量结果和其他数据分析能源消耗排放及工艺过程排放的情况：a. 识别当前能源消耗种类的排放；b. 识别当前的工艺过程排放类别；c. 评价过去、现在的能源消耗排放及工艺过程排放的趋势。

②基于对上述趋势的分析：a. 收集活动水平数据和确定排放因子；b. 确定当前的温室气体减排绩效。

③识别当前组织内主要的温室气体源。

④识别可能会导致碳排放总量变化的其他因素。

⑤识别在组织控制下进行工作,对主要温室气体排放有直接或间接影响的工作人员。

⑥评价碳减排措施的有效性。

⑦评估未来温室气体排放的趋势。

5.2.3.3 碳减排绩效参数的要求

组织确定碳减排绩效参数时，应兼顾以下方面：

①组织生产运营情况。

②组织整体的碳减排绩效情况。

③主要工艺过程的碳减排绩效情况。

④主要设施、设备碳减排绩效情况。

⑤监视和测量碳减排绩效的方法。

⑥所确定的碳减排绩效参数的先进性和适宜性。

同时应对碳减排绩效参数进行评审，并与相应的温室气体基准线进行对照。当组织有数据表明相关因素对碳管理绩效有显著影响时，公司应将碳管理绩效参数值及相应的温室气体基准线进行归一化处理。

5.2.3.4 计量设备的配备和校准要求

组织应针对碳管理监视和测量活动的需求，策划所需的计量器具资源。用于测量能源相关数据的计量器具配备应按 GB 17167—2006 的规定执行，用于测量工艺过程排放温室气体相关数据的计量器具配备应按工艺技术要求进行。建立碳排放计量设备台账，定期对台账内的设备进行校准。校准时应关注以下内容：

①设备的校准方法应符合国家公布的最新检定规程。

②设备的校准频次应符合对应行业的核算指南或检定规程。

③设备的校准误差应符合设备原有的精度要求。

④对于委托检定的设备，应确保检定机构有相应的资质。

⑤对于自行校准的设备，应确保人员具备相应的能力。

⑥应保留检定证书和校准记录。

5.2.3.5 碳排放核算的要求

组织应定期按国家、地方和/或行业的相关技术规范来实施温室气体排放核算，以全面掌握公司温室气体排放的实际情况，并确定相应的温室气体减排方案。在进行碳排放核算时，组织应考虑以下内容：

①确定核算的范围，包括核算边界和时间边界。

②确定适用的核算方法。

③完整识别核算范围内所有的排放源。

④核算所需的数据完整、真实、可溯源。

⑤确保参与核算的人员具备相应的能力。

5.2.3.6 碳减排方案的要求

组织应针对所识别出的影响温室气体减排的因素，策划碳减排方案，以支撑碳排放管理目标的实现。碳减排方案包括：

①必要的措施和技术要求，以及预期的减排指标。

②制定和实施碳减排方案的责任部门及职责。

③方案所需的资源，包括人员、物资、设备和资金等。

④实现每项指标的方法和时间节点。

⑤对减排结果的验证和评价。

5.2.3.7 碳排放报告的要求

在完成核算并对核算结果进行复核，且证明真实、无误的情况下，编制组织的温室气体排放报告。组织在编制温室气体排放报告时，应考虑以下方面：

①报告的目的。

②报告的预期使用者。

③编制报告人员的职责。

④报告的格式。

⑤报告中所包含的内容。

⑥重点排放单位需关注报告的范围边界及上报时间。

5.2.4 碳资产管理体系

组织的碳资产管理是指企业通过对碳资产进行主动管理，实现企业效益及社会价值最大化、损失最小化的目的行为。

组织的碳资产可分为正资产和负资产。正资产是指由组织拥有或控制，由分配或交易及其他事项形成，可通过碳交易市场进行交易或为生产提供低碳处理技术或环境保护能力、与碳排放相关的能够为组织带来直接或间接经济利益的资源。负资产是指组织未参加实施节能减排项目或实施效果不理想，而导致碳排放量高于相关部门规定的温室气体基准线而形成的即时义务，履行该义务很可能会导致经济利益流出企业。

组织的碳的正资产包括交易性金融资产、不确定收益、碳金融产品创新和绿色低碳技术四大类。其中交易性金融资产包括因碳减排得力剩余的碳排放配额、中国核证自愿减排量（CCER）、标准化方法学开发（VCS）国际体系下的减排量以及参与配额拍卖取得的资产。不确定性收益包括政府的碳减排补贴、国际组织的低碳奖项或课题研究、因碳减排而获得的税收减免、因参与二级市场交易产生的盈利以及潜在的可开发减排量的项目。碳金融产品创新包括因碳信托、碳基金等创新带来的收益和投资附有碳减排特性产品的收益。

组织的碳的负资产包括交易性金融资产、应交税费、不确定性负债和碳金融产品创新四大类。其中交易性金融资产包括因减排不力导致实际碳排放超出政府发放的配额部分和因买进碳排放权时机掌握地不恰当而导致的交易成本上升。应交税费包括因碳排放不达标产生的罚款和在国际贸易中因对某个国家售出的产品上没有标注产品的碳足迹而额外缴纳的税额。不确定性负债包括因碳排放问题给企业带来的不确定性债务、绿色运营发生的成本支出、设备改造发生的支出费用、绿电采购发生的成本支出和因参与二级市场交易产生的亏损。碳金融产品创新包括因碳信托、碳基金等业务创新带来的亏损。

碳资产管理从管理手段上可分为综合管理、技术管理和价值管理。

①综合管理：包括规划、制度、流程、培训、咨询、风险等的管理，是碳资产管理的基础。考虑碳市场特殊性，制定针对性的内部碳交易管理流程；定期跟踪数据，提前制定交易策略；明确内部碳管理定位，识别风险并做好风险防控；必要时，可考虑借助外部咨询/交易服务机构配合开展工作。

②技术管理：包括减排技术、能效技术、低碳解决方案等的管理，是碳资源转变为碳资产的技术支撑。

③价值管理：包括 CCER 项目开发、碳交易以及碳的金融衍生品，如碳债券、碳信用等的管理，体现的是碳资产价值实现。

目前根据我国现有的"双碳"政策，国内企业主要的碳资产可分为三大类，即碳排放配额、中国核证自愿减排量以及绿色电力，本节从这三方面入手分析碳资产管理的要求。

5.2.4.1 碳排放配额开发和管理

企业碳排放配额是由生态环境部根据企业的实际生产情况，以及对应行业的配额分配方案发放给重点排放单位的。仅有重点排放单位才能获取碳排放指标。重点排放单位根据自身的排放量以及发放的配额量通过碳市场交易从而完成履约工作，排放量大于配额量则根据定义为组织的碳的负资产，排放量小于配额量则为组织的碳的正资产。因此，如何在相同能耗、相同排放量的情况下生产更多的产品，获取更多的碳排放配额，是企业碳排放配额管理的关键。以纳入全国碳市场的发电行业为例，即如何在使用相同煤质和煤量的情况下，通过实施节能减排技术，使企业发出更多的电量或者供出更多的热量。

因此对于各类型重点排放单位而言，碳减排技术的开发和管理直接关系到企业碳资产的收益情况。而重点排放单位在实施碳减排技术前，必须研究减排的潜力及成本，以便日后识别出最符合经济效益的减排方式。减排潜力分析包括以下几步：

①了解自身能源管理现状，包括能源管理机构的设立和能源管理负责人的聘用情况、主要职能、能源计量器具的配置、能源消耗的统计和能源管理制度的建立以及执行情况等。

②分析自身能源消耗结构、品种、供给和外供及消耗指标的变化情况，分析单位产

品能耗的变化情况。

　　③对自身能源成本与能源利用效果进行评价,包括能源成本与生产成本比例的分析,产品单耗与所在地区能耗定额、行业标准和国内外先进水平的比较,实现的节能量与年度节能量责任目标的差异等。

　　④根据前三步的工作,找出自身在能源管理、制度建设与执行、能源输入与消耗管理、计量统计、设备运行与监测、能耗指标消耗水平、在用淘汰设备、节能技术改造、重点用能设备操作人员培训以及废弃能回收等方面存在的问题,并提出相应的建议。

　　⑤节能潜力分析。根据自身工艺装备的设计能力、能耗参数和实际运行水平、产品单耗指标的分析对比及历史最好水平等方面的情况,做出综合性的定量分析。

　　⑥节能技改项目及成本效益分析。针对存在的问题和节能潜力,提出今后将要实施的节能技改项目及技术,并分析成本与效益。[①]

　　企业节能技术改造路径选择要进行合理的评估,根据工业和信息化部节能与综合利用司发布的《国家工业和信息化领域节能降碳技术装备推荐目录(2024 年版)》,现针对重点排放行业中碳排放占比较高的电力、钢铁、建材、石化等行业,选取部分节能减排技术介绍如下:

　　(1)煤炭清洁高效利用技术

　　目前煤炭清洁高效利用领域领先的技术有循环流化床煤气化技术、热电联产梯级利用关键技术以及水煤浆水冷壁直连废锅气化炉技术等。

　　循环流化床煤气化技术是指通过构建高浓度物料循环,提高碳浓度,用于强化煤的气化反应,回收煤气余热以提供气化反应吸热,以高浓度碳循环耦合能量循环,实现煤的高效气化和全热回收。整个工艺过程无酚水和焦油产生,废水处理达标后循环利用不外排,飞灰、炉渣等均可综合利用,同时副产中压蒸汽。该技术适用于煤气化设备系统。

　　热电联产梯级利用关键技术是指汽轮机内高温气流按“分级匹配、梯级利用”的热利用原则,主要用于发电,低温蒸汽用于供热。开发从压力和温度双维度匹配分析的技术,摒弃压力和温度耦合单向调节的方式,形成压力和温度分级匹配双向调控的供热方法。开发汽汽再热、烟气再热、背压机供热等三套高效供热技术方案,实现源荷精准匹配的高效梯级供热。该技术适用于热电联产的火电企业。

　　水煤浆水冷壁直连废锅气化炉技术是以水煤浆为原料的高压纯氧气流床煤气化工艺,气化室衬里采用垂直悬挂自然循环膜式水冷壁。通过凝渣保护,气化温度可提高至 1 500℃

---

① 孟早明,葛兴安. 中国碳排放权交易实务 [M]. 北京: 化学工业出版社,2017.

以上，解决高灰熔点煤水煤浆气化的难题，拓宽煤种适应性。气化室下部设置辐射废锅，通过独特的高效辐射式受热面回收合成气显热，在生产合成气的同时副产高品质蒸汽。该技术适用于煤制合成氨、甲醇、乙二醇、氢气、天然气、燃气等行业。

（2）建材行业节能降碳技术

针对建材行业的节能降碳技术有粉煤灰节能降碳利用关键技术以及建材行业工厂余热电站微网系统等。

粉煤灰节能降碳利用关键技术是指研发新型干法节能型立式研磨装备，物料通过上部喂料装置进入磨机，研磨介质和物料作整体多维循环运动和自转运动，精准匹配研磨整形所需能量，成品由下部卸料口排出。利用研磨介质之间的摩擦力、挤压力、剪切力和冲击力研磨物料，研磨整形后的粉煤灰可替代部分水泥熟料。

建材行业工厂余热电站微网系统是指将工厂窑炉系统产生的余热转换为电能，供给窑炉系统的用电设备使用，富余发电量用作工厂其他设备的用电负荷，形成发电用电自循环。智能检测判断外部电源状态，通过投切自动装置实现在外网失电、电能质量不佳时余热发电系统进入微网模式。采用快速调节系统、电平衡装置等实现微网模式下电能参数的快速调节，保证极端工况下余热发电系统在微网模式下稳定运行。

（3）钢铁行业节能降碳技术

钢铁行业的节能降碳技术有富氢低碳冶炼技术、富氢碳循环氧气高炉低碳冶金技术以及大容量工业余热回收离心式热泵机组技术等。

富氢低碳冶炼技术是指开发冶金用氢气一体化大规模供应系统和高炉多模式喷氢装备，根据高炉冶炼反应工况自动控制氢气流量，氢气通过高炉风口或炉身下部喷吹到高炉内。利用代替碳作为炼铁过程还原剂及燃料，纯氢气喷吹量可达每小时1 800立方米，降低焦比10%以上。

富氢碳循环氧气高炉低碳冶金技术是指开发新型高炉和冶金煤气回收装置，高炉煤气经回收装置进行脱碳处理变成氢气。采用多介质复合喷吹技术，将加热后的氢气送入高炉作为冶炼还原剂，脱碳产生的二氧化碳通过碳捕集技术进行收集，充分利用煤气热值和化学能，实现冶金煤气循环利用和富氢全氧冶炼，比同容积高炉生产效率提高40%。

大容量工业余热回收离心式热泵机组技术是指采用高效永磁同步变频直驱技术，结合多级压缩、级间补气、强化换热等关键技术，通过蒸发器从低位热源吸收热量，依次经过压缩机、冷凝器，制取高温热水，实现热量从低温侧向高温侧转移；视温升不同，热泵机组消耗电力是直热方式的15%～70%。

（4）石化化工行业节能降碳技术

石化化工行业节能降碳技术有基于溴化锂机组的工业余热回收技术和径向透平有机朗肯循环发电机组等。

基于溴化锂机组的工业余热回收技术是采用大温差型溴化锂吸收式冷热水机组，回收 $60\sim100$℃ 工业低品位余热制取冷热水，实现低温余热夏季制冷、冬季供暖，余热利用温差达 40℃。采用循环氨水为热源的制冷技术，解决溴化锂吸收式制冷机组的换热管腐蚀及换热器堵塞问题。回收热量是传统机组的 2 倍，可大幅降低运行及系统投资费用。该技术适用于煤化工行业的余热回收利用。

径向透平有机朗肯循环发电机组是指开发针对流程工业低品位热能的有机朗肯循环发电机组系统。利用有机工质低沸点特性，在低温条件下将热量传递给有机工质，有机工质吸收热量变成较高压力的过热蒸气进入透平机组膨胀做功，将热能转化为机械能带动发电机组发电，乏气进入冷凝器，在其内凝结为液体，并经工质泵送入蒸发器进行循环使用，实现工业低品位余热（$80\sim250$℃）的利用。该技术适用于化工行业的低品位余热回收。

5.2.4.2 中国核证自愿减排量（CCER）开发与管理

重点排放单位与非重点排放单位均可以进行 CCER 的开发，且开发流程基本一致。需要注意的是，重点排放单位开发的 CCER 项目需要在其纳入全国碳排放权交易的核算边界之外。

组织识别开发中国核证自愿减排量（CCER）项目，获取减排量基本可分为以下四个步骤：

（1）识别和筛选碳减排项目

组织需要根据生态环境部发布的《温室气体自愿减排交易管理办法》中规定的减排项目类型，进行可开发项目的识别和筛选，识别过程中重点排放单位还需注意项目边界。

（2）投资选定的减排项目

完成项目识别后，组织即可投资进行项目建设工作。项目完成竣工验收后，即可进入项目减排量的开发工作。

（3）CCER 项目的开发

具体的开发流程如下：

①项目设计文件的编制。

②项目公示。

③项目审定。

④项目登记。

⑤项目实施、监测与减排量核算。

⑥项目减排量公示。

⑦项目减排量核查。

（4）获取减排量

组织在完成以上所有流程后，由国家规定的交易所将项目的减排量发放至组织的账户中。中国核证自愿减排量（CCER）项目的开发流程和各部分关键点见本书第四章。

在 CCER 项目开发过程中组织应全面、准确地提供自愿减排温室气体项目的备案材料，认真、客观地提供经国家主管部门备案、核证机构出具的减排量核证报告，并依据国家相关要求提交监测计划及报告，确保接受申报的从事温室气体项目审定和减排量核证的机构已具备相应业务范围的资质。

5.2.4.3 绿色电力的交易管理

绿色电力是指利用特定的发电设备，如风机、太阳能光伏电池等，将风能、太阳能等可再生的能源转化成的电能。通过这种方式产生的电力因其发电过程中不产生或很少产生对环境有害的排放物（如一氧化氮、二氧化氮；温室气体二氧化碳；造成酸雨的二氧化硫；等等），且不需要消耗化石燃料，节省了有限的资源储备，相对于常规的火力发电——通过燃烧煤、石油、天然气等化石燃料来获得电力，来自可再生能源的电力更有利于环境保护和可持续发展，因此被称为绿色电力（简称"绿电"）。绿色电力包括风电、太阳能光伏发电、地热发电、生物质能汽化发电、小水电。

目前部分地方试点碳市场已出台相关规定，针对重点排放单位使用的绿电将不计入企业的碳排放量，主管部门发布的相关行业温室气体核算指南征求意见稿中，也提出了可不考虑核算组织使用绿电产生的排放量，因此用电量较高的重点排放单位可考虑在将来进行绿电的开发或交易，以减少组织的碳排放量，从而获取更多的碳排放配额盈余或减少配额缺口。

目前在中国的企业主要通过以下三种途径消费绿电。

第一种途径是用电企业自行或通过第三方开发商投资建设分布式可再生能源发电项目。这种模式已经有了一些实践，市场较为成熟，可为企业带来多重收益。

第二种途径是用电企业直接向发电企业采购绿色电力。这种模式主要包括双边协商、集中竞价、挂牌交易、分布式市场化交易四种交易方式。

　　第三种途径是用电企业采购绿色电力证书（简称"绿证"）。为倡导绿电消费，中国于 2017 年 7 月启动了绿色电力证书认购交易平台（简称"绿证认购平台"），对符合要求的陆上风电、光伏发电企业（不含分布式光伏发电）所生产的可再生能源发电量发放绿证。绿证买卖双方自行协商或进行竞价，以不高于证书对应电量的可再生能源电价附加资金补贴金额进行交易。[①]

5.2.5 碳交易管理体系

　　碳排放权交易是指以控制温室气体排放为目的，以温室气体排放配额或温室气体减排信用为标的物所进行的市场交易。交易前，政府首先确定当地减排总量，然后再将排放权以配额的方式发放给企业等市场主体，使得排放总量被控制在降低后的指标范围之内。

　　全国碳市场采用中央—地方两级管理模式：由中央制定顶层法规和政策，包括各种管理办法、MRV 指南、配额分配方案等，再由地方政府（省一级）执行这些规则并开展具体工作，包括组织和监督核查工作、分配配额，监督企业履约等。

　　碳交易是为促进全球温室气体减排，减少全球二氧化碳排放所采用的市场机制，即把二氧化碳排放权作为一种商品，在市场上进行买卖，从而形成的二氧化碳排放权的交易，其交易市场称为碳市场。在国内碳市场中，碳交易包括两类，即碳配额和 CCER（国家核证自愿减排量）。碳市场的基本原理：管控企业根据配额盈亏决定配额交易，配额不足可以购买盈余管控企业配额或减排企业的 CCER。

　　碳交易管理的核心是碳交易资金管理、碳交易方案审批、碳资产交易操作。其管理目标是在加强监管与风险防控的同时保证碳交易流程具有一定的灵活性。管理中需要注意以下几点：

　　（1）理清流程

　　碳交易管理包括但不限于账户管理、交易策略制定、资金预算及管理、交易操作及结果报备、会计处理、风险控制等，可能涉及企业内部生产运行部门、预算部门、碳排放管理部门、风控部门、财务部门、合规部门及领导层等。考虑到碳交易涉及资金额度因交易量和交易价格的区别从几万元到几千万元不等，因此企业内部应制定清晰的审批流程，明确交易过程中涉及的人的职责、权限及考核标准，确保风险可控。

[①] 袁敏，苗红，马丽芳，等. 企业绿色电力消费指导手册. 工作报告. 北京：世界资源研究所，2019.

（2）策略制定

一份完整的碳交易策略至少应包括交易仓位、入场时间、预期价格、交易方式等方面。其中，由于碳价直接影响履约成本，因此价格和入场时间的研判是策略制定过程中最为重要的一环，企业必须对未来市场价格走向有一定的预期。

碳交易过程中，碳价虽然是由市场自主形成的，但也会受到多种非市场因素的影响。这些影响包括国家相关政策法规、宏观经济形势、行业减排成本等。此外，跟任何市场类似，碳价格的变动还受到市场参与方交易意愿的影响，此类影响会增加未来碳价格变化的不确定性。

碳价的不确定性大大增加了企业碳交易决策过程中的机会成本。企业应具备对价格走势的判断能力，并结合未来自身生产和减排计划制定出合适的交易策略。

（3）风险控制

对于市场参与方而言，碳市场主要存在履约风险、市场风险、合规风险和财务管理风险等。企业应考虑建立内部风险识别和控制措施，应对碳市场风险。

1）履约风险

有的控排企业或许在减排履约过程中会面临减排工具不足的风险。减排工具包括CDM 项目、CER 以及 CCER 等。由于受某种因素的影响（政策因素、价格变动、项目审批程序等），这些减排工具如不能如约到达控排企业手中，会使企业无法完成履约进而遭受经济损失。再如 CDM 市场中某些缺乏资质的企业通过贷款融资维持项目，而一旦 CDM 项目出现问题，将引起后续一系列的违约风险。减排工具和相关监管信息的缺失，是导致控排企业出现违约风险的外部因素，是不可控的。只有加强碳市场监管，规范市场交易行为，才能降低此类风险。

2）市场风险

在欧盟碳市场发展过程中，也曾出现过类似内幕交易、碳补贴欺诈以及利用网络技术手段等进行的暗箱操作，如利用网络钓鱼软件/黑客攻击系统等窃取企业账户中的配额或核证的减排额。而与此同时，一些不法分子也可能利用碳市场进行金融犯罪，如欺诈、洗钱以及非法筹资等。[①]

3）合规风险

碳排放交易体系的建立对于各经济部门也带来了挑战与机遇。对于电力及能源密集型行业，提高能效、降低排放是应对碳排放交易体系的最基本的应对措施。同时，相关

---

① 陈亚男. 我国碳市场参与企业履约风险与防控研究［D］. 天津: 天津科技大学，2015.

规则的陆续出台，也对企业提出了更高的环境合规要求。

一方面，《管理办法》设定了重点排放单位企业自证的合规义务。《管理办法》明确提出符合条件的重点排放单位是主动报告其纳入重点排放单位名录的责任主体，同时也是保证其于每年 3 月 31 日报送的排放报告真实、完整和准确的责任主体。对于重点排放单位"企业自证"的责任设定，可以有效地避免在涉及资产的实际操作中数据质量问题上可能产生的责任纠纷。

另一方面，《管理办法》也细化了责任追究情形，多手段加大惩戒力度。《管理办法》第四十二条"不主动报告处理"、第四十三条"未按规定报告处罚"和第四十四条"未履约处罚"分别对重点排放单位未主动报告纳入重点排放单位名录，虚报、瞒报、拒绝履行排放报告义务或拒绝接受核查检查，未按时履行配额清缴义务等情况设置了不超过 3 万元罚款的规定。第四十六条"联合惩戒"提出省级生态环境主管部门向市场监管、税务、金融等管理部门通报并公告被处罚的重点排放单位。第四十九条"失信惩戒"提出对失信人员建立"黑名单"。上述进一步细化了责任追究与处罚惩戒的办法，从多维度规制了企业违法成本和违法责任。

4）财务管理风险

应对碳交易过程中的资金风险，财务部门需做到以下几点：

一是完善碳交易财务制度体系。制定碳交易财务管理办法，强化碳交易预算牵引，将碳排放预算纳入全面预算管理体系，促进企业节能降碳。碳交易有关企业要按照碳排放分解指标，结合碳交易履约期和配额盈缺情况，合理测算配额采购量，将采购成本体现在年度效益预算中。要将碳排放纳入成本管控，在固定资产投资效益测算中将碳排放成本纳入管控范围。

二是严格碳交易会计核算。2019 年，财政部印发《碳排放权交易有关会计处理暂行规定》，明确重点碳排放企业在购入碳排放配额、使用配额履约时的账务处理原则。随着碳交易逐步频繁，企业会计核算要准确识别企业发生碳活动的对象和要素，将碳资产和碳交易合理嵌入会计核算体系，系统地披露企业的碳交易会计信息。

三是加强碳资产盘活优化。碳交易管理的核心是对碳资产（无形资产）的管理。财务部门要与业务部门紧密协作，建立完善碳资产管理制度，积极参与企业碳排放集中交易平台建设，从碳排放盘查、履约流程管理、碳配额交易管理等角度，进一步规范碳资产全过程管理，提高碳资产管理水平和效率。

四是利用绿色金融拓宽融资渠道。2021 年 2 月，国务院印发《关于加快建立健全绿色低碳循环发展经济体系的指导意见》，提出"大力发展绿色金融"。根据央行的数据，

2021—2030 年，每年需要 2.2 万亿元人民币的绿色投资，通过资本市场发行低碳债券成为企业筹集资金的新方式。企业财务部门要借助碳减排的转型契机，持续优化融资渠道和方式，降低交易成本，助力企业减排降碳。

五是加大碳政策研究力度。企业要培养相关业务人才，积极参与政府、行业协会碳相关规范、标准和方案的制定。要加强与财政部、国务院国资委等部门的沟通，密切与地方政府部门的联系，努力争取对企业有利的政策。

六是筑牢碳交易风险底线。随着碳交易在我国逐步深入开展，碳交易模式将从现货交易提升为期货交易，企业财务部门应提前做好碳现货、碳期货内外部交易风险防范，配套出台风险防范手册，监控交易关键指标，确保碳交易全程受控运行。[1]具体碳交易管理框架如图 5-3 所示。

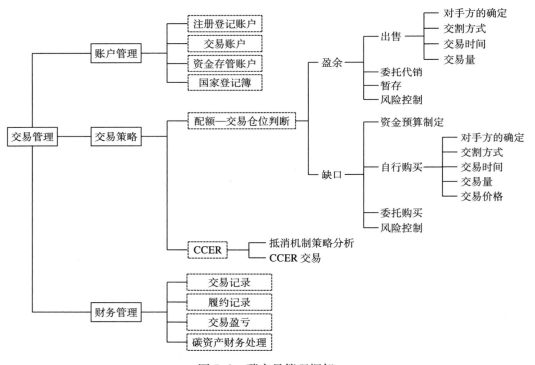

图 5-3 碳交易管理框架

---

[1] 龙新文，徐宽. 碳交易政策研究与企业财务应对 [J]. 中国石化，2022（05）：45-46.

5.2.6 碳中和管理体系

组织应根据中央政府、地方政府碳达峰、碳中和的目标，明确自身处于上述目标中的位置，并确定自身应对上述目标做出的贡献，同时还要对相关方在碳达峰、碳中和大背景下对本组织的要求予以充分地了解，以确定本组织的碳中和策略导向。

组织应结合自身实际运行情况，以及已实施和将要实施的节能项目或减排项目，由最高管理层及时对与本组织有关的温室气体减排以及碳达峰、碳中和目标做出承诺，并向相关方进行披露。

碳中和目标确定后，根据碳中和的实施路径，应从两方面入手进行管理：第一是排放管理，即通过组织自身实施的节能减排技术，从源头减少组织的温室气体排放量，减少温室气体清除的压力；第二是清除管理，即组织可开发实施 CCER 减排项目或通过购买减排量清除自身的减排量，实现组织碳中和。在选择碳中和清除方式时，组织可选择温室气体汇、核证自愿减排量、自愿减排量（国内或国外）等方式中的一种或采用两种方式组合的形式进行清除。

组织在确定如何实施排放量清除时应关注以下几点：

①温室气体减排项目名称。

②组织全运营过程的温室气体排放总量。

③已实现的温室气体减排量。

④已实现的温室气体增除量。

⑤被抵消的温室气体排放量。

⑥核证减排量的注销证明。

⑦项目的运行周期。

在碳中和路径实施过程中，组织应对碳中和路径进行监视、测量、分析与评价。分析与评价的结果应指明组织下一阶段的碳中和目标及方法、途径，并努力使温室气体清除量接近温室气体排放量。具体的监视内容如下：

①测量温室气体排放和清除的活动数据。

②设施、设备、系统和过程的运行参数。

③原材料、物料、能源、设备、设施、产品/服务采购结果，包括采购对象对组织温室气体排放有影响的相关信息。

④与碳中和基准相比，碳中和绩效的改进程度。

⑤任何影响碳中和效果的变更和其结果。

当碳中和的绩效结果与预期结果出现偏离时，应分析原因，并采取相应措施，以减少偏离造成的后果。可能出现的原因包括但不限于碳排放量核算范围出现偏差、碳排放核算方法的缺失或使用不当、测量和统计数据不可靠等。

最后组织还应针对国际法（包括与应对气候变化相关的国际公约、条约、议定书）、国家的适用法律和法规以及国家、行业、地方有关碳中和的政策要求做出承诺，并阶段性地对组织自身的履行情况进行合规性评价。

5.3 碳排放管理案例

根据碳管理四个子体系的具体要求可知，碳排放管理是整个碳管理体系的基础，无论是针对重点排放单位还是非重点排放单位，碳排放的管理都是各个组织的工作重点，只有从源头上解决碳排放的管理问题，降低组织碳排放量，才能使组织获取更多的碳资产，降低碳中和的工作压力。

考虑到目前国家只对重点排放单位有定期报送的要求，只有发电行业纳入了全国碳排放权交易市场，且发电行业的核算指南相对其他行业更加细致，核算过程和合规性要求更加详细和严格，因此本章将以发电行业为例，详细描述发电行业在进行碳排放核算和管理时应该注意的问题。

发电行业的碳排放核算和管理包括但不限于基础数据管理、核算过程管理和数据质量管理。

5.3.1 基础数据的管理

根据生态环境部的最新要求，重点排放单位应于每年 12 月 31 日编制报送下一年度的数据质量控制计划。数据质量控制计划是重点排放单位一切基础的来源，一经制定，在无特殊情况下不建议进行修改。

重点排放单位应按照行业核算指南中各类数据监测与获取要求，结合现有测量能力和条件，编制数据质量控制计划。数据质量控制计划中所有数据的计算方式与获取方式应符合行业核算指南的要求。数据质量控制计划确定后，企业的排放数据的监测与获取应严格按数据质量控制计划执行。

以率先纳入全国碳交易市场的发电行业为例，数据质量控制计划应包括以下内容：

①重点排放单位情况：包括重点排放单位基本信息、主营产品、生产工艺、组织机构图、厂区平面分布图、工艺流程图等内容。

②按照指南确定的实际核算边界和主要排放设施情况：包括核算边界的描述，设施名称、类别、编号、位置情况等内容。

③数据的确定方式：包括所有活动数据、排放因子和生产数据的计算方法，数据获取方式，相关测量设备信息（如测量设备的名称、型号、位置、测量频次、精度和校准频次等），数据缺失处理，数据记录及信息管理等内容。测量设备精度及设备校准频次要求应符合相应计量器具配备要求。

④数据内部质量控制和质量保证相关规定：包括数据质量控制计划的制定、修订以及执行等管理程序，人员指定情况，内部评估管理，数据文件归档管理程序等内容。

为了更好地进行基础数据的管理，重点排放单位也可以指定具体的碳排放管理负责人，建立碳排放管理台账，每个月结束之后 40 日内按《核算指南》要求收集相关活动水平数据（包括每日/每批次燃煤消耗量、每日/每批次燃煤低位发热量、每月点火燃料消耗量、每月购入使用电力等指标）、排放因子数据（每日/每批次全水、每日/每批次内水、每月检测的空干基/干燥基元素碳含量）、生产数据（包括发电量、厂用电量、供热量、锅炉总产热量/汽轮机耗热量/锅炉效率/管道效率/换热器效率等指标），并计算当月的排放量及预估配额量。

台账应明确数据的来源、数据的获取时间及填报台账的相关责任人等信息，明确各部门相关数据提供责任人及数据提供时间（应早于每月结束之后 40 日），并有相应的奖惩措施。排放报告所涉及数据的原始记录和管理台账应至少保存五年，确保相关排放数据可被追溯。

同时重点排放单位还应建立相应的内部审核制度，定期对基础数据的准确性以及传递流程进行内部审核或对温室气体排放数据进行交叉校验，对可能产生的数据误差风险进行识别，并提出相应的解决方案。

5.3.2 核算过程的管理

本节旨在说明发电企业各个核算数据的选取过程，以及核算中的处理方式，其他行业可参考，用于规范核算过程中的数据获取方式。

5.3.2.1 排放水平数据

排放水平数据包括燃煤消耗量、燃煤低位发热量、燃煤单位热值含碳量、碳氧化率等四个与排放量核算直接相关的关键参数。

1. 燃煤消耗量数据

①燃煤消耗量数据来源优先序：燃煤消耗量数据来源应符合要求，需保存交叉核对材料，并进行信息化存证。燃煤消耗量优先采用每日入炉煤测量数据值，不具备入炉煤测量条件的，根据每日或每批次入厂煤盘存测量数值统计消耗量；入厂燃煤量一般通过地磅计量，入炉煤量一般通过皮带秤或电子称重式给煤机计量，可现场确认计量点与台账统计是否一致。已有入炉煤测量的不应改为入厂煤。

②交叉核对资料：企业应保存燃煤消耗量的交叉核对资料，包括但不限于《生产日/月报表》《盘煤月报》《燃煤耗用明细账》，上报统计局《能源购进、消费与库存表》等。

③信息化存证资料：需保存燃煤消耗量相关原始材料，包括但不限于每日/每月消耗量原始记录或台账、月度/年度生产报表、月度/年度燃料购销存记录。

2. 燃煤低位发热量

燃煤低位发热量的检测数据计算方式应符合《核算指南》的要求，应有交叉核对资料，以及相关信息化存证材料。

①燃煤低位发热量数据获取来源：燃煤低位发热量应采用每日入炉煤测量数值。如果每日分班检测，当日入炉煤低位发热值取各班次检测结果的加权平均值，权重为每班次入炉煤量。月度燃煤低位发热量应以每天的入炉煤低位发热量和入炉煤量加权计算。如果数据无法获得，可采用入厂煤低位发热值的加权平均值，权重是每批次的入厂煤量。如果低位发热量检测记录不全，无法与煤量对应进行加权计算，则采用低位发热量缺省值。一般发电企业均自测低位发热量，如委托检测，参照单位热值含碳量相关要求开展现场检查。燃煤低位发热量的检测应符合 GB/T 213。

②交叉核对资料：企业应保存煤制分析单和量热仪检测记录。

③信息化存证资料：对于自行检测的燃料低位发热量，需每日/每月燃料检测记录或煤质分析原始记录（含低位发热量、挥发分、灰分、含水量等数据）；对于委托检测的燃料低位发热量，需有资质的机构出具的检测报告；对于每月进行加权计算的燃料低位发热量，需提供加权计算过程的 Excel 表。

3. 燃煤单位热值含碳量

碳排放管理台账中燃煤单位热值含碳量的计算过程要符合《核算指南》的要求，检测报告应包含核算指南中规定的内容，同时应对原始报告进行信息化存证。

①对于未实测元素碳或实测过程不符合要求的发电机组，单位热值含碳量取 0.030 85 tC/GJ（常规燃煤机组），或 0.028 58 tC/GJ（非常规燃煤机组）。

②不具备每日入炉煤检测条件和入厂煤品质检测条件的，应每日采集入炉煤缩分样品，每月将获得的日缩分样品混合，用于检测其收到基元素碳含量。合并混合前，每个缩分样品的质量应正比于该入炉煤原煤量的质量且基准保持一致，使合并后的入炉煤缩分样品混合样相关参数值为各入炉煤相关参数的加权平均值。

③如实测的元素碳含量为干燥基或空气干燥基分析结果，应采用下述方法转换为收到基元素碳含量。重点排放单位应保存不同基转换涉及水分等数据的可信原始记录。

a. 实测结果为空干基元素碳。

$$收到基元素碳 = 空干基元素碳 \times（1-全水）/（1-内水）\qquad（式 5-1）$$

式中，全水是采用每天测量的入炉煤全水月度加权平均值，权重是每天入炉煤量；内水是采用入炉煤缩分综合样检测数据，权重是每天的入炉煤量。

b. 实测结果为干燥基元素碳。

$$收到基元素碳 = 干燥基元素碳 \times（1-全水）\qquad（式 5-2）$$

式中，全水是采用每天测量的入炉煤全水月度加权平均值，权重是每天的入炉煤量；数据缺失时采用月度缩分综合样的内水数据。

④交叉核对资料：电子版应与纸质版原始报告进行核对。

⑤信息化存证资料：对于自行检测的燃料单位热值含碳量，保存每月单位热值含碳量检测原始记录；对于委托检测的燃料单位热值含碳量，保存有资质的机构出具的检测报告。

4. 碳氧化率

碳氧化率可根据核算指南的要求取缺省值。

5. 其他化石燃料碳排放数据审核

组织需确认碳排放管理台账中其他化石燃料相关碳排放数据获取来源是否有误、是否有信息化存证资料。

（1）燃料消耗量

①数据获取优先级：a. 生产系统记录的计量数据；b. 购销存台账中的消耗量数据；c. 供应商结算凭证的购入量数据。

②交叉验证资料：组织应有燃煤消耗量的交叉核对资料，包括但不限于《生产日/月报表》《燃料耗用明细账》，上报统计局《能源购进、消费与库存表》等。

③信息化存证资料：信息化存证资料包括但不限于《生产日/月报表》《燃料耗用明细账》，上报统计局《能源购进、消费与库存表》。

（2）低位发热量

燃油、燃气的低位发热量应至少每月检测，可自行检测或委托外部有资质的检测机构/实验室进行检测，分别遵循 DL/T 567.8 和 GB/T 11062 等相关标准。燃油、燃气的年度平均低位发热量由每月平均低位发热量加权平均计算得到，其权重为每月燃油、燃气消耗量。无实测时采用供应商提供的检测报告中的数据，或《核算指南》规定的各燃料品种对应的缺省值。

（3）单位热值含碳量的取值

燃油、燃气的元素碳含量应至少每月检测，可委托外部有资质的检测机构/实验室进行检测。无实测时采用供应商提供的检测报告中的数据，或《核算指南》规定的各燃料品种对应的缺省值。

（4）碳氧化率

燃油、燃气的碳氧化率采用《核算指南》规定的各燃料品种对应的缺省值。

6. 购入电力

组织需确认碳排放管理台账中购入电力获取来源应符合《核算指南》中的要求。

①购入电力数据获取要求：购入使用电力指机组消耗的外购电，并非指全厂购入电力。一般在维修、检修、机组启停机期间存在下网电。购入电力的活动数据按以下优先序获取：a. 电表记录的读数；b. 供应商提供的电费结算凭证上的数据。

②交叉核对资料：机组启停机记录、电费结算凭证，上报统计局《能源购进、消费与库存表》。

③信息化存证资料：信息化存证资料包括但不限于抄表记录、电费结算凭证。

④电网排放因子：应采用 0.570 3 tCO₂/MWh，并根据生态环境部发布的最新数值适时更新。

5.3.2.2 生产数据

1. 供电量

组织需确认碳排放管理台账中供电量计算方法符合《核算指南》中的要求。

（1）计算方法

①对纯凝机组：

$$供电量＝发电量-厂用电量 \qquad （式5-3）$$

②对热电联产机组：

$$供电量＝发电量-发电厂用电量 \tag{式 5-4}$$

$$发电厂用电量＝（生产厂用电量-供热专用的厂用电量）×（1-供热比）\tag{式 5-5}$$

说明 1：发电量、供电量和厂用电量应根据企业电表记录的读数获取或计算，并符合 DL/T 904 和 DL/T 1365 等标准中的要求。

说明 2：脱硫脱硝装置消耗电量均应计入厂用电量，不区分委托运营或合同能源管理等形式的差异。

说明 3：下列情况不计入厂用电量：

①新设备或大修后设备的烘炉、暖机、空载运行的电量。

②新设备在未正式移交生产前的带负荷试运行期间耗用的电量。

③计划大修以及基建、更改工程施工用的电量。

④发电机作调相机运行时耗用的电量。

⑤厂外运输用自备机车、船舶等耗用的电量。

⑥输配电用的升、降压变压器（不包括厂用变压器）、变波机、调相机等消耗的电量。

⑦非生产用（修配车间、副业、综合利用等）的电量。

（2）数据获取顺序

企业电表记录；每月/每年电厂技术经济报表或生产报表。

（3）交叉核对资料

原始抄表记录、每月/每年电厂技术经济报表或生产报表、工业产值产量表。

（4）信息化存证资料

对于各项生产数据，保存原始电表记录的读数、每月/每年电厂技术经济报表或生产报表；对于按照标准要求计算的供电量，保存体现计算过程的 Excel 表。

2. 供热量

组织需确认碳排放管理台账中供热量计算公式符合《核算指南》的要求。

（1）计算方法

$$供热量＝锅炉不经汽轮机直供蒸汽热量＋汽轮机直接或经减温减压后向用户提供的直接供热量＋通过热网加热器等设备加热供热介质后间接向用户提供热量的间接供热量 \tag{式 5-6}$$

说明 1：供热量数据优先选择直接计量的热量数据。

说明 2：供热量不含烟气余热利用供热。

说明 3：对外供热是指除发电设施汽水系统（除氧器、低压加热器、高压加热器等）

之外的热用户。

说明4：如果企业供热存在回水，计算供热量时应扣减回水热量。

（2）数据来源

每月/每年电厂技术经济报表或生产报表；热量计/流量计读数记录；供热量计算单。

（3）交叉核对资料

每月/每年电厂技术经济报表或生产报表、热量计/流量计读数记录、供热量计算单。

（4）信息化存证资料

对于各项生产数据，需保存每月/每年电厂技术经济报表或生产报表；对于供热量涉及换算的，需保存包括焓值相关参数的 Excel 计算表。

3. 供热比

组织需确认供热比计算公式符合《核算指南》的要求。

（1）计算方法

①当锅炉无向外直供蒸汽时，通常有三种计算方法，分别是：

a. 参考 DL/T 904—2015《火力发电厂技术经济指标计算方法》计算，即

$$供热比 = 供热量/汽轮机总耗热量 \tag{式 5-7}$$

b. 采用机组向外供热量/锅炉总产出热量计算，即

$$供热比 \approx 供热量/（主蒸汽流量×主蒸汽焓值-锅炉给水流量×锅炉给水焓值+汽轮机再热蒸汽量×再热蒸汽热段与冷段焓值差值） \tag{式 5-8}$$

c. 采用供热耗标煤量/总标煤量计算，即

$$供热耗标煤量 = 供热煤耗×供热量 \tag{式 5-9}$$

$$抽汽供热机组供热煤耗 = 0.034\,12/（锅炉效率×管道效率×换热器效率） \tag{式 5-10}$$

管道效率取缺省值99％，对有换热器的间接供热，换热器效率采用数值为95％；如没有则换热器效率可取100％。

②当锅炉存在向外直供蒸汽时，计算方法为：

$$供热比 = 供热量/锅炉总产出的热量 \tag{式 5-11}$$

锅炉总产出的热量参考①方法计算。

（2）系统上传证据文件

①按照要求计算供热比，保存体现计算过程的 Excel 表。

②根据选取的供热比计算方法保存相关参数证据材料（如蒸汽量、给水量、给水温度、蒸汽温度、蒸汽压力等）。

4. 负荷率

组织需确认负荷率的计算公式符合《核算指南》的要求。

（1）机组的负荷率计算公式

$$t=\frac{\sum_i^n t_i \times Pe_i}{\sum_i^n Pe_i} \tag{式 5-12}$$

$$X=\frac{\sum_i^n w_{fd}}{\sum_i^n Pe_i \times t_i} \tag{式 5-13}$$

式中，t 是机组运行小时数，单位为小时；X 是负荷率，以 % 表示；W_{fd} 是机组发电量，单位为兆瓦时；Pe 是机组额定容量，单位为兆瓦；i 是机组代号。

（2）数据来源及交叉验证资料

每月/每年电厂技术经济报表或生产报表；机组启停机记录/运行日志。

（3）信息化存证资料

需保存运行小时数和负荷系数计算过程的 Excel 表。

5.3.3 数据质量的管理

碳核算数据质量管理包括但不限于煤样采制化管理、计量设备管理等。合规性管理直接影响重点排放单位数据的完整性以及排放量的准确性，因此重点排放单位必须依据相关标准和行业《核算指南》开展数据质量管理工作。

5.3.3.1 数据质量管理总体要求

组织应加强温室气体排放数据质量管理工作，包括但不限于：

①委托检测机构/实验室检测燃煤元素碳含量、低位发热量等参数时，应确保符合行业核算指南的相关要求。检测报告应载明收到样品时间、样品对应的月份、样品测试标准、收到样品重量和测试结果对应的状态（干燥基或空气干燥基）。

②应保留检测机构/实验室出具的检测报告及相关材料备查，包括但不限于样品送检记录、样品邮寄单据、检测机构委托协议及支付凭证、咨询服务机构委托协议及支付凭证等。

③积极改进自有实验室管理，满足 GB/T 27025 对人员、设施和环境条件、设备、计量溯源性、外部提供的产品和服务等资源要求的规定，确保使用适当的方法和程序开展取样、检测、记录和报告等实验室活动。鼓励重点排放单位对燃煤样品的采样、制样和化验的全过程采用影像等可视化手段，保存原始记录备查。鼓励重点排放单位自有实验室获得 CNAS 认可。

④所有涉及行业核算指南中元素碳含量、低位发热量检测的煤样，应留存每日或每班煤样，从报出结果之日起保存 2 个月备查；月缩分煤样应从报出结果之日起保存 12 个月备查。煤样的保存应符合 GB/T 474 或 GB/T 19494.2 中的相关要求。

⑤定期对计量器具、检测设备和测量仪表进行维护管理，并记录存档。

⑥建立温室气体数据内部台账管理制度。台账应明确数据来源、数据获取时间及填报台账的相关责任人等信息。排放报告所涉及数据的原始记录和管理台账应至少保存 5 年，确保相关排放数据可被追溯。委托的检测机构/实验室应同时符合本指南和资质认可单位的相关规定。

⑦建立温室气体排放报告内部审核制度。定期对温室气体排放数据进行交叉校验，对可能产生的数据误差风险进行识别，并提出相应的解决方案。

⑧规定了优先序的各参数，应按照规定的优先级顺序选取，在之后各核算年度的获取优先序一般不应降低。

5.3.3.2 煤样采制化管理

1. 采样过程管理

（1）采样规范

人工采样应遵循 GB/T 475—2008 《商品煤样人工采取方法》中规定的采样方法、采样频次、子样数量、子样重量等要求。机械化采样应遵循 GB/T 19494.1—2004 《煤炭机械化采样第 1 部分：采样方法》对机械化采样的重量、频次以及时间的要求。

（2）采样方法

人工采样分为移动煤流采样方法、静止煤采样方法以及间断采样方法。其中移动煤流采样方法适用于煤流落流或皮带上的煤流中采样；静止煤采样方法适用于火车、汽车、驳船、轮船等载煤和煤堆的采样；不得直接在静止的、高度超过 2 m 的大煤堆上采样；间断采样方法适用于同一煤源、品质稳定的大批量煤。移动煤流机械采样切割器开口尺寸至少为煤标称最大粒径的 3 倍，切割器速度在 1.5 m/s 以下；各子样需均匀分布于整个采样单元中。

（3）采样记录

采样记录应能完整反映采样过程中所有的信息，包括但不限于采样日期、采样时间、采样地点、采样频次、采样量、采样依据的标准以及采样人员等。

2. 制样、留样过程管理

组织在对煤样进行制样和留样时，制样和留样的操作流程应符合 GB/T 474《煤样的制备方法》中的规定。

（1）制样室要求

制样应在专门的样室中进行，制样中应避免样品污染，每次制样后应将制氧设备清扫干净，制样人员在制备煤样的过程中，应穿专用鞋；制样室应宽大敞亮，不受风雨及外来灰尘影响，要有除尘设备；制样室应为水泥地面；堆掺缩分区需要在水泥地面上铺以厚度 6 mm 以上的钢板。

（2）煤样制备

对不易清扫的密封式破碎机和联合破碎机，只用于处理单一品种的大量煤样时，处理每个煤样之前，可用被采样的煤通过机器予以"清洗"，弃去"清洗"煤后再处理煤样；处理完之后，应反复开、停机器几次，以排净滞留煤样。全水分煤样，粒度为 6 mm，重量为 1.25 kg；一般分析煤样，粒度为 0.2 mm，重量为 60～300 g，在粉碎成粒度小于 0.2 mm 的煤样之前，应用磁铁将煤样中的铁屑吸去；共用煤样，应同时满足 GB/T211 和一般分析试验项目国家标准的要求。

（3）煤样留存

煤样在制备之前、之后以及制备过程中均需放置在不吸水、不透气的密封容器中保存，并置于阴凉处；制完煤样的装样量不得超过容器容积的 3/4；煤样需有永久性的唯一识别标识；煤样标签或附带文件中应有以下信息：煤的种类、级别和标称最大粒度以及批的名称（船或火车名及班次），煤样类型（一般煤样、水分煤样等），采样地点、日期和时间；存查煤样，所有涉及元素碳含量、低位发热量检测的煤样，应留存日综合煤样两月备查，月缩分煤样一年备查；存储煤样的房间不应有热源，不受强光照射，无任何化学药品。

（4）制样、留样记录

制样、留样记录应能完整反映制样留样过程中所有的信息，包括但不限于制样日期、制样时间、缩分样重量、全水分煤样重量、分析样煤样重量、送检样重量（写明送检样与入炉煤比例）、留样重量、制样人员。

3. 化验过程管理

组织在对煤样进行化验时，针对不同的化验项目，应严格按照不同的国家标准进行分别执行，避免出现化验过程不符合相关国家标准和核算指南的规定。

（1）低位发热量化验规范

燃煤低位发热量的化验应遵循 GB/T 213《煤的发热量测定方法》中的规定。进行发热量测定的实验室，应为单独房间，不应在同一房间内同时进行其他试验项目；室温应保持相对稳定，每次测定室温变化不应超过 1 ℃，室温以在 15~30 ℃范围为宜；室内应无强烈的空气对流，因此不应有强烈的热源、冷源和风扇等，实验过程中应避免开启门窗；热量计应放在不受阳光直射的地方。

（2）全水分化验规范

燃煤全水分的化验应遵循 GB/T 212—2008《煤的工业分析方法》和 GB/T 211—2007《煤中全水分的测定方法》中的规定。6 mm 试样的全水要求，粒度为 6 mm，重量为 10~12 g；烘干温度在 105~110 ℃，对于烟煤需烘干 2 小时，褐煤和无烟煤应烘干 3 小时，烘干完成后从干燥箱中取出后，立刻盖上盖，在空气中放置 5 分钟，然后放入干燥器中，冷却至室温（约 20 分钟）后称量；称准至 0.001 g，同时还需进行检查性干燥，每次 30 分钟，直到连续两次干燥试样的质量减少不超过 0.01 g 或质量增加时为止。

如果为 13 mm 的全水分试样，粒度要求应为 13 mm，重量为 490~510 g；烘干温度为 40 ℃，连续干燥 1 小时，质量变化不超过 0.5 g，称量前需使试样在实验室环境中重新达到湿度平衡，称准至 0.1 g，此时根据质量变化测出的水分为燃煤的外在水分。外在水分化验完成后需取粒度为 3 mm 的煤样 9~11 g，在 105~110 ℃的干燥箱中进行烘干，其中烟煤需烘干 1.5 小时；褐煤和无烟煤干燥 2 小时，从干燥箱中取出后，立刻盖上盖，在空气中放置约 5 分钟，然后放入干燥器中，冷却至室温（约 20 分钟）后称量，称准至 0.0001 g，同时还需进行检查性干燥，每次 30 分钟，直到连续两次干燥试样的质量减少不超过 0.01 g 或质量增加时为止；内在水分在 2%以下时，不必进行检查性干燥。此时化验出的水分为燃煤的内在水分，根据化验出的外在水分和内在水分可求得燃煤的全水分。

（3）煤中水分、灰分、挥发分化验规范

煤中灰分、挥发分化验规范应遵循 GB/T 212《煤的工业分析方法》《煤的工业分析方法 仪器法》以及 DL/T 1030《煤的工业分析 自动仪器法》。

（4）煤中全硫化验规范

煤中全硫应遵循 GB/T 214《煤中全硫的测定方法》、GB/T 25214《煤中全硫测定 红外光谱法》。

（5）煤中元素碳的测定规范

含碳量检测应遵循 GB/T 476《煤中碳和氢的测定方法》、GB/T 30733《煤中碳氢氮的测定 仪器法》、DL/T 568《燃料元素的快速分析方法》、GB/T 31391《煤的元素分析》。

对于委托检测燃煤元素碳含量、低位发热量等参数的组织，应确保被委托的检测/

实验室通过 CMA 认定或 CNAS 认可且认可项包括燃煤元素碳含量、低位发热量，其出具的检测报告应盖有 CMA 或 CNAS 标识章。受委托的检测机构/实验室不具备相关参数检测能力的、检测报告不符合规范要求的或不能证实报告载明信息可信的，检测结果不予认可。检测报告应载明收到样品时间、样品对应的月份、样品测试标准、收到样品重量和样品测试结果对应的状态（收到基、干燥基或空气干燥基）。

组织可通过 CNAS 官网（"实验室认可"—"实验室认可信息查询"—"获认可的实验室名录"—"选取实验室类别"—"对应输入实验室认证编号"）查询实验室资质；可通过市场监管总局网站中"服务"—"我要查"—"认证认可检验检测"—"检验检测报告编号查询平台"进行检测报告结果查询。

自行检测低位发热量、单位热值含碳量的，其实验室能力应满足 GB/T 27025 对人员、能力、设施、设备、系统等资源要求的规定，并取得 CMA 认定或 CNAS 认可的相应资质，确保使用适当的方法和程序开展检测、记录和报告等实验室活动，并保留原始记录备查。

（6）元素碳报告规范

组织需确认检测机构出具的证书是否具备 CMA/CNAS 标识、测试样品名称和日期是否符合《核算指南》的要求、测试标准是否符合规范、是否加盖检测机构公章和检测用章、检测机构资质包括 CMA/CNAS 证书有效期以及是否具备燃煤发热量及元素碳含量测试资质、送样及检测报告时间是否在当月结束后 40 日内、是否标明了样品粒径；是否标明了样品质量、检测内容是否包含元素碳含量、低位发热量、氢含量、全硫、水分等参数的检测结果。

（7）煤质分析原始记录

每日/每批次煤制分析记录应包含但不限于全水分、内水分、灰分、挥发分、全硫、固定碳、低位发热量、高位发热量、入炉煤消耗量、分析时间、分析频次以及分析人。对于各煤制分析的项目（发热量、全水、水分、灰分、挥发分、全硫），应保留原始的分析记录以备核查；对于元素碳的检测，应保留检测机构/实验室出具的检测报告及相关材料备查，包括但不限于样品送检记录、样品邮寄单据、检测机构委托协议及支付凭证、咨询服务机构委托协议及支付凭证等。

5.3.3.3 计量设备管理

组织需按照《核算指南》的要求建立计量设备台账，定期对计量设备进行校准，确保校准结果满足设备的准确度等级要求，并保留相关报告或记录。

（1）计量设备台账

组织应建立计量设备台账，计量设备台账应包含但不限于计量器具的名称、计量器具的型号规格、计量器具的准备等级、生产厂家、出厂编号、用能单位的管理编号、计量器具的安装使用地点、上一次的校准日期、校准频次以及计量设备的状态。

（2）计量器具的准确度等级

皮带秤准确度等级应符合 GB/T 7721 的相关规定，耐压式计量给煤机的准确度等级应符合 GB/T 28017 的相关规定，其余计量器具准确度等级应符合 GB/T 21369《火力发电企业能源计量器具配备和管理要求》中的规定，具体要求如表 5-1 所示。

表 5-1　计量设备准确度等级要求

计量器具类别	计量目的		准确度等级要求
衡器	进出用能单位燃料的静态计量		0.1
	进出用能单位燃料的动态计量		0.5
电能表	进出用能单位有功交流电能计量	Ⅰ类用户	0.5S
		Ⅱ类用户	0.5
		Ⅲ类用户	1.0
		Ⅳ类用户	2.0
		Ⅴ类用户	2.0
	进出用能单位的直流电能计量		2.0
油流量表（装置）	进出用能单位的液体能源计量		成品油 0.5
			重油、渣油及其他 1.0
气体流量表（装置）	进出用能单位的气体能源计量		煤气 2.0
			天然气 2.0
			水蒸气 2.5
水流量表（装置）	进出用能单位水量计量	管径不大于 250 mm	2.5
		管径大于 250 mm	1.5
温度仪表	用于液态、气态能源的温度计量		2.0
	与气体、蒸汽质量计算相关的温度计量		1.0
压力仪表	用于气态、液态能源的压力计量		2.0
	与气体、蒸汽质量计算相关的压力计量		1.0

注：①当计量器具是由传感器（变送器）、二次仪表组成的测量装置或系统时，表中给出的准确度等级应是装置或系统的准确度等级。装置或系统未明确给出其准确度等级时，可用传感器与二次仪表的准确度等级按误差合成方法合成。

②运行中的电能计量装置按其所计量电能量的多少，将用户分为五类。Ⅰ类用户为月平均用电量 500 万 kWh 及以上或变压器容量为 10 000 kVA 及以上的高压计费用户；Ⅱ类用户为小于Ⅰ类用户用电量（或变压器容量）但月平均用电量 100 万 kWh 及以上或变压器容量为 2000 kVA 及以上的高压计费用户；Ⅲ类用户为小于Ⅱ类用户用电量（或变压器容量）但月平均用电量 10 万 kWh 及以上或变压器容量为 315 kVA 及以上的计费用户；Ⅳ类用户为负荷容量为 315 kVA 以下的计费用户；Ⅴ类用户为单相供电的计费用户。

③用于成品油贸易结算的计量器具的准确度等级应不低于 0.2。

④用于天然气贸易结算的计量器具的准确度等级应符合 GB/T 18603—2001 附录 A 和附录 B 的要求。

（3）计量器具的检定和校验

皮带秤须通过皮带秤实煤或循环链码校验，每月一次（自检或外检均可），无实煤校验装置的应利用其他已检定合格的衡器至少每季度对皮带秤进行实煤计量比对。其余计量设备无校验周期要求，但均需在有效校验周期内。

本章思考题

1. 以电厂为例，结合本章内容概括出碳管理体系的建立流程。
2. 概括碳管理体系建立过程中可能涉及的企业活动以及对应的部门。
3. 概括各部门在碳管理体系中相应的职责。
4. 碳管理体系中各部门应从哪些方面设计相应的体系文件和管理制度？

第6章 碳资产信息披露

碳资产信息披露指企业通过财务报表或者社会责任报告、ESG 报告等方式将企业拥有的碳资产相关信息进行披露,以便使各利益相关方了解企业拥有的碳资产信息。企业通过财务报表披露碳资产信息时,需首先确定企业与碳资产相关经济活动如何进行会计处理,然后确定碳资产如何在财务报表中列报;企业通过 ESG 相关报告披露碳资产信息时,需了解目前 ESG 相关报告的披露标准以及披露的意义等。因此,本章从碳会计、碳信息披露、碳资产评估三个方面介绍企业碳资产信息披露方式。

6.1 碳会计

6.1.1 碳会计的概念

"碳会计"最早由美国学者 Stewart Jones(2008)[①]提出,他认为碳排放权会计包括企业碳排放、碳交易及鉴证等涉及的相关会计处理,并提出应该从碳排放会计和固碳会计两方面构建碳会计体系。这一概念的提出标志着碳会计作为一个重要且特殊的会计事项开始被国际会计界所关注。近年来,不断有学者尝试对碳会计进行定义,但目前学术界尚未形成统一的观点。

Larry Lohmann(2009)[②]认为碳会计是对企业碳排放、碳排放权以及碳汇业务及其

---

① Stewart Jones, Janek Ratnatunga. An Inconvenient Truth about Accounting:The Paradigm Shift Required in Carbon Emissions Reporting and Assurance[R]. American Accounting Association Annual Metting, Anaheim CA, 2008.

② Larry Lohmann. Toward a Different Debate in Environmental Accounting: The Cases of Carbon and Cost-benefit[J]. Accounting, Organizations and Society, 2009(34): 499−534.

相关的经济事项进行确认、计量和披露的过程。Hespenheide 等（2010）①认为碳会计应该反映货币性和非货币性两方面内容，即应包含碳财务会计和碳管理会计。Schaltegger & Csutora（2012）②提出全生命周期碳会计核算，认为碳会计应反映企业生产产品的全生命周期产生碳排放量及其相关的经济活动。Ascui & Lovell（2013）③指出碳会计既要反映碳排放权资产和碳负债，又要反映货币形式和非货币形式的经济信息。

　　结合现代会计的理论、内涵以及全国碳交易市场和碳减排市场的运行现状，本书认为，碳会计是以碳排放权交易相关法律法规和会计准则为依据，以货币、实物单位计量或用文字表达的形式，对与企业碳排放权交易、碳减排资产、碳排放履约及节能减排情况相关的经济事项进行确认、计量、列报和披露的过程。

6.1.2 碳会计的目标

　　传统会计目标是指会计工作预期达到的最终结果。我国企业会计的目标主要有两方面，一是通过会计活动向会计信息使用者提供对决策有用的会计信息，反映企业财务状况、经营成果和现金流量等重要内容，二是反映企业管理层受托责任履行情况，有助于评价企业的经营管理责任以及资源使用的有效性。碳会计在传统会计的基础上，作为环境会计的分支和低碳经济发展的产物，除了传统企业会计的目标之外，还应包括反映企业碳排放、节能减排和社会责任履行情况等方面。因此，企业碳会计的目标主要是向财务报表使用者提供能反映企业碳排放权交易、碳排放履约、碳减排资产、节能减排等活动相关的财务状况、经营成果、现金流量的碳信息，反映特定主体履约情况、履行社会环境责任以及面临的处罚风险的情况，促使财务信息使用者做出正确的决策。其具体目标就是充分披露企业碳会计信息，比如披露企业碳配额资产、碳减排资产的获取与交易、与碳排放权履约相关的资产和负债增加或减少情况以及现金流入和流出情况；企业低碳相关投资总额、投资管理及盈亏情况；低碳支出及具体使用情况；企业社会环境责任履行情况等，以满足相关信息使用者决策的需要。一般而言，碳会计信息的使用者主要有

① Hespenheide E, Pavlovsky K, Mcelroy M. Accounting for Sustainability Performance [J]. Financial Executive, 2010(26): 52-57.

② Schaltegger S, Csutora M. Carbon Accounting for Sustainability and Management. Status Quo and Challenges [J]. Journal of Cleaner Production, 2012(36): 1-16.

③ Ascui F, Lovell H. Carbon Accounting and the Construction of Competence [J]. Journal of Cleaner Production, 2012, 36(17): 48-59.

以下五类：

（1）企业投资者

随着气候问题的日益突出，全世界需投入大量资金以应对气候变化问题，据统计，发展中国家在2011—2020年每年需投入气候资金约6 300亿元。为了实现全球气温下降1.5 ℃的目标，目前的资金缺口巨大。《京都议定书》的颁布促进了二氧化碳排放权交易市场的产生，试图利用市场手段减少碳排放并吸引更多投资者在节能减排方面进行投资。我国目前有一个全国碳市场和八个试点碳市场，目前全国碳市场仅覆盖电力行业，年覆盖二氧化碳排放量约45亿吨，碳市场未来还将纳入更多的行业，随着全国碳市场机制的不断完善和覆盖范围的扩大，将创造更多的投资机会。具有市场价格的碳排放权和碳减排资产，必然会导致企业的经营方针、投资决策发生重大转变，最终影响企业的财务状况，同时对投资者的投资决策产生重大影响，进而要求企业披露碳会计信息。

（2）企业债权人

目前，大部分银行和金融机构越来越偏向低碳方面资金贷款，并发行了低碳方面的信贷产品，如以碳配额资产、碳减排资产质押贷款，因此，债权人是否向企业贷款，需要知道企业在到期日前是否存在环境风险，环境风险是否会影响企业的偿债能力等，因此也需要企业及时披露碳会计信息。

（3）政府及监管部门

政府及相关监管部门需要了解企业碳排放及企业的履约情况，从而对企业的社会贡献做出公正的评价。对于未积极节能减排，履行碳减排义务的企业，政府将及时进行惩罚，依法强制其履行社会责任。

（4）企业相关方和社会公众

随着低碳理念的践行，尤其是欧盟碳关税的颁布，越来越多的跨国企业不仅关注企业自身的排放，也关注产品整个生命周期的碳排放，对企业产品链上下游企业的碳排放也有要求，因此企业相关方不仅注重企业的产品质量和产品价值等因素，对企业的社会环境效益和碳排放信息也更加关注。同时随着社会公众低碳意识的增强，在满足自身消费的同时，他们会更偏向于选择低碳产品和积极履行社会责任的企业。

（5）企业管理者

碳排放权是企业的资产，管理不善则会变成影响企业盈利的负资产。通过科学的管理方式，可以使碳变成企业的一种投资手段和可变现的资产，因此，碳信息披露能够为企业管理者进行决策提供真实的数据支撑。

6.1.3 碳会计基本假设

会计基本假设是企业会计确认、计量和报告的前提，是对会计核算所处时间、空间环境等所做的合理假定。传统会计基本假设包括会计主体、持续经营、会计分期和货币计量。环境会计在传统会计基本假设的基础上，又对会计主体赋予了新的内涵，这包括多重计量假设和可持续发展假设。碳会计作为企业财务会计的组成部分和环境会计的新的分支，在继承传统会计和环境会计基本假设的基础上，又具有新的内涵和独特的性质。碳会计基本假设是实践主体对企业内外部环境的变化和会计之间的关系做出的合理推断，是碳会计存在和发展的基本前提。碳会计的基本假设如下：

（1）会计主体假设

会计主体是指会计工作所涉及的特定单位或组织，其确定了会计活动的范围和对象。会计主体可以是企业、机关、事业单位、社会团体等各种组织形态。就核算对象来说，碳会计主体和传统会计主体一致，但随着低碳理念的发展，对碳会计主体赋予了更多的内涵。碳会计主体作为市场参与者，不仅要对经济业务进行核算，更需要将企业的节能减排、履行企业社会环境责任放在企业发展至关重要的位置。此外，由于环境本身具有公共性，全社会都应对气候变暖的问题负责，还应记录、报告该主体对社会产生的外部性影响，所以整个社会也可作为会计主体。因此，低碳经济条件下，会计主体假设包含两方面内容：在微观方面，会计主体假设主要指特定单位或组织，核算内容应包含企业碳排放相关的碳配额资产、履约义务、碳减排资产、碳交易等经济事项；在宏观方面，要求碳会计除了要核算企业内部碳资产、履约义务等方面的增加或减少，还应考虑该会计主体对社会上其他会计主体在环境方面的外部性影响。

（2）持续经营假设

持续经营假设是指企业在可预见的未来，将会按照当前的规模和状态持续经营下去，不会停业或者破产。碳会计作为传统会计的延伸，应当遵循持续经营假设。碳会计持续经营假设是指在进行碳会计核算和报告时，假设企业将持续经营并且能够履行碳减排承诺和义务的假设。这一假设是基于企业会计核算的一个基本原则，它意味着在编制碳会计报表时，企业被假设为将来会继续经营，并且没有计划或预期发生重大变更或中断。碳会计持续经营假设的目的在于提供会计信息使用者对企业的可持续性和稳定性的信心。通过持续经营假设，会计报表可以反映企业长期经营的情况，包括对碳排放的控制和减缓措施的持续性。然而，需要注意的是，碳会计持续经营假设并不意味着企业确实会持续经营，或不进行重大变更或中断，它只是作为一个假设，为会计报表的编制提供一个基准。在实际情况中，企业的经营状况可能会发生变化，可能会发生重大变更或中断，这就需要进行会计报表的调整和披露。目前，随着低碳经济的发展和碳市场的建立，某些高耗能、高排放企业难以承受碳市场的高额交易费用而不得不停产，而科学、合理的会计记录能为企业长远发展的决策提供信息支持，使企业管理者能够提前布局，避免被时代淘汰。

（3）会计分期假设

会计分期假设是将企业持续不断的生产经营活动人为地分割成会计期间，分期核算经济活动和报告经营成果。会计分期的目的在于通过会计期间的划分，将持续经营的生产经营活动划分成连续、相等的期间，据以结算盈亏，按期编报财务报告，从而及时向财务报告使用者提供有关企业财务状况、经营成果和现金流量的信息。在低碳经济条件下，为及时反映企业的财务状况、经济成果、碳排放履约情况、碳资产情况和社会责任的履约情况、节能改造等方面的信息，使信息使用者能及时了解企业对环境资源的消耗、环境污染及治理情况和碳履约情况，也需将经营活动划分成若干个相等的期间（年、半年、季度、月）来反映。但是企业的某些节能减排改造项目不仅会给企业带来经济利益，同时也会给整个社会带来收益，而这个收益可能并不能在短期内显现，且很难确定其收益期。所以，这对碳会计的进一步发展提供了重要的研究方向。

（4）多重计量假设

传统的货币计量假设指以货币作为主要计量单位，核算和监督会计主体的生产经营活动。在低碳经济条件下，碳会计核算的主要对象包括了企业对环境的污染程度和环境资源的消耗，而这些有的是能够用货币计量的，有些是不能用货币计量的。这就要求会计的计量形式需要采取多种计量方式，既包括货币计量形式，也包括实物计量形式、劳动计量形式、混合计量形式等非货币计量形式。

（5）可持续发展假设

可持续发展假设主要继承于环境会计的假设，可持续发展指既满足当代人的需求，又不对后代人满足其自身需求的能力构成危害的发展。可持续发展假设是指企业的发展应基于可持续性原则，即要考虑经济、社会和环境方面的可持续发展。这种假设认为企业的经济活动和财务决策应该以长期和综合的视角来考虑，兼顾经济效益、社会责任和环境影响。低碳经济发展要求企业实现节能减排，走可持续发展道路，因此企业的发展理念必须从原来的经济利益最大化理念转变为可持续发展理念，如果没有可持续发展假设，碳会计就失去了基本前提。可持续发展假设涉及会计的几个方面：

①会计信息披露：企业应该充分披露与可持续发展有关的信息，如环境影响、社会责任、可再生能源使用等。这有助于利益相关方评估企业的可持续性绩效，并促进企业采取积极的可持续发展举措。

②资产计量：在资产计量时，应该考虑环境和社会价值的因素。例如，考虑资产的环境影响和生命周期成本，或者考虑员工技能和福利对资产价值的贡献。

③绩效评估：可持续发展假设要求绩效评估不仅要关注财务绩效，还要考虑非财务和可持续发展指标。例如，评估企业的环境影响、社会责任和员工福祉等方面的绩效。

④决策分析：可持续发展假设强调在决策分析中综合考虑经济、社会和环境因素，并进行成本效益分析。例如，在投资决策中综合考虑环境风险、社会影响和可持续性效益。

（6）环境价值假设

环境价值假设是指将企业的环境影响和自然资源的价值纳入考虑的假设，认为环境和自然资源对企业的经营和财务状况具有重要的影响，其价值应该在会计报告中得到合理的体现。在低碳经济条件下，企业首先需要承认环境的价值，然后才能对其进行确认计量和披露。环境价值假设的引入可以提高会计报告的全面性和真实性，使企业更全面地考虑环境因素，促进企业的可持续发展和环境保护。环境价值假设包含以下两方面：

①自然资源的资产价值：自然资源（如土地、森林、水资源等）在企业经营中具有重要的作用，其价值应该被视为企业的资产，在会计报告中应当给予适当的计量和披露。

②环境成本的内部化：环境价值假设还要求企业内部化其环境成本，即通过内部核算和报告，将环境成本纳入企业的经营成本和利润计算中。这有助于企业合理评估自己的环境影响，并促进资源更加有效的利用和环境的改善。

6.1.4 碳资产的会计确认

根据《企业会计准则》对资产的定义：资产是指企业过去的交易或事项形成的，由企业拥有或者控制的，预期会给企业带来经济利益的一种资源。由于企业的碳配额和碳减排资产符合《企业会计准则》中对资产的定义，且其成本或价值的计量具有可靠性，国内外学者均将其认定为资产。由于企业碳资产的特殊性，将其认定为何种资产，目前还存在争议，当前主要存在四种观点：确认为无形资产、存货、金融资产，或单独列报为独立的资产类型。

（1）确认为无形资产

根据《企业会计准则》对无形资产的定义："无形资产指企业拥有或控制的没有实物形态的可辨认非货币性资产。"由该定义可知，无形资产有以下几个特征：无实物形态；可辨认；非货币性资产。碳资产的确符合无形资产上述几项特征，因此大多数学者认为应将碳资产确认为无形资产。但除了符合无形资产的上述特征外，碳资产还具有传统无形资产不具备的特征：一是碳资产具有消耗性。如碳配额（碳排放权力）资产是由政府免费发放给企业，若企业的排放量低于发放的配额量，则只需要拿国家发放的配额中与企业碳排放量相等的部分进行履约即可，剩余部分可以在碳交易市场上进行交易，若企业排放量高于发放的配额量，则超出部分需要在市场上购买配额，最后使用国家免费发放和市场上购买的配额进行履约。从以上规则中可以看出，碳配额资产是随着企业的生产排放而被消耗的，几乎没有任何类别的无形资产是随着企业的生产活动而被消耗。二是碳资产具有较强的流动性，可以随时在碳交易市场上进行交易变现，或是在日常的生产活动中被消耗，更符合流动资产的范畴。基于上述差异，虽然碳资产具有无形资产的主要特征，但是并不能作为无形资产进行确认。

（2）确认为存货

根据《企业会计准则》对存货的定义：存货是指企业在日常活动中持有以备出售的产成品或商品、处在生产过程中的在产品、在生产过程或提供劳务过程中耗用的材料和物料等。Mortimer（1995）[①]认为，虽然碳资产不具有实物形态，却是一种排放权力，随着生产过程的碳排放而被消耗，且具有类似银行存单的有形形态，可以自行持有或转移。美国财务会计准则委员会（FASB）于2003年发布的《总量和交易制度下参与者获得排放配额的会计问题》将碳排放权确认为存货，并规定按取得方式的不同对存货按照不同的计量属性进行计量。但将碳资产确认为存货也存在问题：一是内涵不同。存货主要指生产或提供劳务过程中消耗的材料和物料等，并不具有对公共环境资源使用权的内涵。二是碳资产具有投资性和可透支性。一方面，在活跃和成熟的碳市场交易情况下，碳资产可以像金融产品一样进行相关的投资性交易，并且具有完善的市场定价机制；另一方面，企业的碳排放可能超过其分配的碳配额，具有可透支的属性。这两方面性质均是存货所不具备的，因此将碳资产作为存货计量也具有一定的争议。

---

① Mortimer A Dittenhofer. Environmental Accounting and Auditing [J]. Managerial Auditing Journal, 1995 (10): 40-51.

（3）确认为金融资产

我国《企业会计准则》指出："金融资产是企业持有的现金、其他方的权益工具以及符合下列条件之一的资产：①从其他方收取现金或其他金融资产的合同权利。②在潜在有利条件下，与其他方交换金融资产或金融负债的合同权利。③将来须用或可用企业自身权益工具进行结算的非衍生工具合同，且企业根据该合同将收到可变数量的自身权益工具。④将来须用或可用于企业自身权益工具进行结算的衍生工具合同，但以固定数量的自身权益工具交换固定金额的现金或其他金融资产的衍生工具合同除外。其中，企业自身权益工具不包括应当按照《企业会计准则第 37 号——金融工具列报》分类为权益工具的可回售工具或发行方仅在清算时才有义务向另一方按比例交付其净资产的金融工具，也不包括本身就要求在未来收取或交付企业自身权益工具的合同。"有学者认为，碳资产具有现成的碳交易市场，也拥有具体的市场定价机制，随着碳市场机制的不断成熟，碳资产未来将会被包装成多样的碳金融产品，因此可以将碳资产当作金融工具进行确认。但也有学者认为，基于碳资产最主要的使用目的和其环境属性，将碳资产全部归入金融资产是不合适的：一方面，碳资产产生的根本目的主要是在企业生产过程中被消耗，它是一种排放权力，用于抵消生产过程中的排放，与金融资产在持有和价值实现方式上不同；另一方面，金融资产本质上是货币属性，而碳资产主要是环境资源，二者在本质上是不同的。

（4）单独列报为独立的资产类型

根据上述论述可知，由于碳资产特有的属性，将其确认为存货、无形资产或金融资产均存在一定的问题，因此部分学者认为应当将其作为独立的资产类型进行确认和计量，并且按不同的持有目的和不同的来源将其划分为不同类型的资产。根据财政部 2019 年发布的《碳排放权交易有关会计处理暂行规定》，将外购的碳排放配额确认为单独的资产类别——碳排放权资产，对于无偿取得的碳排放权配额，不予以确认。这一规定简洁明了，便于操作，解决了我国碳排放权交易核算不明确、信息不可比的问题，充分考虑了我国碳排放权交易的成熟程度，规避了国际碳会计准则的疑难点问题。但该规定仅针对重点排放企业，并且只规定了碳配额资产的处理方法，随着我国碳市场覆盖范围的扩大，碳市场交易主体、交易模式的不断增加以及 CCER 市场的重启，未来还需要更加完善的会计规范。

6.1.5 碳资产的会计计量属性

会计计量就是对会计要素按货币量度进行量化的过程，即确定其金额的过程。会计计量属性主要指会计要素的数量特征或外在表现形式,反映了会计要素金额的确定基础,主要包括历史成本、重置成本、可变现净值、现值和公允价值等。[①]关于碳资产的会计计量属性,目前学术界并未达成一致结论,主要观点有历史成本计量、可变现净值计量、公允价值计量、多重计量属性计量。

（1）历史成本计量

历史成本计量指按购买或获取碳资产时的成本作为计量基准。历史成本计量的优点在于：①可靠性。历史成本以已发生的实际交易为基础,具有客观性和可靠性。②简单性。历史成本计量方法相对简单和易于理解。只需要记录和跟踪实际发生的交易,不需要进行复杂的估计、调整或推断。③稳定性。虽然市场价值可能发生变化,但公司使用的是固定的历史成本,这可以降低财务报告的波动性,并提供一个较为稳定的基准。④一致性。历史成本计量方法在公司内部和跨公司之间使用广泛,这使得财务报告能够进行比较和分析。同样的交易在不同的公司中使用相同的成本计量方法,可以保持一致性。⑤可衡量性。历史成本计量方法能够提供一个具体的数字,用于衡量资产、负债和所有者权益的价值,这使得管理层能够监控和评估公司的财务状况和业绩。持有该观点的学者认为目前碳交易市场还不完善,应从谨慎性目的出发,采用历史成本计量。但是,目前全国碳交易市场已经具备较完善的价格机制,并且价格经常波动,利用历史成本计量无法使不同日期、不同价格取得的碳资产具有可比性;此外,目前全国碳市场采用免费分配额的方式,碳配额资产的初始获取成本为零,采用历史成本计量无法可靠反映企业持有的碳资产的价值。

（2）可变现净值计量

可变现净值计量指资产按照其正常对外销售所能收到的现金或现金等价物的金额扣减资产至完工时估计将要发生的成本、估计的销售费用以及相关税费后的金额计算,目前存货主要采用该种计量方式。持有该观点的学者认为,碳资产的账面价值应该是可变的,当碳资产期末的可变现净值低于其账面成本时,仍采用账面成本计量会导致虚计资产的现象,不符合谨慎性原则。但是,对于持有碳资产以用来交易的企业,在碳交易市场碳价经常波动的情况下,碳资产在不同日期的市场公允价值有很大的差异,若采用可变现净值计量,则无法及时反映所持有的碳资产的公允价值,且碳资产相关的价值波动无法体现在企业的投资活动中,影响企业的真实财务情况。所以,单一采用可变现净值计量属性也存在一定的问题。

---

① 黄双蓉. 会计基础［M］. 北京: 经济科学出版社, 2014.

（3）公允价值计量

公允价值指资产和负债按照在公平交易中熟悉情况的交易双方自愿进行资产交换或者债务清偿的金额计算。采用公允价值计量的前提在于资产的公允价值能够持续可靠地取得。目前，我国的碳交易市场价格机制已经较为完善，碳配额的价格也能够持续可靠取得，已经具备了采用公允价值计量的基本条件。但是如果仅采用公允价值作为碳资产的唯一计量属性，也存在一定的问题。因为对于持有碳资产的主要目的是用于生产过程中消耗的企业来说，其成本应该具有可靠性，若采用公允价值计量，相关的生产成本不断波动，会导致企业的成本管理陷入混乱。

（4）多重计量属性计量

基于上述原因，部分学者认为，应该按不同的持有目的采用多重模式计量碳资产。企业为生产持有的碳排放权资产，应采用历史成本计量；企业为投资持有的碳排放权，应采用公允价值计量；在企业存在双重的持有目的时，可参考投资性房地产的转换方式，选择相应的计量属性。①

根据 2019 年我国财政部印发的《碳排放权交易有关会计处理暂行规定》可知，目前我国碳资产的计量属性主要采用的是类似于历史成本属性的方式，主要按碳资产来源的不同分两种处理方式：对于政府免费分配方式取得的碳资产，目前不进行会计计量，这种方式与历史计量属性类似，即由于获取时未付出成本，无须对其进行计量；对于企业外购的碳资产，按购入时付出的成本对其进行计量，也即历史成本计量方式。采用历史成本属性计量方式大大简化了碳资产的会计处理，但难免产生上述所列的历史成本计量缺陷，随着碳市场的日益完善和交易方式的不断复杂，未来可能需要更完善周全的处理方式。

6.1.6 碳资产的会计处理

2019 年，我国财政部印发的《碳排放权交易有关会计处理暂行规定》中规定了开展碳排放权交易业务的重点排放单位中的相关企业（以下简称"重点排放企业"）的会计处理方式。

6.1.6.1 政府免费分配等方式取得的碳排放配额

发放时：不作账务处理。

① 贾建军，孙铮. 基于持有意图的碳排放权会计模式研究［J］. 会计与经济研究，2016，30（6）：14.

履约和无偿注销：不作账务处理。

出售时：按照出售日实际收到的或应收的价款（扣除交易手续费等相关税费），借记"银行存款""其他应收款"等科目，贷记"营业外收入"科目。

【例6-1】 2020年12月20日，A重点排放企业收到政府发放的2019—2020年两年的配额共10 000吨，企业两年的碳排放量共计9 000吨，企业于2021年5月18日完成履约，并于2021年6月20日在碳排放市场上卖出了剩余的1 000吨配额，当日碳价为52元/吨，当日收到购买方银行转账52 000元。

假定不考虑其他因素，相关账务处理如下：

① 2020年12月20日，收到政府发放的10 000吨配额时，不作账务处理。

② 2021年5月18日用9 000吨配额资产履约时，不进行账务处理。

③ 2021年6月20日卖出1 000吨配额时：

借：银行存款　　　　　　　　　　　　　　　　　　　52 000元

　　贷：营业外收入　　　　　　　　　　　　　　　　　52 000元

6.1.6.2 外购的碳排放配额

重点排放单位应设置独立的资产科目——"1489 碳排放权资产"科目，核算通过购入方式取得的碳排放配额。

购入时：按照购买日实际支付或应付的价款（包括交易手续费等相关税费），借记"碳排放权资产"科目，贷记"银行存款""其他应付款"等科目。

使用购入的碳排放配额履约（履行减排义务）：按照所使用配额的账面余额，借记"营业外支出"科目，贷记"碳排放权资产"科目。

出售时：按照出售日实际收到或应收的价款（扣除交易手续费等相关税费），借记"银行存款""其他应收款"等科目，按照出售配额的账面余额，贷记"碳排放权资产"科目，按其差额，贷记"营业外收入"科目或借记"营业外支出"科目。

自愿注销时：按照注销配额的账面余额，借记"营业外支出"科目，贷记"碳排放权资产"科目。

【例6-2】 2020年12月20日，A重点排放企业收到政府发放的2019—2020年两年的配额共10 000吨，企业两年的碳排放量共计12 000吨，企业于2021年4月28日在碳交易市场上购买配额3 000吨，购买日碳价为50元/吨，共花费150 000元，以银行转账的方式支付购买价款。企业于2021年5月18日完成履约（利用政府发放的10 000吨和外购的2 000吨），并于2021年6月20日在碳排放市场上卖出了剩余的1 000吨配额，当日碳价为 52 元/吨，当日收到购买方银行转账 52 000 元。

假定不考虑其他因素，相关账务处理如下：

① 2020 年 12 月 20 日，收到政府发放的 10 000 吨配额时，不作账务处理。

② 2021 年 4 月 28 日，在碳交易市场上购买 3 000 吨配额时：

借：碳排放权资产 　　　　　　　　　　　　　　　　150 000 元

　　贷：银行存款 　　　　　　　　　　　　　　　　　150 000 元

③ 2021 年 5 月 18 日利用政府发放的 10 000 吨和外购的 2 000 吨配额资产履约时：

借：营业外支出 　　　　　　　　　　　　　　　　　100 000 元

　　贷：碳排放权资产 　　　　　　　　　　　　　　　100 000 元

④ 2021 年 6 月 20 日卖出 1 000 吨配额时，相关账务处理如下：

借：银行存款 　　　　　　　　　　　　　　　　　　　52 000 元

　　贷：碳排放权资产 　　　　　　　　　　　　　　　　50 000 元

　　　营业外收入 　　　　　　　　　　　　　　　　　　2 000 元

6.1.6.3 外购的碳减排资产

参照外购的碳配额资产进行账务处理。

6.2 碳信息披露

碳信息披露是指企业、组织通过各种途径公开其碳排放及碳减排等相关信息。它是一种促进企业和组织在减少碳排放和应对气候变化方面负责任和可持续发展的重要举措。

按企业披露意愿划分，碳信息披露方式可分为强制性披露和自愿性披露。强制性披露主要指由法律或者政策规定，通常要求披露碳排放相关量化的信息，主要是出于合规目的进行披露。目前，我国针对八大行业重点排放单位，要求每年在规定的日期前在全国碳市场管理平台（企业端）向上级主管部门报送其温室气体排放信息（无须公开披露），其中，发电行业重点排放单位需要在平台上向社会公开披露温室气体信息。此外，开展碳排放权交易业务的重点排放单位中的相关企业需要在财务报表附注碳排放相关信息。主要是由一些国际组织提供相关框架，如气候相关财务信息披露工作组（TCFD）、气候披露标准委员会（CDSB）、碳信息披露项目（CDP）、全球报告倡议组织（GRI）等，主要披露碳排放管理相关的定性信息。我国企业碳排放、碳交易、碳资产相关信息主要通过企业财务年报、重点排放单位温室气体信息公开、ESG 相关报告等途径向社会公众和信息使用者公布。

6.2.1 财务报表列示和披露

根据 2019 年 12 月 16 日财政部发布的《碳排放权交易有关会计处理暂行规定》，针对重点排放单位碳排放权交易相关的情况，应该在财务报表附注中披露。

具体列示和披露规则如下：

若企业期末"碳排放资产"科目存在借方余额，应在资产负债表中的"其他流动资产"项目列示。

此外，企业应在财务报表附注中详细披露企业碳交易的信息，具体如下：

①列示在资产负债表"其他流动资产"项目中的碳排放配额的期末账面价值，列示在利润表"营业外收入"项目和"营业外支出"项目中碳排放配额交易的相关金额。

②与碳排放权交易相关的信息，包括参与减排机制的特征、碳排放战略、节能减排措施等。

③碳排放配额的具体来源，包括配额取得方式、取得年度、用途、结转原因等。

④节能减排或超额排放情况，包括免费分配取得的碳排放配额与同期实际排放量有关数据的对比情况、节能减排或超额排放的原因等。

⑤碳排放配额变动情况，具体披露格式如表 6-1 所示。

表 6-1　碳排放配额变动表

项目	本年度		上年度	
	数量/吨	金额/元	数量/吨	金额/元
1. 本期期初碳排放配额				
2. 本期增加的碳排放配额				
（1）免费分配取得的配额				
（2）购入取得的配额				
（3）其他方式增加的配额				
3. 本期减少的碳排放配额				
（1）履约使用的配额				
（2）出售的配额				
（3）其他方式减少的配额				
4. 本期期末碳排放配额				

6.2.2 重点排放单位温室气体信息公开

　　2021 年生态环境部发布《企业温室气体排放核算方法与报告指南 发电设施》，开始要求发电行业重点排放单位按照指南附录 D 的格式在排污许可平台上对温室气体排放报告相关信息进行公开，接受社会监督。根据 2022 年发布的最新的《企业温室气体排放核算方法与报告指南 发电设施》，主要需要企业公布七个方面内容，包括基本信息、机组及生产设施信息、低位发热量和单位热值含碳量确定方式、排放量信息、生产经营变化情况、编制温室气体排放报告的技术服务机构情况、提供煤质分析报告的检验检测机构情况。目前，全国 2 000 多家电厂已披露了 2019—2021 年三年的碳排放相关信息。重点排放单位信息公开具体内容如表 6-2 所示。

表 6-2　重点排放单位信息公开表模板

1. 基本信息									
重点排放单位名称									
统一社会信用代码									
法定代表人姓名									
生产经营场所地址及邮政编码（省、市、县、详细地址）									
行业分类									
纳入全国碳市场的行业子类									

2. 机组及生产设施信息		
机组名称	信息项	内容
1#机组	燃料类型	如：燃煤
	机组类别	如：非常规燃煤机组
	装机容量（MW）	如：300
	锅炉类型	如：循环流化床锅炉
	汽轮机排汽冷却方式	如：水冷
…		

续表

3. 低位发热量和单位热值含碳量的确定方式												
机组	参数	月份	自行检测				委托检测					未实测
			检测设备	检测频次	设备校准频次	测定方法标准	委托机构名称	检测报告编号	检测日期	测定方法标准		缺省值
1#机组	元素碳含量	1月										
		2月										
		3月										
		…										
	低位发热量	1月										
		2月										
		3月										
		…										
…												

4. 排放量信息
全部机组二氧化碳排放总量（tCO_2）

5. 生产经营变化情况
包括：   a. 重点排放单位合并、分立、关停或搬迁情况；   b. 发电设施地理边界变化情况；   c. 主要生产运营系统关停或新增项目生产等情况；   d. 较上一年度变化，包括核算边界、排放源等变化情况；   e. 其他变化情况。

6. 编制温室气体排放报告的技术服务机构情况
本年度编制温室气体排放报告的技术服务机构名称：
本年度编制温室气体排放报告的技术服务机构统一社会信用代码：

7. 提供煤质分析报告的检验检测机构情况
本年度提供煤质分析报告的检验检测机构/实验室名称：
本年度提供煤质分析报告的检验检测机构/实验室统一社会信用代码：

6.2.3 ESG

目前，上市公司发布的与 ESG 相关的报告主要包括社会责任报告（CSR）、ESG 报告、可持续发展报告等。由于社会责任报告在中国起步较早，目前 A 股上市公司 ESG 信息披露形式以社会责任报告为主。但随着投资领域对 ESG 报告的重视，近年来，上市公司进行 ESG 信息披露的比例逐年上升。

ESG 报告是一种披露企业在环境、社会和治理（ESG）方面的绩效和实践的报告，基于可持续发展目标提出，是近年来企业管理和金融投资中的重要新兴概念。ESG 代表环境（Environmental）、社会（Social）和治理（Governance），这三个维度代表了企业在可持续性和社会责任方面的表现。根据对目前主流评价体系的归纳，ESG 报告通常包括以下内容：

环境：涉及企业在环境资源管理、温室气体排放、能源效率、废弃物管理、水资源管理、土地资源管理、生物多样性、可再生能源等方面的表现和措施。

社会：关注企业对员工、供应商、社区和利益相关方的关系管理，以及企业在人权、劳工权益、产品质量和安全等方面的影响。

治理：关注企业治理结构、风险与机遇管理、贪污腐败、董事会独立性、股东权益保护、薪酬政策、税务、反竞争行为、商业道德等方面，以确保企业良好的管理和透明度。

6.2.3.1 ESG 的由来与发展

ESG 投资起源于西方的社会责任投资，是一种自发的投资理念。1965 年，瑞典斯德哥尔摩成立了第一支基于社会责任投资理念的基金，该基金拒绝投资酒精和烟草类业务。2004 年，联合国全球契约组织与 20 家金融机构联合发布的 "Who Cares Wins" 的报告，首次正式提出 ESG 理念；2006 年，联合国成立负责任投资原则组织（United Nations-supported Principles for Responsible Investment，UN PRI），首次提出将 ESG 议题纳入投资分析和决策过程，旨在推动投资机构将 ESG 融入投资决策。随着国际组织和投资机构的不断推动，企业对社会责任问题更加重视，各种准则和框架也由此产生，比如，GRI、CDP、SASB、TCFD 和 WDI 等，以帮助企业更好地披露社会责任。之后，为了满足 ESG 投资者群体的需求，许多机构创建 ESG 评价业务以评估企业的 ESG 表现。目前市场上的 ESG 评价机构多达上百家，包括明晟（MSCI）、晨星（Morningstar）、道琼斯、富时罗素等。由于目前尚未形成统一的 ESG 披露标准，导致目前企业的 ESG 披露内容差异较大，2020 年 9 月，GRI（全球报告倡议组织）、SASB（可持续发展会计准则委员会）、CDP（碳排放披露项目）、CDSB（气候变化信息披露标准委员会）和 IIRC（国际综合报告委员会）五个主导机构联合发布了构建统一的 ESG 披露标准计划。

中国证监会于 2017 年与环保部联合签署《关于共同开展上市公司环境信息披露工作的合作协议》，旨在推动建立和完善上市公司环境信息披露制度，促使企业履行环境保护社会责任。2018 年，中国证监会修订《上市公司治理准则》，确定了 ESG 基本框架。同年，中国证监会投资基金业协会发布《中国上市公司 ESG 评价体系研究报告》和《绿色投资指引（试行）》，标志着上市公司 ESG 评价的指标框架初步形成。2023 年 7 月，国务院国资委办公厅发布《关于转发〈央企控股上市公司 ESG 专项报告编制研究〉的通知》，为央企控股上市公司编制 ESG 报告提供建议与参考，并提供了三个核心附件，旨在提升央企 ESG 报告的编制质量，标志着中国企业编制 ESG 报告有了统一的参考。

6.2.3.2 ESG 披露的意义

企业进行 ESG 报告的主要目的是为利益相关方提供全面和透明的信息，通过公开披露 ESG 数据和信息，企业可以展示自己在可持续性和社会责任方面的努力和成果，增加企业的信誉和声誉，并吸引更多的投资和业务机会。其具体意义包括：

①体现企业社会责任：通过披露 ESG 信息，企业能够更好地履行社会责任，塑造负责任的企业品牌，提高社会形象和声誉。

②提升风险管理能力：披露 ESG 信息有助于企业识别和管理潜在的环境、社会和治理风险，降低潜在的法律和财务风险。

③增进投资者关系：披露 ESG 信息可以增强投资者对企业的信心，提高企业的吸引力和市场竞争力，ESG 表现良好的企业能够获得各方的资金及资源支持。

④顺应政策合规：随着全球对可持续发展的关注不断加强，披露 ESG 信息已成为企业遵守相关法规和政策的重要要求，发布 ESG 报告是未来监管部门合规要求的必然趋势。

⑤实现公司治理提升：披露 ESG 信息有助于提升公司的治理水平，吸引并保留人才，促进企业的可持续发展和长期价值创造。

6.2.3.3 ESG 披露标准

ESG 信息披露：ESG 报告是企业向社会大众与利益关联方及时、有效披露企业践行社会责任以及在环境、管治等领域的实践情况的有效方式，是企业向社会展示可持续发展能力的有效手段之一，进而影响相关方的投资决策。国际信息披露标准主要包括全球报告倡议组织（Global Reporting Initiative，GRI），ISO 26000（国际化标准组织制定的编号为 26000 的社会责任指南标准），可持续发展会计准则委员会（Sustainability Accounting Standards Board，SASB），碳披露项目（Carbon Disclosure Project，CDP）等。不同的标准在指标体系、侧重点、主要目标、应用范围等方面各具特点。依据毕马威 2017 年发布的企业社会责任调查报告，GRI 标准目前在全球尤其是欧洲企业的使用最为广泛，美国企业较为流行的是用 SASB 标准进行一般性披露，并辅以 TCFD 标准进行气候相关问题披露。

国内信息披露标准主要有生态环境部《企业环境信息依法披露管理办法》《企业环境信息依法披露格式准则》、证监会《上市公司治理准则》、深交所《上市公司社会责任报告披露要求》、上交所《上市公司自律监管指引第 1 号——规范运作》《关于转发〈央企控股上市公司 ESG 专项报告编制研究〉的通知》等文件。关于企业 ESG 信息披露内容，目前国内尚未形成统一的标准。

1. GRI 标准

GRI 即全球报告倡议组织，创立于 1997 年，其宗旨为构建一个全球广泛认可的报告框架，从而对公司在环境、社会和经济方面的表现进行评估、监控和披露。《GRI 标准（2021 版）》包含通用标准、行业标准和议题标准三个系列。

通用标准主要介绍 GRI 标准的宗旨和体系，解释可持续发展报告的概念并说明组织必须遵守的要求和报告原则，包含"GRI 101 基础""GRI 102 一般披露""GRI 103 管理方法"三项通用准则。GRI 101 作为整个报告的基础，是使用 GRI 标准的起点，描述了GRI 标准的使用方式，以及使用本标准的企业所要做出的专项声明或使用声明。GRI 102 是一般披露标准，阐述企业各方面的情况。GRI 103 涉及管理办法，主要对具体主题及相关信息进行解释，并介绍不同主题的管理方法，以及对方法的评价和调整。

行业标准主要为组织提供相关行业信息，组织可采用适用于所在行业的标准确定需要披露的实质性议题及信息。

议题标准包含一系列披露项，用于组织报告与特定议题有关影响的信息，主要包含"GRI 200 经济议题披露""GRI 300 环境议题披露"与"GRI 400 社会议题披露"等议题，为企业提供议题披露内容及方法。每项议题标准下又详细说明了在相应议题下的核心披露和建议披露的指标，具体如表 6-3 所示。

表 6-3　GRI 披露项

GRI 200 经济议题	GRI 300 环境议题	GRI 400 社会议题
GRI 201 经济绩效 GRI 202 市场表现 GRI 203 间接经济影响 GRI 204 采购实践 GRI 205 反腐败 GRI 206 反竞争行为 GRI 207 税务	GRI 301 物料 GRI 302 能源 GRI 303 水资源和污水 GRI 304 生物多样性 GRI 305 排放 GRI 306 污水和废弃物 GRI 307 环境合规 GRI 308 供应商环境评估	GRI 401 雇佣 GRI 402 劳资关系 GRI 403 职业健康与安全 GRI 404 培训与教育 GRI 405 多元化与平等机会 GRI 406 反歧视 GRI 407 结社自由与集体谈判 GRI 408 童工 GRI 409 强迫或强制劳动 GRI 410 安保实践 GRI 411 原住民权利 GRI 412 人权评估 GRI 413 当地社区 GRI 414 供应商社会评估 GRI 415 公共政策 GRI 416 客户健康与安全 GRI 417 营销与标识 GRI 418 客户隐私

2. ISO 26000 标准

ISO 26000 标准是国际标准化组织（International Standard Organization，ISO）制定的编号为 26000 的社会责任标准指南。该标准于 2001 年开始制定，由 54 个国家和 24 个国际组织参与，2010 年 11 月 1 日在瑞士日内瓦国际会议中心发布。ISO 26000 旨在为包括政府在内的所有社会组织的"社会责任"提供国际标准化指南，涵盖社会责任的定义、原则、背景、特点、核心问题等方面。ISO 26000 标准是国际标准化组织制定的一项关于社会责任的指导标准，涵盖了各种组织在商业运作中的社会责任。该标准被广泛认可和应用于全球各个行业，具有一定的权威性和可操作性。

ISO 26000 标准共包含组织治理、人权、劳工实践、环境、公平运营实践、消费者问题、社会参与和发展 7 大类社会责任核心议题，下设 37 个问题和 217 个细化指标（图 6-1），旨在深化企业对社会责任的理解。

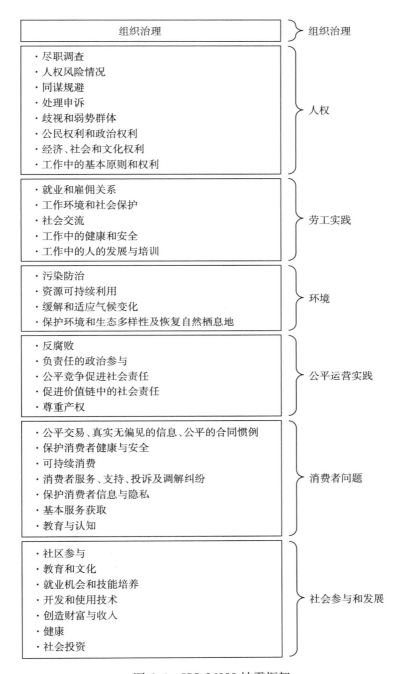

图 6-1　ISO 26000 披露框架

总体来说，ISO 26000 可以帮助企业增强对社会责任的认知以及改善与员工、客户等利益相关者的关系，为企业实现社会绩效和促进可持续发展提供了指引，但是企业需要付费认定自己是否符合这一标准，这对中小型企业来说成本较高。

3. SASB 标准

SASB（可持续会计准则委员会）于 2011 年在美国成立，是非营利性质的组织。该委员会的职能是为企业可持续发展制定会计准则，其于 2018 年正式发布了披露标准。该标准旨在为投资者提供非财务信息，并帮助企业提高在决策和执行方面的效益。SASB标准共包含六个元素，标准和应用指南、行业描述、可持续性主题、可持续会计准则、技术守则、活动度量标准，每部分具体内容如表 6-4 所示。

表 6-4　SASB 标准内容

元素	具体内容
标准和应用指南	主要包括应用范围、报告格式、时间、限制和前瞻性声明等
行业描述	对每类标准所适用的行业进行简单描述，并对各行业可能涵盖的公司类别和业务模型做出相关假设
可持续性主题	即信息披露主题，主要指对公司创造长期价值有实质性影响的因素
可持续会计准则	提供标准化的指标，用于衡量公司在各个可持续性主题的绩效
技术守则	针对各个可持续发展会计指标的定义、披露范围、会计指导、编制和呈现方式等提供相关指引
活动度量标准	衡量企业业务规模，具体包括员工总数、客户数量等行业通用数据

其中可持续性主题旨在强调帮助企业创造长期价值的各项活动，并将活动划分为了五个维度，分别是环境、社会资本、人力资本、商业模式和创新、领导力和治理，并从中确定了 26 个议题，具体如表 6-5 所示。

表 6-5　SASB 标准的可持续发展主题及内容

维度	议题
环境	温室气体排放、空气质量、能源和燃料管理、水和水污染管理、污染材料和有毒材料管理、生态影响
社会资本	人权和社区关系、消费者隐私、数据安全、获取和负担能力、消费者福利、产品质量和安全、营销实践与产品标签
人力资本	劳工实践、员工健康与安全、员工敬业度、多样性与融入度
商业模式和创新	产品设计和使用周期管理、商业模式弹性、供应链管理、材料采购与利用率、气候变化的具体影响
领导力和治理	商业道德、竞争行为、法治和监管环境适应、重大事件风险管理、系统风险管理

4. 碳信息披露项目（CDP）

CDP（Carbon Disclosure Project，碳信息披露项目）是一个全球性的非营利性组织，总部位于英国，成立于 2000 年，致力于推动全球企业、城市和政府披露其在气候变化、水资源管理和森林保护方面的信息和数据，促进全球向低碳经济和可持续发展转型。

企业参与 CDP 问卷的意义主要是为了满足投资者和利益相关方要求。随着社会责任概念的深入，越来越多的投资机构和利益相关方要求企业披露关于气候变化的信息。CDP 披露平台将气候相关财务信息披露工作组（TCFD）的建议转化为实际的披露问题和标准化的年度格式，为投资者和披露者提供了一个独特的平台，使 TCFD 框架能够实践于现实世界。在环境信息披露日益普及的今天，通过 CDP 进行披露可使公司满足多个地区的报告规则，增加与投资者和利益相关方的沟通和透明度。CDP 披露流程及意义如图 6-2 所示。

企业参与 CDP 的方式有两种，自主披露、回应投资者或客户的披露需求。

①自主披露：指企业自愿选择参与 CDP 的调查问卷，按照要求填写和提交相关的数据和信息。CDP 通常会在每年初发布新的调查问卷，企业可以自行注册并参与。

②回应投资者或客户的披露需求：指企业受投资者或客户的邀请，通过填报邀请邮件内附专属链接注册账户，参与填报 CDP 调查问卷。

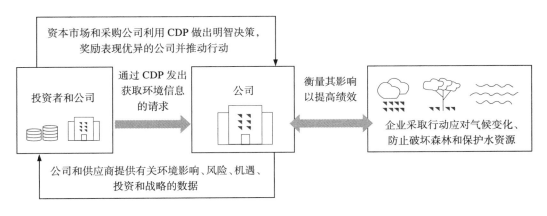

图 6-2　CDP 披露流程及意义

CDP 官网每年更新披露时间节点，每年的时间节点略有不同。根据 2023 年的时间进度要求，CDP 网站于 1 月份发布预览问卷和指南，3 月份向企业发出正式邀请，于 4 月 17 日开放在线答复系统，7 月 26 日评分截止。

CDP 提供气候变化问卷、森林问卷、水安全问卷三大领域的问卷，参与者可根据自己的业务特点、客户要求或关注领域等方面选择相对应领域的问卷进行填写。问卷包含完整版和简洁版两种，其中简洁版包含的问题较少，且不包含行业特定问题和数据点，仅年收入低于 2.5 亿欧元/美元，且主要回复来自客户、CDP 银行项目成员、RE100 倡议或者净零资产管理者（NZAM）倡议的邀请的企业才有资格填写。完整版问卷包含与企业相关的所有问题，且包括行业特定问题和数据点，其中，CDP 网站中的活动分类系统（CPD-ACS）会根据公司选取的行业类型向公司分配行业特定问题；供应链模块的信息非公开，仅提供给 CDP 供应链项目的企业合作伙伴、提供商品或服务的供应商。CDP 问卷每年更新，2023 年最新完整版三大领域问卷具体包含的模块如表 6-6 所示。

表 6-6　三大领域问卷模块

气候变化问卷		水安全问卷		森林问卷	
C0	简介	W0	简介	F0	简介
C1	治理	W1	当前状况	F1	当前状况
C2	风险和机遇	W2	业务影响	F2	程序
C3	商业战略	W3	程序	F3	风险和机遇
C4	目标和绩效	W4	风险和机遇	F4	治理
C5	排放方法	W5	设施级别水核算	F5	商业战略
C6	排放数据	W6	治理	F6	实施
C7	排放细分	W7	商业战略	F7	审验
C8	能源	W8	目标	F8	障碍及挑战
C9	附加指标	W9	审验	F17	签核
C10	审验	W10	塑料	F9—F16	行业特定问题
C11	碳定价	W11	签核	SF	供应链
C12	参与	SW	供应链		
C15	生物多样性				
C16	签核				
C13—C14	特定行业问题				
SC	供应链				

根据 CDP 网站发布的《2022 年中国企业 CDP 披露情况报告》，2022 年全球有 18 600 多家企业在 CDP 平台披露气候变化相关环境信息，较 2021 年增长 42%；其中中国（含港澳台）参与 CDP 气候变化相关环境信息披露的企业达 2 700 多家，较 2021 年增长 43%（图 6-3）。

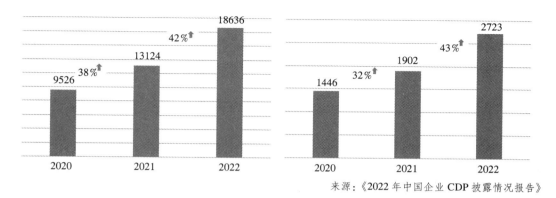

来源：《2022 年中国企业 CDP 披露情况报告》

图 6-3　2020—2022 年全球及中国 CDP 披露趋势

在 2 723 家回复气候变化问卷的中国企业中，2 580 家企业向其客户提交了回复，368 家企业向其投资者或通过自主申请填报提交了回复。整体而言，参与气候变化信息披露的中国企业更多是受到了来自其客户的购买力驱动。一方面，中国作为高质量且输出稳定的制造业大国，被全球采购方青睐并占据全球供应链中重要一环；另一方面，恶劣气候影响加剧、环境监管政策收紧以及能源价格波动导致国际品牌机构迫切需要寻找更具有气候风险韧性的供应商伙伴共同实践商业低碳转型。

受投资者邀请参与 CDP 披露的企业 95% 以上为上市公司。2022 年中国内地和港澳台地区受投资者邀请参与 CDP 所有环境议题披露的企业达到 376 家，较 2021 年增长 68%。这主要有两方面原因：一是投资者推动披露的力度加大，邀请范围扩大；二是企业自身的披露和管理意识增强，回复率有所提高。

但总体来看，参与 CDP 披露的中国上市企业数量仍低于全球平均水平。全球主要市场均已出台或明确将要出台"强制性环境信息披露"的要求，而中国内地尚处于"强制＋自愿披露"阶段。因市场政策环境的差异，中国上市公司披露数量占 CDP 整体披露量的比例和全球比例相差较大，2021 年全球平均水平约为 25%，而中国不足 10%。2022 年中国上市公司披露数量占整体披露数量的比例上升到了 14%，缩小了和全球平均水平（27%）的差距。

5. 国内央企控股上市公司 ESG 报告标准

2023 年 7 月 25 日，国务院国资委办公厅发布了《关于转发〈央企控股上市公司 ESG 专项报告编制研究〉的通知》，为央企控股上市公司编制 ESG 报告提供建议与参考。该通知中为央企控股上市公司编制 ESG 报告提供了三个核心附件：一是《中央企业控股上市公司 ESG 专项报告编制研究课题相关情况报告》，作为总纲，介绍了课题研究背景、过程、成果、特点及预评估等内容;二是《央企控股上市公司 ESG 专项报告参考指标体系》,为上市公司提供了最基础的指标参考;三是《央企控股上市公司 ESG 专项报告参考模板》,提供了 ESG 专项报告的基础格式参考。

附件二从环境、社会、治理三大范畴,构建了 14 个一级指标、45 个二级指标、132 个三级指标的指标体系,以定量或定性指标的形式反映三大领域重点主题,并提供了指标讲解说明,为企业理解指标内涵、开展收集与计算工作提供了科学的方法路径。具体指标如表 6-7 所示。

表 6-7 央企控股上市公司 ESG 披露指标体系

主题	一级指标	二级指标
环境范畴	资源消耗	水资源、物料、能源、包装材料
	污染防治	废水、废气、固体废物
	气候变化	温室气体排放、减排管理、环境权益交易、气候风险管理
	生物多样性	生产、服务和产品对生物多样性的影响
	资源与环境管理制度措施	低碳发展目标制定与战略措施、资源管理措施、节能降碳统计监测与考核奖惩体系、绿色环保行动与措施、绿色低碳认证、环境领域合法合规
社会范畴	员工权益	员工招聘与就业、员工薪酬与福利、员工健康与安全、员工发展与培训、员工满意度
	产品与服务管理	产品安全与质量、客户服务与权益、创新发展
	供应链安全与管理	供应商管理、供应链环节管理
	社会贡献	缴纳税费情况、社区共建、社会公益活动、国家战略响应
治理范畴	治理策略与组织架构	治理策略及流程、组织构成及职能、薪酬管理
	规范管理	内部控制、廉洁建设、公平竞争
	投资者关系管理与股本权益	投资者关系管理、股东权益、债权人权益
	信息披露透明度	信息披露制度、信息披露质量
	合规经营与风险管理	合规经营、风险管理

附件三界定了 ESG 报告的基本内容,由 10 个一级标题、26 个二级标题以及 2 个参考索引表组成,标准化设定了 ESG 专项报告框架,便于监管机构、投资者、社会公众等查阅,同时引入了第三方机构对报告进行评价并出具评价报告,保证了报告信息的真实性与可靠性。报告具体需包含的内容如下:

一、企业及报告基本信息	3. 应对 ESG 风险的管理措施和实践、管理 ESG 机遇的实践情况
1. 上市公司中文名称及简称、外文名称及缩写	4. 其他适用信息
2. 上市公司所在地	四、利益相关方沟通
3. 股票上市交易所	1. 利益相关方的介绍
4. 股票简称和股票代码	2. 识别利益相关方的过程
5. 公司架构	3. 与利益相关方的沟通渠道
6. 报告期内上市公司所属行业及所从事的主要业务类型	4. 回应利益相关方需求的措施和执行情况
7. 报告名称、外文名称	5. 其他适用信息
8. 报告统计口径	五、实质性议题评估
9. 选定的登载 ESG 信息披露的网址	1. 识别及评估实质性议题的准则和流程
10. 其他适用信息	2. 实质性议题评估的结果
二、ESG 管理	3. 其他适用信息
1. ESG 愿景、公开承诺及其完成情况	六、环境范畴责任披露
2. ESG 发展战略和行动计划	七、社会范畴责任披露
3. ESG 治理架构及其中机构或个人的职权范围与责任	八、治理范畴责任披露
三、ESG 风险与机遇	九、指标索引
1. 识别及评估 ESG 风险的方法和流程	十、第三方评价报告
2. 识别及评估 ESG 机遇的方法和流程	

6.2.3.4 ESG 披露国内现状

①披露比例偏低。根据海南省绿色金融研究院的研究报告，截至 2022 年，发布 ESG 相关报告的上市公司达 1 427 家，当年披露 ESG 相关报告 1 513 份，披露比例占比约 30%。从行业分布看，银行业 ESG 报告披露率为 100%，非银行金融披露比例达 83%，钢铁、煤炭、交通运输、公用事业、传媒、房地产、食品饮料、石油石化八个行业的披露比例超过 40%，披露比例较低的是汽车、建筑装饰、基础化工、计算机、电子、社会服务、通信、机械设备等行业，均低于 25%；从企业属性看，国有企业披露比例为 49%，非国有企业披露比例为 23%。

②ESG 披露标准不统一，目前国内以自愿披露为主，国际、国内披露准则较多，上

市公司披露参考的标准不同，缺乏可比性和准确性。

③披露质量不高。已披露的 ESG 相关报告中，以模糊定性的《社会责任报告》占比较高，缺乏定量的数据，与国际通行的 ESG 报告编制要求相差较大。

6.3 碳资产评估

6.3.1 碳资产评估概述

6.3.1.1 碳资产评估概念

首先，碳资产评估属于企业的资产评估，根据《中华人民共和国资产评估法》第二条规定，"资产评估是指评估机构及其评估专业人员根据委托对不动产、动产、无形资产、企业价值、资产损失或者其他经济权益进行评定、估算，并出具评估报告的专业服务行为。随着国内碳交易市场的兴起，企业为了掌握其碳资产的价值，需要对拥有的碳资产的价值进行量化，碳资产评估应运而生。根据资产评估的定义，结合我国碳市场交易和碳减排市场运行现状，本书对碳资产评估进行如下定义：碳资产评估是指企业或专业的评估人员遵循法定或公允的标准和程序，运用科学的方法，对企业、行业、地区在一定时点上拥有的碳资产进行量化的过程，包括碳配额资产、自愿减排碳资产以及衍生的碳金融资产。

碳资产评估的目的通常包括碳资产的交易、抵（质）押和编制财务报告等，具体如下：

①交易目的：指企业对国家发放的碳配额和开发或购买的碳减排资产的量及价值进行评估，为参与碳交易提供交易价格的基础和参考。

②抵押或质押目的：碳资产拥有者将碳资产抵押或质押给金融机构或其他非金融机构时，需要对其用于抵押或质押的碳资产的价值进行评估，发放贷款一方按照评估价值的一定比例确定贷款额度。

③财务报告目的：由于碳资产是属于企业资产的一种类型，企业在编制财务报告时，需要确认其拥有的碳资产在特定基准日的价值，因此需要资产评估机构或人员按照特定的法律法规、资产评估准则、企业会计准则等要求对碳资产的价值进行评估。

6.3.1.2 经济学基础

碳资产评估的经济学基础主要是效用价值理论、均衡价值理论和劳动价值论等资产评估理论。

（1）效用价值理论

效用价值最早由经济学家巴尔本提出，随后孔狄亚克、萨伊、戈森、杰文斯等经济学家不断完善。该理论认为商品的价值是由人民对商品效用上的主观评价决定的，效用是指商品或劳务满足人的欲望的能力或者消费者在消费商品后所感受到的满足程度，效用越大，资产的价值就越高。对碳资产占有者来说，无论获取碳资产的成本如何，只要能给占有者带来较大的收益，碳资产的价值就越高。[①]

（2）均衡价值理论

均衡价值理论指商品的价值是由商品的供需关系决定的，商品的需求量与供给量相等时的价格，即消费者为购买一定商品量所愿意支付的价格与生产者提供一定商品量所愿意接受的价格相一致的价格就是均衡价格。在碳资产评估中，准确掌握碳交易市场的供需关系，根据在供需相等时的碳资产的价格和拥有的碳资产量，即可评估出掌握的碳资产的价值。

（3）劳动价值论

劳动价值论由经济学家大卫·李嘉图创立。劳动价值论认为商品的价值是由劳动决定的，主张劳动是价值的唯一源泉，价值是商品交换的基础。在碳资产评估方面，碳资产是通过使用先进的生产设备、工艺实现的减排量以及通过建设新能源、植树造林等项目并对其产生的减排量进行开发所创造的价值，因此，在碳资产评估中，需准确把握碳资产所形成的劳动基础，才可评估碳资产的价值。

6.3.1.3 碳资产评估基本假设

由于目前碳资产处于动态碳交易市场中，资产价值不断变化，因此，需要有一定的前提条件，才能对碳资产价值进行评估和确认。碳资产评估基本假设主要包括交易假设、公开市场假设和持续使用假设。

（1）交易假设

交易假设指假定所有的碳资产均处于可交易状态，可随时在碳市场或碳减排市场进

---

① 徐苗，张凌霜，林琳. 碳资产管理［M］. 广州：华南理工大学出版社，2015.

行交易，评估师根据在市场上的交易价格和交易条件、费用等对碳资产进行评估。随着全国碳市场的开市，目前已具备了可交易的前提条件，满足交易假设。

（2）公开市场假设

公开市场假设是指资产可以在充分竞争的市场条件下自由买卖的假设。在该市场中，买卖双方地位平等，彼此都有足够的时间和机会获取市场信息，买卖双方自愿进行交易，资产的交换价值受市场机制的制约并由市场行情决定，而不是由个别交易者决定。

（3）持续使用假设

持续使用假设指待评估碳资产正处于使用状态且未来还能继续使用的假设，强调资产现在及以后具有有用性和有价值性。

6.3.1.4 碳资产价值影响因素

碳资产价值影响因素通常包括气候环境因素、政策因素、能源因素、企业因素和周期性因素等，评估碳资产价值时应考虑各因素对价值的影响程度。

（1）气候环境因素

气候的变化如温度的升高和降低等会造成社会对能源需求的变化，导致二氧化碳排放的增加或降低，从而导致碳资产的价格波动。

（2）政策因素

政策因素主要包括政府制定的碳市场纳入的主体范围、配额分配方式、碳减排项目的开发与抵消机制等相关减排政策。在目前的碳交易体系下，碳市场纳入的主体主要为发电行业，碳配额分配主要由政府根据全国碳核查的结果、减排目标以及经济、产业、重点排放单位排放情况等因素确定，这直接决定了碳资产的市场空间和供需总量，从而影响碳资产的价格水平。此外，碳市场采取抵消机制，即允许企业购买国家核证自愿减排量进行履约，但抵消条件和比例有所限制，因此，抵消机制的制定对碳资产的价格也有很大的影响。

（3）能源因素

能源因素包含能源结构因素和能源价格因素。能源结构因素主要指国家的各类能源资源拥有量，我国富煤、缺油、少气的资源禀赋决定了火电在电源结构中占据主导地位，而火电产生的碳排放量较大，从而对碳排放配额的需求和价格产生影响。不同能源的成本和产生的碳排放量不同，也会对碳排放配额、碳减排资产等的需求和价格产生影响。

（4）企业因素

企业因素通常包括企业的行业类型、生产设备的效率、生产规模、碳排放强度等因素。这些因素主要通过影响企业对碳资产的需求和国家分配的配额量来影响企业拥有的碳资产量，进而影响企业拥有的碳资产的价值。

（5）周期性因素

碳排放配额一般在年初进行预分配、年末清缴。这些因素会导致碳资产在市场供需、流动性等方面呈现明显的周期性特点，进而对碳资产价格造成影响。

6.3.2 碳资产评估方法

资产评估方法指估算企业资产价值时所采用的计算方法、所采用的途径和技术手段的总和，主要包括市场法、成本法和收益法三种基本方法及其衍生方法，以及其他创新方法如实物期权法、影子价格法等，以上资产评估方法也同样适用于碳资产的价值评估。本部分内容主要参考中国资产评估协会 2022 年 6 月发布的《资产评估专家指引第 ×× 号——碳资产评估（征求意见稿）》进行论述。

6.3.2.1 市场法

市场法指利用市场上同样或类似碳资产的近期或往期交易价格，通过直接比较或者类比分析等方法评估碳资产的价值。使用市场法有两个前提条件，一是存在活跃的公开的碳市场，二是在市场上可以找到可比的资产及其交易。资产评估人员需要综合考虑碳资产价值的影响因素、所获取碳资产数据资料的充分性和可靠性、产权持有人情况、价值类型等因素，考虑市场法的适用性。使用市场法对碳资产进行评估时应充分了解碳资产的情况并搜集与资产类型、交易场所、交易日期等因素类似的交易信息，综合考虑来确定碳资产的价格。在此基础上，还需根据不同的评估目的，对价格进行适当的修正。基本公式为：

被评估碳资产价值＝企业碳资产拥有量×参照物成交价格×修正系数 1×修正系数 2×⋯×修正系数 n （式 6-1）

此外，在评估碳减排资产的市场价值时，应充分考虑减排项目开发流程及周期因素，综合分析碳市场发展状况、国家减排政策、社会碳排放强度等因素，对未来年度的碳价进行合理预测。

6.3.2.2 成本法

成本法指通过估算碳资产的重置成本来评估碳资产的价值。重置成本又称现行成本，是指按照当前市场条件，重新取得同样一项资产所需支付的现金或现金等价物金额。使用成本法估算碳资产的前提条件是判断获取碳资产的成本是否能够可靠计量，只有成本能可靠计量的碳资产才可使用成本法对其进行评估。

不同类型的碳资产，重置成本不同。碳配额重置成本包括资产持有人在碳交易市场上获取碳配额的相关成本。减排碳资产的重置成本为减排项目的设计、开发、审定、核证等程序中花费的成本及相关费用，并须考虑相关资产的折旧或摊销、资金成本等因素。

6.3.2.3 收益法

收益法指通过评估碳资产未来预期净收益的现值，来判断资产价值的评估方法。在运用收益法对碳资产价值进行评估时，应结合碳资产的具体用途，重点分析碳资产未来的经济收益及资金的使用成本。该评估技术认为，理智的投资者在购置或投资某一资产时，愿意支付或投资的货币数额不会超过该资产未来带来的收益。应用收益法的前提是：能够预测被评估碳资产未来收入和相应成本的现金流量，其中预期收入包括直接交易获得的收益以及碳资产的协同效应，即间接收益；成本主要涵盖项目开发、审定、核证、后期监测等程序中的花费。通过每期收入减去成本计算净收益，并通过折现率估算碳资产的价值。具体估算公式如下：

$$P = \sum_{t=1}^{n} \frac{F_t}{(1+r)^t} \qquad (式6-2)$$

式中，P 是碳资产的评估价值；F_t 是第 t 期碳资产的预期净收益，等于第 t 期现金流入减现金流出；r 是折现率或资金成本；t 是收益预测年；n 是收益预测期限。

6.3.2.4 影子价格法

生产要素的影子价格是指在其他投入要素保持不变条件下，减少一单位生产要素投入所导致的企业生产总值的减少值。碳资产的影子价格，指每减少一单位碳排放所造成的额外经济成本或利润损失，本质是二氧化碳等温室气体的边际减排成本。

使用影子价格法评估碳资产的价值，需要具有相关主体技术水平、资本投入、劳动投入等历年数据支持，合理构造企业生产函数。目前，影子价格法尚处于理论研究与探索阶段，运用较多的是柯布—道格拉斯生产函数。

本章思考题

1. 根据目前学术界对于碳资产会计计量属性的争议，你认为哪一种计量属性更适合中国碳交易市场的情况？

2. 结合目前中国碳交易市场和碳减排市场的情况，企业将碳资产确认为哪种资产更合理？

3. 随着碳交易市场和碳减排市场的不断完善，未来将有第三方或者多方进入市场进行交易，目前针对重点排放企业的会计处理方法是否适用？若不适用，未来如何进行会计处理？

4. 结合目前企业 ESG 披露和评价现状，你认为目前 ESG 披露和评价体系是否存在问题？如何去解决这些问题？

5. 现阶段企业进行 ESG 披露的主要驱动因素是什么？如何提高企业 ESG 披露的积极性？

第 7 章　碳金融

碳资产管理的主要目的是实现碳资产的保值增值，参与碳交易是实现碳资产保值增值的手段之一。若想使碳资产管理实现更多灵活的目标，则需要借助适宜的碳金融产品。一方面，碳金融产品可以帮助企业融通资金，尽快地获取现金流，另一方面，企业可以通过盘活碳资产实现一定的收益，实现碳资产的增值。此外，企业还可以借助碳金融产品控制碳价波动的风险，实现碳资产的保值。因此，碳金融是企业碳资产管理必不可少的一部分。

7.1 碳金融与气候投融资

7.1.1 碳金融概述

7.1.1.1 碳金融的来源

国际气候政策变化促进了碳金融的发展，碳金融是建立在《京都议定书》和《联合国气候变化框架公约》的基础上而兴起的低碳经济投融资活动。[1]随着世界各国对全球气候变化的关注度不断提高，碳金融正在成为一个新兴的金融领域。

碳金融是指服务于限制温室气体排放等技术和项目的直接投融资、碳排放权交易和银行贷款等金融活动。碳金融主要包括碳排放权及其衍生物的交易和投资、低碳项目开发的投融资以及其他相关的金融中介活动。用通俗的话讲，碳金融就是把碳排放当作一个有实际价格的商品，用以进行现货[2]、期货等金融形式的买卖过程，这是狭义的碳金

---

[1] 杨建文，潘正彦. 上海金融发展报告 2011 [M]. 上海：上海社会科学院出版社有限公司，2011.
[2] 刘萍，陈欢. 碳资产评估理论及实践初探 [M]. 北京：中国财政经济出版社，2013.

融。广义的碳金融除此之外，还包括传统金融活动的改造升级，核心在于金融产品创新，其创新主体主要是碳银行、碳基金、碳保险、碳信用等机构投资者。

7.1.1.2 碳金融的核心

碳金融的核心是碳排放权交易。根据发端于《京都议定书》的将市场机制作为解决以二氧化碳为代表的温室气体减排问题的新路径[①]，相关国家政府将企业的碳排放总量进行限制，并根据每个企业的实际排放情况分配碳排放配额。企业如果超过限额则需要购买额外的碳排放权，如果排放量低于限额则可以将多余的排放权出售给其他企业。一般企业在决定减排方法时，需要按照分配的配额数量和成本，比较自己减排的边际成本与购买配额的成本。有的企业选择卖出配额，有的企业选择买入[②]，这种碳排放权的交易形式构成了碳市场的基本要素，也为碳金融的发展提供了环境基础。它为企业和投资者提供了一种通过碳市场获得收益的机会，同时也推动了低碳经济的转型。

7.1.2 气候投融资概述

7.1.2.1 气候投融资的提出背景

20 世纪以来，全球以变暖为突出特征的气候变化是人类社会所面临的最大挑战之一，根据 2023 年第 28 届联合国气候变化框架公约（UNFCCC）缔约方大会（COP28）会议期间发布的《2023 年全球碳预算》报告，全球大气中二氧化碳的平均浓度预计在 2023 年将达到 419.3 ppm（1 ppm 为百万分之一），比工业化前水平高出 51%。根据世界气象组织 2024 年 1 月 12 日发布的新闻公报，2023 年全球平均气温比工业化前（1850—1900 年）水平高 1.45 ℃，确认 2023 年为有记录以来最热的一年。同时，因燃烧化石燃料、森林砍伐和土地改变等人类活动导致的温室气体排放是气候变化的主要驱动因素也已经成本全球基本共识。以变暖为主的气候变化已经对全球的自然生态系统和社会经济系统造成了巨大的影响。这其中包括极端天气的增加，海平面的上升、植被的破坏、水资源的减少、农作物的歉收等。人类目前应对气候变化的途径主要有减缓和适应两类，但不管是哪一种应对气候变化的方式，实现相应的气候目标都需要巨额资金的投入，气

---

① 徐苗，张凌霜，林琳. 碳资产管理［M］. 上海：上海科技教育出版社，2015.
② 马玉荣. 碳金融与碳市场 基于英国与美国比较视角［M］. 北京：红旗出版社，2016.

候投融资正是在人类应对气候变化的过程中应运而生的。

1992 年，联合国环境与发展大会在里约召开，与会各方签署了《联合国气候变化框架公约》，这一公约成为国际社会在应对全球气候变化问题上进行国际合作的基本框架。而从 1995 年《联合国气候变化框架公约》第一次缔约方会议开始，国际气候投融资便成为缔约方会议的重要内容，1997 年《京都议定书》发端的清洁发展机制（CDM）也被视为一种特殊的国际气候投融资形式。2009 年，在联合国气候变化大会（COP15）上，发达国家承诺到 2020 年每年为发展中国家提供 1000 亿美元的资金，支持其应对气候变化行动，2015 年，联合国气候变化大会通过的《巴黎协定》要求，为加强对气候威胁的全球应对，2020 年以后发达国家向发展中国家每年至少动员 1000 亿美元的资金支持，2025 年前将确定新的数额，并持续增加。国际气候资金流向成为全球气候投融资的一个重要焦点，但关于资金统计口径问题一直是多方争议的一个焦点。

我国气候投融资工作的提出和进程与"双碳"目标的提出紧密相关，2020 年 10 月，生态环境部等五部委联合发布《关于促进应对气候变化投融资的指导意见》，该意见提出"以实现国家自主贡献目标和低碳发展目标为导向，以政策标准体系为支撑，以模式创新和地方实践为路径，大力推进应对气候变化投融资发展"。2021 年 12 月，生态环境部等九部门联合发布了《关于开展气候投融资试点工作的通知》，并于 2022 年 8 月正式确定了全国范围内的 23 个气候投融资试点地区名单，探索差异化的气候投融资体制机制、组织形式、服务方式和管理制度。

7.1.2.2 气候投融资的概念

气候投融资（Climate Finance）一般是指为推动应对气候变化和实现低碳经济转型而进行的投资和融资活动。根据《联合国气候变化框架公约》（UNFCCC）官网定义，气候投融资是地方、国家或跨国投融资——来自公共、私人和替代性投融资来源，旨在支持减缓和适应气候变化的行动。

因此，可以看出气候投融资包括公共和私人部门的资金投入。公共投资主要由政府和国际组织提供，旨在支持低碳和可持续发展的项目。公共投资可以采用直接资金拨款、开展政府项目、提供补贴和奖励等方式。私人投资则是指企业、金融机构和个人投资者等私营部门的资金流入，用于支持低碳和气候友好的商业项目。私人投资通常通过商业贷款、股权投资、债券发行等方式实现。

2020 年生态环境部等五部门发布的《关于促进应对气候变化投融资的指导意见》和 2021 年态环境部等九部门发布的《关于开展气候投融资试点工作的通知》及附件《气候

投融资试点工作方案》给出了我国气候投融资的官方定义，提出"气候投融资是指为实现国家自主贡献目标和低碳发展目标，引导和促进更多资金投向应对气候变化领域的投资和融资活动，是绿色金融的重要组成部分"，同时提出，气候投融资支持范围包括减缓和适应两个方面。减缓气候变化包括调整产业结构，积极发展战略性新兴产业；优化能源结构，大力发展非化石能源，实施节能降碳改造工程项目；开展碳捕集、利用与封存试点示范；控制工业、农业、废弃物处理等非能源活动温室气体排放；增加森林、草原及其他碳汇等。

适应气候变化包括提高农业、水资源、林业和生态系统、海洋、气象、防灾减灾救灾等重点领域适应能力；加强适应基础能力建设，加快基础设施建设，提高科技能力等。

7.1.2.3 气候投融资发展目标

气候投融资的发展目标是通过资金和资源的有效配置，促进低碳和气候友好的项目或措施的实施，包括促进低碳经济转型、降低温室气体排放、推动可再生能源发展、促进低碳交通发展、适应气候变化等。

（1）促进低碳经济转型

气候投融资的主要目标之一是推动低碳经济的转型。通过投资和融资，引导资金流向低碳和可再生能源项目，如太阳能、风能等清洁能源的发展。此外，气候投融资还支持能源效率改进和减少能源消耗的措施，以减少对传统高碳化石能源的依赖，推动经济的高质量可持续发展。

（2）降低温室气体排放

减少温室气体排放是气候投融资的核心目标之一。借助投资和融资，支持和推动减排项目的实施，以减少二氧化碳等温室气体的排放量。这包括通过促进清洁能源的使用、改进工业生产过程、推广节能技术等途径来降低温室气体排放。

（3）推动可再生能源发展

气候投融资的目标之一是推动可再生能源的发展。通过投资和融资，支持太阳能、风能、水能等可再生能源的开发和利用。积极引导资金流向可再生能源项目，减少对传统的燃煤、石油和天然气等高碳能源的依赖，从而降低碳排放。

（4）促进低碳交通发展

气候投融资还致力于推动低碳交通的发展。投资和融资可以支持公共交通系统的建设，推广节能和清洁交通工具（如电动汽车）的使用，以减少交通运输对碳排放的"贡献"。通过推动低碳交通的发展，可以实现减排和提高能源利用效率的目标。

（5）适应气候变化

气候投融资的目标之一是帮助国家和地区适应气候变化的影响。投资和融资用于支持城市防洪和抗旱设施的建设、农业和水资源管理的改进、海岸线和生态系统的保护等。通过提高抵御气候变化的能力，减少灾害风险和损失，实现社会和经济的可持续发展。

7.1.3 碳金融和气候投融资之间的关系

碳金融强调的是碳排放权交易和碳市场上的金融活动。碳金融主要是围绕碳市场进行的金融交易和衍生品创新，重点在于碳排放权的买卖和碳金融衍生品的交易。气候投融资的目标是推动低碳经济转型和应对气候变化，着重于在广泛范围内支持可再生能源、能源效率和适应气候变化的项目和措施。

碳金融和气候投融资在应用方式上存在一定的差异。碳金融主要是金融机构和投资者参与碳市场的交易和投资活动，追求利润最大化。而气候投融资更多地强调公共利益和可持续发展的目标，注重投资和融资的社会、环境效益，并倡导绿色金融和可持续投资的原则。

尽管碳金融和气候投融资在目标、范围和应用方面存在一些差异，但二者之间又相互影响、互为补充。碳金融提供了一种支持低碳经济发展的机制，可以为企业提供灵活的碳排放权获取渠道和碳减排策略，促进碳市场的形成和发展。而气候投融资则为碳金融提供了更广阔的投资机会和市场需求，推动碳金融的应用范围和创新。两者的结合有助于推进低碳经济转型和应对气候变化的目标。气候投融资为碳金融的发展提供了条件，而碳金融是构成气候投融资的核心体系。

7.2 碳金融市场的概念

碳金融市场（Carbon Finance Market）有狭义和广义之分。狭义的碳金融市场专指以碳排放权为标的资产的碳交易市场。广义的碳金融市场则指与温室气体排放权相关的各种金融交易活动和金融制度安排。它不仅包括碳交易，还包括一切与碳投融资相关的经济活动，具体包括：①碳信贷市场，如商业银行的碳金融创新、绿色信贷、CDM 项目抵押贷款等；②碳现货市场，如基于碳配额和碳项目交易的市场；③碳衍生品市场，如碳远期、碳期货、碳互换、碳期权等衍生产品市场；④碳资产证券化，如碳债券、碳基金等；⑤机构投资者和风险投资者介入的金融活动，如碳信托、碳保险等；⑥与发展低碳能源项目投融资活动相关的咨询、担保等碳中介服务市场①。

7.2.1 碳金融市场特点

碳金融市场的特点主要体现在交易目的的特殊性、交易对象的特殊性、交易主体的特殊性以及交易价格的特殊性四个方面。

（1）交易目的的特殊性

传统金融市场上的交易是为了进行投融资，实现资金的融通和资产的保值增值。但碳金融市场除了上述目标之外，更重要的目标是其社会责任和历史使命，即更多的是为了应对日益严峻的气候变化，通过市场机制有效减少温室气体排放，实现经济的可持续发展和人类生存环境的优化。高能耗企业进行碳交易是为了实现自身的减排目标，承担自身的环境责任，投资者和投机者的碳交易行为在客观上也实现了市场的这一目标。因此，与一般的金融市场相比，碳金融市场交易目的具有一定的社会价值和意义。

（2）交易对象的特殊性

碳金融市场与传统金融市场的交易对象有很大区别。传统的金融市场以金融商品或工具作为交易对象，金融商品是资金或代表资金的各种票据、凭证和证券等。碳金融市场则以碳排放权为交易对象，碳排放权实质上是一种产权，是稀缺环境容量使用权的获取。环境容量的有效性带来了这一资源的稀缺性，而资源的稀缺性又赋予了其可交易的内涵，即具有财产权的性质。《京都议定书》发端的温室气体排放交易制度使全球稀缺资源的环境公共产品——温室气体获得了产权。各国为达到减排指标或自身碳中和需要而进行碳排放权的买卖，便形成了碳交易市场。随着碳交易市场的深入发展，出于套期保值和规避风险的需要，相继又产生了以碳排放权为基础标的的碳远期、碳期货、碳期权与碳掉期等碳金融衍生产品。

（3）交易主体的特殊性

传统金融市场上的交易主体包括资金供求方的企业、政府、金融机构、机构投资者和个人投资者等五个部分。但碳金融市场的交易主体除了传统金融市场的参与者之外，

① 鲁政委，叶向峰，钱立华，等. "碳中和"愿景下我国碳市场与碳金融发展研究［J］. 西南金融，2021（12）：3-14.

还包括一些特殊的参与主体：a. 联合国和主权政府，它们是碳金融市场产生的重要推动者，也是市场的政策制定者和引领者；b. 国际组织，如联合国开发规划署、世界银行、国际农业发展基金会、亚洲开发银行等；c. 其他碳金融市场参与机构包括碳基金、碳资产管理公司、指定经营实体及碳信用评级机构等。

（4）交易价格的特殊性

在传统金融市场上，资本价格是资金使用权的让渡价格，在现象形态上表现为利率。在资本市场上，投资者不会免费向企业供应资本，他必然会因资本使用权的转让索取一定的报酬，即资本价格。统一的利率是金融产品交易的参考值，市场利率价格的变化对股票、债券等有价证券的价格具有决定性影响。然而，碳金融产品的价格与利率并没有完全的关联，影响碳金融市场交易价格的因素更多地取决于能源价格，如石油、煤炭、天然气等能源价格的变化。与此同时，碳金融市场的交易价格与钢铁、电力、造纸等行业的发展也有很大关系，对天气的冷暖预期也会影响碳排放权价格。此外，有关温室气体排放的政策制定、国际气候谈判的进展、各国对温室气体排放的承诺也对交易价格有很大的影响。

7.2.2 碳金融市场功能

碳金融市场体系涵盖了碳排放权交易、定价、风险管理等市场的微观层面，金融体系的信贷、保险、资本市场资源配置等中观层面，以及财政政策、货币政策、产业政策等政府宏观层面。在宏观层面上，提高碳金融市场资源配置效率意味着低碳经济得以发展并且金融体系得到改进，而在中观和微观层面上，则主要表现在金融机构本身以及碳金融相关企业的功能方面。[1]碳金融市场的经济功能主要体现在以下方面：

（1）促进减排成本的内部化和最小化

碳金融市场的存在使得碳减排成本由外部转向企业内部自身承担，这种转移也使微观企业和发达国家总体的减排成本实现最小化。伴随着碳交易市场交易量以及交易额的扩大，碳排放权已衍生为具有流动性的金融资产，依托于碳金融市场的发展，碳资产的自由流通得到促进，碳交易市场进一步活跃并且碳排放权的价格确定更加准确。这些进一步促进了减排成本的内部化和最小化。

（2）价格发现和决策支持功能

碳交易在应对气候变化方面起到了市场机制的基础作用，从而使碳价格能够反映资

---

① 王倩，双星，黄蕊. 低碳经济发展中的金融功能分析 [J]. 社会科学辑刊，2012（01）：116-119.

源稀缺程度和治理污染成本。在市场约束下，均衡价格的产生将推动投资者在碳市场上制定更为有效的交易策略和风险管理决策。碳期货市场提供的套期保值产品，有利于形成均衡的碳市场价格，并反馈到能源市场和贸易市场。同时，碳价格对于减排企业的生产成本和相关的投资决策都具有重要意义，出于对成本和利润的考量，企业将在投融资决策中对资源性产品价格做重点考虑。

（3）风险管理和转移功能

碳市场与能源市场密切相关，价格的变动非常明显。政治和极端天气事件都会带来碳价格的不确定性，从而导致碳价格的波动加剧。碳交易和碳保险通过风险管理和转移功能来分摊碳交易中各个环节的风险。碳交易期货、期权和其他衍生产品所具备的套期保值功能，可以有效规避碳金融市场中的价格波动风险。碳保险旨在规避和担保碳排放权交易中的价格波动、信用危机和交易危机风险等。

（4）为能源链转型提供资金融通

不同国家或经济发展阶段不同的同一国家，其能源链的差异很大，也有不同的适应减排目标约束的能力。通过加快发展节能减排和低碳产业可以实现经济发展和化石能源的分离，改变国家对化石能源过度依赖的情况。一些多样化的投融资方式，如项目融资、风险投资和基金，在增加投资渠道的同时，也能够优化资金配置，推动能源链从高碳向低碳转移，实现经济增长方式的转型。

（5）加速低碳技术的转移和扩散

化石能源消耗是碳排放的主要来源，发展中国家的能源利用效率普遍较低，要彻底改变一个国家经济发展对化石能源的过度依赖，一种方法是加速研发和推广清洁能源以及减排技术，以实现高碳经济向低碳经济的转型。发展中国家普遍面临低碳经济转型的挑战，是由于他们在技术和资金方面的支持相对不足。发达国家利用《京都议定书》中的清洁发展机制和联合履约机制，将减排技术和资金向发展中国家转移，以实现减排目标。发达国家通过购买和直接投资、项目融资、风险投资和私募基金等多元化融资方式向发展中国家提供资金，支持发展中国家的技术进步和可持续发展。

（6）促进国际贸易投资发展

低碳是今后经济发展的新增约束条件，也将成为重要的国际贸易竞争力指标和非关税壁垒。低碳经济中的出口竞争力不但体现在依靠大量资源投入而生产出质优价廉的商品，而且还应考虑碳排放的制约。《京都议定书》的排放权交易机制是通过在不同缔约方之间进行温室气体排放权的交易，被称为"碳贸易机制"。该机制代表了市场化分配排放权的典型模式。碳金融的发展有助于提高国际资本流动的合理性，有助于促进国际贸易和减碳方面的国际合作，实现互利共赢。

（7）有利于提高金融机构的创新能力

碳金融作为金融机构新的竞争领域，将激发各类金融机构不断创新的动力，进而提高它们的金融创新能力，推进传统金融向碳金融的可持续发展转变。如银行业研发的面向节能减排、清洁能源利用和可再生能源开发等项目的绿色信贷产品、节能服务商模式、金融租赁模式等；证券业的创新产品碳债券、碳资产的证券化等；保险业的环境污染责任险、环保型车险产品、车险费率与环保指标联动的绿色车险等；基金机构投资者加强作为主体参与碳交易方面的创新等。金融企业发展低碳产品和服务，可以扩大市场份额、获得利润、提升品牌形象与扩大经营范围等，在提高金融机构创新能力的同时将直接带动资金的优化配置，促进经济向低碳转型。

7.3 碳金融产品

碳金融产品是依托碳配额及项目减排量两种基础碳资产开发出来的各类金融工具，从功能角度看主要包括碳市场融资工具、碳市场交易工具和碳市场支持工具三类。中国证监会 2022 年 4 月发布的《碳金融产品》金融行业标准（JR/T 0244—2022），对于碳金融产品的分类和实施给出了较为系统化的规定，是我国碳金融市场发展的一项重要进展。

7.3.1 碳市场融资工具

碳市场融资工具主要包括碳债券、碳资产抵押/质押融资、碳资产回购、碳资产托管等。这些融资工具可以为碳资产创造估值和变现的途径，帮助企业拓宽融资渠道。

（1）碳债券

碳债券是指政府、银行或企业为筹集低碳经济项目资金面向投资者发行的，并承诺在一定时期后支付本息现金流或碳资产（如 CER）的债务凭证，属于狭义的绿色债券或气候债券。碳债券主要用于弥补政府投资为应对"气候变化相关"的融资缺口。"气候变化相关"一般指减缓气候变化以及适应气候变化的项目。其中，减缓气候变化项目包括能源结构调整、提高能效与减少温室气体排放项目；适应气候变化项目是应对气候变化而采用的措施。

（2）碳资产抵押/质押融资

抵押/质押融资一般是指借款者以一定的所有财产作为抵押/质押物的保证，是银行等金融机构的主要受理业务之一。抵押/质押物的价值需要经过相关机构与银行的审核评定后进行价值估算，以决定贷款金额。

碳资产抵押/质押融资是指企业以已经获得的，或未来可获得的碳资产作为抵押物进行担保，获得金融机构融资的业务模式。碳交易机制使碳资产具备了明确的市场价值，这为将碳资产作为抵押或质押物提供了增信担保的可能性。同时，碳资产的抵押融资体现了企业的碳排放权和碳信用作为权利的具体化形式。碳资产抵押/质押融资业务是一种新型融资方式，具有环境和经济两方面的双重效益，促进了碳市场的活跃。

（3）碳资产回购

碳资产回购一般指碳排放配额回购，指重点排放单位或其他配额持有者向碳排放权交易市场其他机构交易参与人出售配额，并约定在一定期限后按照约定的价格回购所售配额，从而获得短期资金融通的碳融资工具。[①]

该工具特点在于：碳排放配额回购交易可以盘活正回购方的碳资产，增加正回购方的融资渠道；逆回购方可以以较低成本获得配额，并开展后续交易或其他碳金融活动，获取利润。

（4）碳资产托管

托管指接受客户委托，为其受托资产进入国内外各类交易市场开展交易提供的金融服务，包括账户开立、资金保管、资金清算、会计核算、资产估值及投资监督等。

碳资产托管是指碳资产持有主体（包括控排企业和投资机构）将其持有的碳资产委托给经碳排放权交易中心审核的、具有托管业务资质的会员进行集中管理并代为交易的碳资产管理方式。狭义的碳资产托管主要指碳配额托管。具体而言，双方签订碳配额托管协议，约定接受托管的碳配额标的、数量和托管期限，可能获取的资产托管收益的分配原则，损失共担比例以及约定交易目标无法兑现时的补偿方式等内容。而广义的碳资产托管是指控排企业将与碳资产相关的工作交给专业的托管机构托管，包括 CCER 开发、碳资产账户管理、碳交易委托与执行、低碳项目投融资、相关碳金融咨询服务等。本节讨论的对象是狭义的碳资产托管。

目前我国开展的碳资产托管业务主要为碳配额托管。由交易所认可的机构，接受控排企业的配额委托管理并与其约定收益分享机制，并在托管期代为交易，至托管期结束

① 杨晴，张毓. 中国碳金融的创新与发展趋势［J］. 金融博览，2021（03）：11-13.

再将一定数额的配额返还给控排企业以实现履约。

7.3.2 碳市场交易工具

　　碳市场交易工具不仅限于碳配额和项目减排量等碳资产现货，还包括碳远期、碳期货、碳期权、碳掉期和碳借贷等。碳资产的交易工具可以协助市场参与者更高效地管理碳资产，不仅可以对冲未来价格波动的风险，达到风险管理和避险的目的，也可以通过提供多元化的交易方法，增进市场的流动性。

　　碳远期：交易双方约定未来某一时刻以确定的价格买入或者卖出相应的以碳配额或碳信用为标的的远期合约。

　　碳期货：期货交易场所统一制定的、规定在将来某一特定的时间和地点交割一定数量的碳配额或碳信用的标准化合约。

　　碳期权：期货交易场所统一制定的、规定买方有权在将来某一时间以特定价格买入或者卖出碳配额或碳信用（包括碳期货合约）的标准化合约。

　　碳掉期：交易双方以碳资产为标的，在未来的一定时期内交换现金流或现金流与碳资产的合约。

　　碳借贷：交易双方达成一致协议，其中一方（贷方）同意向另一方（借方）借出碳资产，借方可以担保品附加借贷费作为交换。

7.3.3 碳市场支持工具

　　碳市场支持工具主要包括碳指数、碳保险和碳基金等。碳市场支持工具及相关服务可以为各方了解市场趋势提供风向标，同时为管理碳资产提供风险管理工具和市场增信手段。

　　（1）碳指数

　　指数是以统计学方法为基础，由交易所或金融服务机构编制的，用于反映市场整体价格或某种产品价格波动和趋势的指标。碳指数通常反映碳市场总体价格或某类碳资产价格变动及走势，是重要的碳价观察工具，也是开发碳指数交易产品的基础。我国目前影响力较大的是复旦大学推出的"复旦碳价指数（Carbon Price Index of Fudan，简称CPIF）"，这是针对各类碳交易产品的系列价格指数，该指数致力于反映碳市场各交易品特定时期价格水平的变化方向、趋势和程度。复旦碳价指数的研发参考了国际通用定价模型，分析碳价格形成机理，充分考虑中国碳市场特征，形成了相应的碳价格指数方法论。基于该方法论，结合调查获得基于碳市场参与主体真实交易意愿的价格信息，加权计算，调整优化而形成了各类碳价格指数。

（2）碳保险

保险是经济市场中各个参与者管理风险的基础工具，同时也是金融体系的基石。碳保险是一种担保工具，旨在避免减排项目开发过程中的风险，以确保项目按时交付足够的减排量。它可以被界定为与碳信用、碳配额交易直接相关的金融产品。

碳保险不仅可以管理碳市场风险，还可以在企业低碳转型过程中作为风险管理的工具之一。由于低碳行业是我国的新兴行业，目前仍然比较脆弱，抗风险能力较差，与此同时，低碳技术的初期开发需要大量的资金投入，并且还存在较大的不确定性，一旦出现问题，将对整个行业的发展造成严重的损害。保险公司可以通过保险机制为低碳技术的研发提供保障，推动"两高"企业向低碳经济发展模式转型。该类碳保险可以有效地减少研发失败给低碳行业带来的负面影响，从而保护低碳行业的发展。

碳保险产品主要划分为三类：一是保障碳金融活动中交易买方所承担风险的产品，主要涵盖项目风险和碳信用价格波动；二是保障碳金融活动中交易卖方所承担风险的产品，主要提供减排项目风险管理保障和企业信用担保；三是保障除上述交付风险以外的其他风险的产品。

（3）碳基金

碳基金是指由政府、金融机构、企业或个人投资设立的专门基金，致力于在全球范围购买碳信用或投资于温室气体减排项目，经过一段时间后，投资者可以获得碳信用或现金回报，来帮助解决全球气候变暖的问题。它既可以投资于 CCER 项目开发，也可以参与碳配额与项目减排量的二级市场交易。碳基金管理机构是碳市场重要的投资主体，碳基金本身则是重要的碳融资工具。[①]

本章思考题

1. 结合本章内容与自身理解，请阐述气候投融资与碳金融之间的关联。

2. 结合本章内容与自身理解，谈谈气候投融资对于中国碳金融市场发展的重要性。

3. 我国碳金融市场与传统金融市场的相似与不同之处有哪些？

4. 结合本章内容，绘制碳金融工具思维导图，并说明每种类型工具的优势与应用场景。

5. 谈谈在实现"双碳"目标下碳金融的意义与作用。

---

① 陈平. 中国碳基金交易机制设计研究 ［J］. 时代报告，2015（11）：224-225.

附　录

表 1　碳抵消机制分类和主要内容

分类	交易机制	主要内容
国际性碳抵消机制	IET	主要存在于发达国家之间，结余排放的发达国家将其超额完成减排义务的指标以贸易方式转让给未完成减排义务的发达国家，并同时从转让方的允许排放限额上扣减相应转让额度
	JI	发达国家之间通过项目级的合作，可以将减排指标转让给另一发达国家缔约方，但是同时必须在转让方的分配额上扣减相应的额度
	CDM	发达国家通过提供资金和技术支持等方式与发展中国家开展项目级的合作，发展中国家通过实施减排项目所实现的"经核证的减排量"（简称"CERs"）用于发达国家缔约方抵消等量的碳排放量，从而完成在《京都议定书》第三条下的承诺
独立性碳抵消机制	GS	由世界自然基金会（WWF）和南南-南北合作组织（South-South North Initiative）和国际太阳组织（Helio International）发起，成立于 2003 年。黄金标准评估过程较为严格，其签发的碳信用一般用于自愿抵消，同时哥伦比亚碳税、CORSIA、南非碳税等机制也认可黄金标准的使用。当前黄金标准中大部分碳信用来源于可再生能源和炉灶燃料转换项目，同时已要求申请项目不得来自中高及高等收入国家
	VCS	由气候组织、国际排放交易协会、世界可持续发展商业委员会和世界经济论坛联合建立，其创建目的是为自愿减排项目提供认证和信用签发服务。目前参与的国家数量达 80 个，所签发的碳信用可用于哥伦比亚碳税、CORSIA、南非碳税等机制
	GCC	GCC 是中东和北非地区的第一个自愿碳抵消计划，也是海湾研究和发展组织的一项新倡议。由 GCC 开发的温室气体自愿减排项目，被称为"GCC 项目"，旨在为可持续和低碳世界经济做出贡献。GCC 项目接受来自全世界的温室气体减排项目，尽管它特别强调中东和北非地区的低碳发展，该地区在碳市场中的代表性仍然很低。GCC 项目行业范围包括能源（可再生/不可再生能源）、制造业、化学工业、造林和再造林、林业等 16 个领域

续表

分类	交易机制	主要内容
独立性碳抵消机制	CAR	气候行动储备抵销登记项目由非营利性环保组织 CAR 设立于 2001 年。该组织在美国 45 个州和墨西哥 10 个州备案了 400 余个项目。CAR 签发的自愿减排碳抵销信用为 Climate Reserve Tonnes（CRTs）
区域、国家和地方碳抵消机制	CCER	CCER 是指对中国境内特定项目的温室气体减排效果进行量化核证，根据政府主管部门颁布的相关法规开发成功的核证自愿减排项目，并在国家温室气体自愿减排交易注册登记系统中登记的温室气体减排量
	ERF	ERF 旨在鼓励组织和个人采用新的做法和技术来减少排放。参与者可以因减排获得澳大利亚碳信用单位（ACCU）并出售给政府，政府作为碳信用的主要采购方，将其二次出售给二级市场中的排放大户
	CCOP	CCOP 是加州实施的一项气候变化政策措施，旨在减少温室气体排放并推进经济可持续发展。该计划于 2013 年开始实施，适用于加州大排放企业，涵盖多个行业，如能源、制造和运输等

表 2　造林碳汇项目设计阶段需确定的参数和数据

序号	数据/参数名称	数据描述	数据用途	数据来源及数值
1	K_{RISK}	非持久性风险扣减率	用于计算项目减排量的非持久性风险	方法学中的缺省值，数值为 10%
2	$A_{i,j,t}$	第 t 年时，第 i 项目碳层①树种 j 的森林面积	用于设计阶段预估项目清除量	项目设计文件及审定确认的项目碳层各树种的森林面积
3	CF	生物量含碳率	用于将生物量转换成生物质碳储量	方法学缺省值
4	RSR	乔木、竹子或灌木的地下生物量占地上生物量的比例	用于利用地上生物量计算地下生物量	须按照如下优先顺序选择：a. 地方标准；b. 国家或行业标准中适用于项目区的数据；c. 本方法学推荐的缺省值；
5	$f(DBH, H)$	单株乔木全株（或地上）生物量与胸径和（或）树高的相关方程	用于利用胸径和树高计算乔木林单株生物量	

---

① 为提高碳储量变化量计算的精度，并在一定精度要求下精简监测样地数量，应按照不同的分层因子将项目边界内的地块划分为不同的层次，即碳层。

序号	数据/参数名称	数据描述	数据用途	数据来源及数值
6	$f(V_{AF}, t)$	乔木林单位面积全林（或地上）生物量与蓄积量的相关方程	用于利用单位面积蓄积量计算乔木林全林（或地上）生物量	
7	$f(Age_{AF}, t)$	乔木林单位面积蓄积量与林龄的相关方程	用于利用单位面积蓄积量计算乔木林全林生物量	
8	$BCEF$	乔木林生物量转换与扩展因子，即全林（或地上）生物量与蓄积量的比值	用于将乔木林蓄积量转化为全林生物量或地上生物量	
9	BEF	乔木林生物量扩展因子，即地上生物量与树干生物量的比值	用于将乔木林树干生物量转化为地上生物量	d. 项目区当地、相邻地区或相似生态条件下的调查统计数据。须基于5 篇以上国内外核心期刊发表的研究结果或总数不少于30 个样本的调查数据的整合分析，且经过同行专家评议
10	SVD	乔木树种的基本木材密度，即单位体积木材的干物质重量	用于将林木蓄积量转换为树干生物量	
11	$f_v(DBH, H)$	乔木单株材积与树高和（或）胸径的相关方程	用于计算乔木林单位面积全林生物量	
12	$AGB_{BF, Tb}$	竹林成熟稳定后的单位面积地上生物量	用于计算竹林单位面积地上生物量	
13	$f_{AGB, BF}(DBH, H)$	竹子单株生物量与胸径和（或）竹高的相关方程	用于计算竹林单位面积地上生物量	
14	AGB_{SF}	灌木林成熟稳定时的单位面积地上生物量	用于计算灌木林地上生物量	
15	$f_{SF}(x_1, x_2, x_3\cdots)$	灌木单株生物量与灌木测树因子（如基径、灌高、冠幅、灌径等）的相关方程	用于计算灌木林地上生物量、地下生物量和全林生物量	
16	$CD_{PE, i, to}$	项目开始前，各项目碳层样地内原有散生木（竹）的平均冠层盖度，即树冠投影面积与林地面积的比值	用于扣减项目碳层原有散生木（竹）继续生长产生的清除量	根据项目开始前的森林资源调查数据确定；或利用分辨率不超过2m的高清卫星影像数据，借助 GIS 等工具进行分析确定

序号	数据/参数名称	数据描述	数据用途	数据来源及数值
17	DF_{LI}	枯落物生物量与森林地上生物量的比例	用于计算枯落物生物量	须按照如下优先顺序选择：a. 地方标准；b. 国家或行业标准中适用于项目区的数据；c. 本方法学推荐的缺省值；d. 项目区当地、相邻地区或相似生态条件下的调查统计数据。须基于5 篇以上国内外核心期刊发表的研究结果或总数不少于 30 个样本的调查数据的整合分析，且经过同行专家评议
18	DF_{DW}	枯死木生物量与森林地上生物量的比例	用于计算枯死木生物量	
19	δSOC	造林后土壤有机碳密度平均年变化率	用于计算土壤有机碳储量变化	
20	$COMF$	燃烧因子（针对不同的植被类型）	用于计算森林火烧引起的温室气体排放量	
21	EF_{CH_4}	CH_4 排放因子	用于计算森林火烧引起的 CH_4 排放量	
22	EF_{N_2O}	N_2O 排放因子	用于计算森林火烧引起的 N_2O 排放量	
23	GWP_{CH_4}	100 年时间尺度下 CH_4 的全球增温潜势	将 CH_4 排放量转化为 CO_2 当量排放量	IPCC 第五次评估报告，数值为 28
24	GWP_{N_2O}	100 年时间尺度下 N_2O 的全球增温潜势	将 N_2O 排放量转化为 CO_2 当量排放量	IPCC 第五次评估报告，数值为 265

表 3　造林碳汇项目实施阶段需确定的参数和数据

序号	数据/参数名称	数据描述	数据用途	数据来源及数值
1	$A_{i,j,t}$	第 t 年时，第 i 项目碳层树种 j 的森林面积	用于计算项目清除量	野外测定
2	DBH	乔木或竹子的胸径	用于计算监测样地的单位面积生物量	野外测定
3	H	乔木（或竹子、灌木）的高度	用于计算监测样地的单位面积生物量	野外测定
4	$SC_{BF,t}$	竹林 t 年时，累计择伐地上生物量占其单位面积地上生物量的比例（如株数比例）	用于计算监测样地的单位面积生物量	野外测定
5	$CC_{SF,t}$	第 t 年时，灌木林覆盖度，用小数表示（例如覆盖度 10% 记为 0.10）	用于计算监测样地的单位面积生物量	野外测定灌木冠幅和株数，换算成单位面积木覆盖度
6	$A_{BURN,i,t}$	第 t 年时，第 i 项目碳层发生燃烧的面积	用于计算火烧引起的温室气体排放量	野外测定
7	$R_{BURN,i,t}$	第 t 年时，第 i 项目碳层烧除的病原疫木的数量占比	用于计算火烧引起的温室气体排放量	野外测定
8	X_k^l	第 k 株单木的激光雷达特征参数	用于计算乔木或竹林生物量	野外测定

表 4　红树林营造项目设计阶段需确定的参数和数据

序号	数据/参数名称	数据描述	数据用途	数据来源及数值
1	$A_{i,t}$	第 t 年时，第 i 项目碳层的面积	用于设计阶段预估项目清除量	项目设计文件及审定确认的项目碳层面积
2	CF_j	树种 j 的生物质含碳率	用于将生物量转换成生物质碳储量	方法学缺省值，根据我国部分红树植物生物质含碳率的实测数据与文献数据统计整理获得
3	$f_j(x_1, x_2, x_3\cdots)$	红树单株生物量与测树因子的相关方程	用于计算将树种 j 的测树因子（x_1，x_2，$x_3\cdots$）转换为单株生物量的方程	数据源优先顺序： a. 选用方法学附录中缺省值； b. 现有的、公开发表的文献中相似生态条件下的生物量方程。须来源于国家标准、行业标准、地方标准、核心期刊发表的或 SCI 收录的论文

序号	数据/参数名称	数据描述	数据用途	数据来源及数值
4	A_s	植物调查样地面积	用于植物生物量调查与计算	根据植被形态、密度等因素确定
5	$d_{SOC\ PROJ}$	单位面积土壤的有机碳储量年变化率	用于土壤有机碳储量年变化量计算	方法学中的缺省值，数值为1.73 吨碳每公顷每年
6	$F_{CH_4\ PROJ}$	单位面积红树林土壤 CH_4 年排放量	单位面积红树林土壤 CH_4 年排放量	方法学中的缺省值，数值为 12.00×10^{-3} 吨甲烷每公顷每年
7	GWP_{CH_4}	100 年时间尺度下 CH_4 的全球增温潜势	将土壤 CH_4 排放量转化为 CO_2 当量排放量	IPCC 第五次评估报告，数值为 28
8	$F_{N_2O\ PROJ}$	单位面积红树林土壤 N_2O 年排放量	用于计算土壤 N_2O 排放量	方法学中的缺省值，数值为 1.10×10^{-3} 吨氧化亚氮每公顷每年
9	GWP_{N_2O}	100 年时间尺度下 N_2O 的全球增温潜势	将土壤 N_2O 排放量转化为 CO_2 当量排放量	IPCC 第五次评估报告，数值为 265
10	K_{RISK}	非持久性风险扣减率	用于计算项目减排量的非持久性风险	方法学中的缺省值，数值为 5%

表 5 红树林营造项目实施阶段需确定的参数和数据

序号	数据/参数名称	数据描述	数据用途	数据来源及数值
1	$A_{i,\ t}$	第 t 年时，第 i 项目碳层的面积	用于计算各碳层生物质碳储量、土壤碳储量及温室气体排放量	空间数据和野外测定
2	$x_{1,p,m}$, $x_{2,p,m}$, $x_{3,p,m}\cdots$	样地 p 第 m 株测树因子。通常为胸径（DBH）、基径（D_0）和株高（H）等	用于计算样地植被生物量	野外测定

表 6 非林业碳汇类项目设计文件大纲

项目设计文件基本信息		包含项目活动名称、项目所属行业领域、项目设计文件版本及完成日期、项目业主、所选择的方法学、计入期类型及起止时间、预计温室气体年均减排量等
项目活动描述	项目活动的目的和概述	项目活动的目的（阐述项目名称、业主、项目所在地、采用的技术和建设目的）
		项目活动概述（说明项目的设计规模、预计减排情况、工程建设进度、对可持续发展的贡献、是否申请其他减排机制）

项目活动描述	项目活动的目的和概述	项目相关批复情况（包括工程建设、环境评价、节能评估等相关批复情况）
	项目活动位置	省/自治区/直辖市
		市/县/乡（镇）/村
		项目地理位置（需体现经纬度并附上示意图，地理坐标需精确并与实际相符）
	采用的技术和（或）措施	（说明项目的关键技术及工艺、主要设备及型号参数，设备型号及参数以实际投产为准）
	项目及减排量唯一性声明	（例：本项目未在国际国内任何减排机制进行注册，例如清洁发展机制项目、黄金标准项目和 VCS 项目。本项目减排量未在国内外任何减排机制进行签发）
采用的基准线情景和监测方法学	采用的方法学	（注明方法学全称及来源链接、方法学工具名称及来源链接）
	采用的方法学的适用性	（需列表展示项目活动与方法学适用条件进行逐一对比的情况，以论证项目活动的方法学适用性）
	项目边界及排放源	（需说明项目的基准线情景和项目活动的排放源、对应的温室气体种类及该种气体是否包括在项目边界内的理由，需绘制项目边界示意图）

表 A ×项目边界内排放源以及主要的温室气体种类

排放源		温室气体种类	是否包含	说明理由/解释
基准线	排放源 1	CO_2		
		CH_4		
		N_2O		
		…		
	排放源 2	CO_2		
		CH_4		
		N_2O		
		…		
	…	…		
		…		
		…		
		…		

		排放源		温室气体种类	是否包含	说明理由/解释
项目边界及排放源	项目活动	排放源 1		CO_2		
				CH_4		
				N_2O		
				…		
		排放源 2		CO_2		
				CH_4		
				N_2O		
				…		
		…		…		
				…		
				…		
				…		

采用的基准线情景和监测方法学

基准线情景的识别和描述	（依据适用的方法学确定基准线情景，先论述方法学的基准线情景，再展开论述项目的基准线情景）
额外性论证	（1）通过罗列项目的关键事件发生的时间，论证项目事先和持续考虑减排机制效益。 （2）利用额外性论证与评价工具展开论证：步骤①拟议项目活动是否是首例；步骤②识别符合现行法律法规的可以替代本项目活动的方案；步骤③投资分析（具体过程详见 4.3.1 小节）；步骤④障碍分析；步骤⑤普遍性分析

减排量核算

核算方法的说明（项目减排量＝基准线排放量-项目排放量-泄漏）

项目设计阶段确定的参数和数据（按照下述表格填写信息项即可，每项数据和参数请复制此表格）

数据/参数	
数据描述	
数据单位	
数据来源	
数据值	
数据选用的合理性或测量方法和程序	
数据用途	
备注	

采用的基准线情景和监测方法学	减排量核算	项目设计阶段减排量估算				
		项目设计阶段估算减排量汇总				
		表 B　×项目设计阶段预估的项目减排量				
		年份	基准线排放（tCO₂e）	项目排放（tCO₂e）	泄漏（tCO₂e）	减排量（tCO₂e）
		×××年××月××日—×××年××月××日				
		×××年××月××日—×××年××月××日				
		×××年××月××日—×××年××月××日				
		×××年××月××日—×××年××月××日				
		…（到计入期结束）				
		合计				
		计入期年数				
		计入期内年均值				
	监测计划	项目实施阶段需监测的参数和数据（按照下述表格填写项目实际需要监测的参数和数据，每项数据和参数请复制此表格）				
		数据/参数				
		数据描述				
		数据来源				
		数据单位				
		数值				
		监测点				
		监测仪表				
		监测程序与方法				
		监测和记录频率				
		质量保证与质量控制程序				
		数据用途				
		备注				

表 B　×项目设计阶段预估的项目减排量

采用的基准线情景和监测方法学	监测计划	**数据抽样计划**（涉及数据抽样的项目需要填写此部分内容）
		监测计划其他内容（一般包括监测计划实施过程中的人员分工及培训、监测设备安装/维护情况、数据存档和管理、质量保证与质量控制、监测异常情况处理和报告程序）
项目活动开工日期、活动期限和计入期	项目活动的开工日期	（以项目开工报告或施工合同签订日期为准）
	预计的项目活动期限	（以可行性研究报告为准）
	项目活动计入期	计入期类型［减排量的计入期可分为两种：一种是可更新的计入期，每个计入期 7 年，可更新 2 次，共计 21 年；另一种是固定计入期，共计 10 年（碳汇项目除外）］
		计入期开始日期（根据项目完成竣工验收并正式移交生产的日期来确定）
		计入期长度［7 年或 10 年（碳汇项目除外），计入期长度应不大于项目寿命］
环境影响及可持续发展	环境影响分析和可持续发展效益分析	（例如：由××单位编制的本项目环境影响报告表于××××年××月××日获得×××生态环境局批复，同意建本项目。根据本项目的《环境影响报告表》可知，本项目对环境的影响包括施工期和运行期两个阶段，具体环境影响分析如下：施工期环境影响分析＋解决措施＋预期效果，运行期环境影响分析＋解决措施＋预期效果）
	环境影响评价	（例如：本项目《环境影响评价报告表》已经获得国家环境主管部门批准。本项目的建设和运营不会对当地环境产生明显的影响）
当地利益相关方意见	当地利益相关方意见的征集	（简要说明如何征求地方利益相关方的评价意见及如何汇总这些意见。例：为广泛征求利益相关方对本项目建设的评价意见和看法，项目业主于××××年××月××日—××××年××月××日通过分发问卷的方式收集各方意见。问卷内容主要是评估项目对当地环境和社会经济的发展带来的影响，总共分发的问卷××份。被调查人群主要是项目所在地附近的居民及政府工作人员。此外，项目设计文件中需罗列具体的调查问卷内容）
	征集意见的汇总	（以下是当地调查问卷的总结。调查问卷在项目业主处保存。此次调查问卷共发放××份，回收××份，得到××%受调查人的回复） 问卷调查结果如下： 1）列表或绘图说明受调查人员的性别、年龄、文化程度构成； 2）列表说明每项问题的答案人数分布； 3）结论：当地公众认为项目不会对当地的环境产生不利影响，支持本项目建设，并认为本项目会带动当地经济发展

当地利益 相关方意见	征集意见的考虑	项目业主对这些评价和建议给予充分重视，并将在项目的建设和运行中实施《环境影响报告表》中的环境影响控制措施，以实现项目的环境、社会和经济效益
		综上所述，当地居民十分支持本项目。项目业主在项目实施过程中已经充分考虑到了相关利益各方的意见和建议，并且将就项目的建设和运行与公众保持持续的沟通，采取合理措施，尽可能地避免和减少工程建设对当地居民的不利影响

附件 1 项目业主联系信息

法人名称：	
地址：	
邮政编码：	
电话：	
传真：	
电子邮件：	
网址：	
授权代表：	
姓名：	
职务：	
部门：	
手机：	
传真：	
电话：	
电子邮件：	

附件 2 项目设计阶段预估减排量的补充信息（适用时）

附件 3 监测计划的补充信息（适用时）

附件 4 当地利益相关方意见收集总结报告

表 7 林业碳汇类项目设计文件大纲

项目设计文件基本信息		包含项目活动名称、项目所属行业领域、项目设计文件版本及完成日期、项目业主、所选择的方法学、计入期类型及起止时间、预计的温室气体年均减排量等
项目活动描述	项目活动的目的与概述	项目活动的目的（阐述项目名称、业主、项目所在地、采用的技术和建设目的）
		项目活动概述（说明项目的设计规模、预计减排情况、工程建设进度、对可持续发展的贡献、是否申请其他减排机制）
		项目相关批复情况
	项目边界	（说明项目的地理位置、林业项目的事前边界、地理坐标范围、事前边界确定方式等）
	土地权属	（对项目的土地权属进行说明，确保土地权属清晰，需具备土地权属证明）
	土地合格性	（对标方法学土地适用性条件，对项目土地的符合性进行展开论证）
	环境条件	（对项目区的气候、水文、森林资源条件进行描述）
	采用的技术和（或）措施	（对项目的造林模式、种源、育苗、整地、栽植等技术进行详细说明）
	降低非持久性风险拟采取的措施	（对应对项目期可能遇到的非持久性风险如森林火灾等拟采取的措施进行论述）
	项目及减排量唯一性声明	（例如：本项目未在国际国内任何减排机制进行注册，例如清洁发展机制项目、黄金标准项目和 VCS 项目。本项目减排量未在国内外任何减排机制进行签发）
采用的基准线情景和监测方法学	采用的方法学	（注明方法学全称及来源链接、方法学工具名称及来源链接）
	采用方法学的适用性	（需列表展示项目活动与方法学适用条件进行逐一对比的情况，以论证项目活动的方法学适用性）
	项目边界、碳库及排放源	（需说明基准线情景和项目情景下项目边界内的碳库、排放源、排放源对应的温室气体种类及理由）

表 A ×项目边界内碳库

	碳库	是否包含	理由或解释
基准线	碳库 1：地上生物量		
	碳库 2：		
	...		

采用的基准线情景和监测方法学	项目边界、碳库及排放源	项目活动	碳库	是否包含	理由或解释
			碳库1：地上生物量		
			碳库2：		
			…		

表 B　×项目边界内排放源以及主要的温室气体种类

		排放源	温室气体种类	是否包含	说明理由/解释
	基准线	排放源1	CO_2		
			CH_4		
			N_2O		
			…		
		排放源2	CO_2		
			CH_4		
			N_2O		
			…		
		…	…		
			…		
			…		
			…		
	项目活动	排放源1	CO_2		
			CH_4		
			N_2O		
			…		
		排放源2	CO_2		
			CH_4		
			N_2O		
			…		
		…	…		
			…		
			…		
			…		

	碳层划分	（对项目事前基线分层概况、事前项目分层概况、各碳层面积/树种/株数等信息进行论述）
采用的基准线情景和监测方法学	基准线情景识别与额外性论证	（基准线情景识别：依据适用的方法学确定基准线情景，先论述方法学给出的基准线情景，再结合项目实际展开论述。额外性论证思路：（1）通过罗列项目的关键事件发生的时间，论证项目事先和持续考虑减排机制效益。（2）按照方法学规定的额外性论证步骤展开论证，参见本书4.3.3.1小节"碳汇造林项目的基准线识别与额外性论证流程"）
	减排量核算	核算方法的说明（项目减排量=项目碳汇量-基线碳汇量-项目泄漏量）

项目设计阶段确定的参数和数据（按照下述表格填写信息项即可，每项数据和参数请复制此表格）

数据/参数	
数据描述	
数据单位	
数据来源	
数据值	
数据选用的合理性或测量方法和程序	
数据用途	
备注	

项目设计阶段减排量估算

项目设计阶段估算减排量汇总

表C　×项目设计阶段预估的项目减排量

年份	基准线清除量（tCO$_2$e）	项目清除量（tCO$_2$e）	泄漏排放（tCO$_2$e）	项目减排量（tCO$_2$e）
×××年××月××日—×××年××月××日				
×××年××月××日—×××年××月××日				
×××年××月××日—×××年××月××日				
×××年××月××日—×××年××月××日				

续表

采用的基准线情景和监测方法学	减排量核算	年份	基准线清除量（tCO₂e）	项目清除量（tCO₂e）	泄漏排放（tCO₂e）	项目减排量（tCO₂e）
		…（到计入期结束）				
		合计				
		计入期年数				
		计入期内年均值				

采用的基准线情景和监测方法学	监测计划	项目实施阶段需监测的参数和数据（按照下述表格填写项目实际需要监测的参数和数据，每项数据和参数请复制此表格）

数据/参数	
数据描述	
数据来源	
数据单位	
数值	
监测点	
监测仪表	
监测程序与方法	
监测和记录频率	
质量保证与质量控制程序	
数据用途	
备注	

抽样设计和分层

监测计划其他内容（一般包括监测计划实施过程中的人员分工及培训、监测设备安装/维护情况、数据存档和管理、质量保证与质量控制、监测异常情况处理和报告程序）

项目活动开工日期、活动期限和计入期	项目活动的开工日期	（以项目开工报告或施工合同签订日期为准）
	预计的项目活动的期限	（以项目造林作业设计为准）
	项目活动计入期	计入期类型

续表

项目活动开工日期、活动期限和计入期	项目活动计入期	计入期开始日期
		计入期长度
环境影响分析和可持续发展效益分析	（论证思路：对于林业碳汇类项目，其环境影响可从积极的生态环境效益和火灾风险两方面展开分析）	
当地利益相关方意见	当地利益相关方意见的征集	（简要说明如何征求地方利益相关方的评价意见及如何汇总这些意见。例：为广泛征求利益相关方对本项目建设的评价意见和看法，项目业主于××××年××月××日—××××年××月××日通过分发问卷的方式收集各方意见。问卷内容主要是评估项目对当地环境和社会经济的发展带来的影响，总共分发的问卷××份。被调查人群主要是项目所在地附近的居民及政府工作人员。此外，项目设计文件中需罗列具体的调查问卷内容）
	征集意见的汇总	（以下是当地调查问卷的总结。调查问卷在项目业主处保存。此次调查问卷共发放××份，回收××份，得到××%受调查人的回复） 问卷调查结果如下： 1）列表或绘图说明受调查人员的性别、年龄、文化程度构成； 2）列表说明每项问题的答案人数分布； 3）结论：当地公众认为项目不会对当地的环境产生不利影响，支持本项目建设，并认为本项目会带动当地经济发展
	征集意见的考虑	阐述项目业主对征集到的评价和建议给予充分重视，并将采取积极有力的措施，以实现项目的环境、社会和经济效益最大化

附件 1　项目业主联系信息 （同表 4-13"非林业碳汇类项目设计文件大纲"）
附件 2　项目地块/小班信息表
附件 3　项目设计阶段预估减排量的补充信息（适用时）
附件 4　监测计划的补充信息（适用时）
附件 5　当地利益相关方意见收集总结报告

表 8　审定报告编制模板

<table>
<tr><td colspan="2" rowspan="4">报告编号：

×××项目
审　定　报　告</td></tr>
<tr></tr>
<tr></tr>
<tr></tr>
</table>

审定机构： 报告批准人： 报告日期：＿＿＿＿年＿＿＿＿月＿＿＿＿日	

审定项目	名称（对于三、四类项目，还需在此处注明 CDM 注册号及注册日期）
	地址/地理坐标
项目委托方	名称
	地址

适用的方法学及工具：

提交审定的项目设计文件（对于三、四类项目，此处更改为：**CDM 注册的项目设计文件**）： 日期： 版本号：	最终版项目设计文件 [对于三、四类项目，此处更改为：项目补充说明文件（**提交版和最终版**）]： 日期： 版本号：

审定结论：

报告完成人		技术评审人	

报告发放范围

1. 项目审定概述

1.1 审定目的

1.2 审定范围

1.3 审定准则

2. 项目审定程序和步骤

2.1 审定组安排

2.2 文件评审

2.3 现场访问（对于三、四类项目，审定程序和步骤中无此项内容）

2.4 审定报告的编写

2.5 审定报告的质量控制

3. 审定发现
3.1 项目资格条件
3.2 项目设计文件（对于三、四类项目，审定发现中无此项内容）
3.3 项目描述
3.4 方法学选择（对于三、四类项目，审定发现中无此项内容）
3.5 项目边界确定（对于三、四类项目，审定发现中无此项内容）
3.6 基准线识别（对于三、四类项目，审定发现中无此项内容）
3.7 额外性（对于三、四类项目，审定发现中无此项内容）
3.8 减排量计算
3.9 监测计划（对于三、四类项目，审定发现中无此项内容）

4. 审定结论			
附 1：审定清单（对于三、四类项目，审定报告中无此项内容）	审定要求	审定发现	审定结论
	4.1 项目合格性		
	4.1.1 项目与《温室气体自愿碳减排交易管理暂行办法》第十三条的符合性		
	4.1.2 审定委托方是否声明所审定的项目没有在联合国清洁发展机制之外的其他国际国内减排机制注册		
	4.2 项目设计文件		
	4.2.1 项目是否依据经过国家发展和改革委员会批准的格式和指南编制		
	4.2.2 项目设计文件内容是否完整清晰		
	4.3 项目描述		
	4.3.1 项目设计文件是否清楚地描述了项目活动，以使读者能够清楚地理解项目本质		
	4.3.2 项目设计文件是否清楚地描述了项目活动应用的主要技术和其执行情况		
	4.3.3 是否描述了项目活动的规模类型		
	4.3.4 项目活动属于新建项目还是在现有项目上实施		
	4.4 方法学选择		
	4.4.1 项目选用的基准线和监测方法学是否是在国家发展和改革委员会备案的新方法学		

	审定要求	审定发现	审定结论
附1：审定清单（对于三、四类项目，审定报告中无此项内容）	4.4.2 方法学的适用条件是否得到满足		
	4.4.3 项目活动是否期望产生方法学规定以外的减排量		
	4.4.4 是否需要向国家发展和改革委员会提出修订或偏移		
	4.5 项目边界确定		
	4.5.1 项目边界是否正确描述		
	4.5.2 包括在项目边界内的拟议项目活动的物理特征是否清楚地描述		
	4.5.3 是否存在由项目活动引起的但未在方法学中说明的排放源		
	4.6 基准线识别		
	4.6.1 项目设计文件识别的项目基准线是否适宜		
	4.6.2 方法学中规定的识别的最合理基准线情景的步骤是否正确使用		
	4.6.3 是否所有的替代方案都被考虑到了，并且没有合理的替代方案被排除在外		
	4.7 额外性		
	4.7.1 项目业主如何事先考虑减排机制的		
	4.7.2 用于支持额外性论证所有数据、基本原理、假设、论证和文件是否是可靠和可信的		
	4.7.3 项目设计文件是否识别了项目活动可信的替代方案		
	4.7.4 投资分析是否用于论证项目的额外性,如何论证的		
	4.7.5 障碍分析是否用于论证项目的额外性,如何论证的		
	4.7.6 申请项目是否属于普遍实践,如何论证的		
	4.8 减排量计算		
	4.8.1 项目排放所采取的步骤和应用的计算公式是否符合方法学，计算是否正确，所用到的参数包括哪些		
	4.8.2 基准线排放所采取的步骤和应用的计算公式是否符合方法学，计算是否正确，所用到的参数包括哪些		
	4.8.3 泄漏所采取的步骤和应用的计算公式是否符合方法学，计算是否正确，所用到的参数包括哪些		

续表

	审定要求	审定发现	审定结论
附1：审定清单（对于三、四类项目，审定报告中无此项内容）	4.8.4 哪些数据和参数在项目活动的整个计入期内事先确定并保持不变，这些数据和参数的数据源和假设是否是适宜的，计算是否是正确的		
	4.8.5 哪些数据和参数在项目活动实施过程中将被监测，这些数据和参数的预先估计是否是合理的		
	4.8.6 减排量的计入期采用的方式是可更新的，还是固定的		
	4.9 监测计划		
	4.9.1 项目设计文件是否包括一个完整的监测计划		
	4.9.2 监测计划中是否包含了所有需要监测的参数，参数的描述是否正确		
	4.9.3 各个参数的监测方法是否具有可操作性，是否符合方法学的要求，监测设备的校准和精度是否符合要求		
	4.9.4 项目是否设计了合理的 QA/QC 程序确保项目产生的减排量能事后报告并是可核证的		
附2：不符合、澄清要求及进一步行动要求清单	不符合、澄清要求及进一步行动要求	项目业主原因分析及回复	审定结论

表9　减排量核算报告（依据中国自愿减排交易平台公布的监测 报告模板和《管理办法》进行修改）大纲

监测报告基本信息		包含项目活动名称、项目所属行业领域、项目活动登记编号及登记日期、监测报告版本号及完成日期、监测期的顺序号及本监测期覆盖日期、项目业主、所选择的方法学、项目设计文件中预估的本监测期内温室气体减排量或人为净碳汇量、本监测期内实际的温室气体减排量或人为净碳汇量
项目活动描述	项目活动的目的和一般性描述	本部分主要阐述项目名称、业主、项目所在地、采用的技术和建设目的；项目的设计规模、预计减排情况、工程建设进度、对可持续发展的贡献、是否申请其他减排机制；项目相关批复情况（包括工程建设、环境评价、节能评估等相关批复情况）
	项目活动的位置	简要阐述项目位于省/自治区/直辖市、市/县/乡（镇）/村、地理坐标。如项目占地面积较大，还需列表说明项目的拐点坐标

项目活动描述	所采用的方法学	采用的方法学和工具参考已经登记的项目设计文件
	项目活动计入期	请填写与本次监测期相对应的计入期类别、计入期开始日期及计入期长度
项目活动的实施	登记项目活动实施情况描述	请描述本次监测期内登记项目活动实施情况，包括采用的技术、工艺流程、设施情况，及可能的图表等
	项目登记后的变更	监测计划或方法学的临时偏移（请说明本次监测期内是否存在监测计划或方法学的临时偏移，如果有的话，请说明偏移的原因、如何偏移的、偏移的持续时间，及偏移方法保守性的说明。如在本监测报告提交之前临时偏移已经获得核准，请提供核准时间及相关信息）
		项目信息或参数的修正（请说明本次监测期内是否存在项目信息或参数的修正。如有的话，请简要说明并提供修改后的项目设计文件。如在本监测报告提交之前修正已经获得核准，请提供核准时间及相关信息）
		监测计划或方法学永久性的变更（请说明本次监测期内是否存在监测计划或方法学永久性的变更。如有的话，请简要说明并提供修改后的项目设计文件。如在本监测报告提交之前变更已经获得核准，请提供核准时间及相关信息）
		项目设计的变更（请说明本次监测期内是否存在项目设计的变更。如有的话，请简要说明并提供修改后的项目设计文件。如在本监测报告提交之前变更已经获得核准，请提供核准时间及相关信息）
		计入期开始时间的变更（请说明本次监测期内是否存在计入期开始时间的变更。如有的话，请简要说明并提供修改后的项目设计文件。如在本监测报告提交之前变更已经获得核准，请提供核准时间及相关信息）
		碳汇项目的变更（如果是碳汇项目，请在此处说明本监测期内该碳汇项目是否存在相关事项的变更。如有的话，请简要说明并提供修改后的项目设计文件。如在本监测报告提交之前变更已经获得核准，请提供核准时间及相关信息）
对监测系统的描述		请描述本次监测期内登记项目活动监测系统情况，包括可能的图表和流程图。主要包括以下内容：（1）监测对象：简要说明需要监测的数据参数；（2）监测小组组织架构：说明监测计划实施过程中的负责人、技术人员、统计人员安排等；（3）监测设备：说明监测设备的名称、型号、数量、安装位置、精度等；（4）监测程序：说明数据记录、整合、归档的程序；（5）质量保障与质量控制：数据测量、记录、归档、监测仪表的校准维护须严格按照国家标准进行，并保留好相关记录；（6）监测异常情况处理和报告程序：监测仪表需定期检修，检修后需经有资质的第三方检定机构校验合格后方能继续投入使用，对所有的异常情况处理过程需进行记录，并存档备查

数据和参数	事前或者更新计入期时确定的数据和参数	对每个数据和参数都复制此表格	
		数据/参数	
		单位	
		描述	
		数据/参数来源	
		数据/参数的值	
		数据/参数的用途	
		附加注释	
	监测的数据和参数	对每个数据和参数都复制此表格 对于监测设备,应提供类型、精度、编号、校准频率、上次校准日期、校准有效期等信息	
		数据/参数	
		单位	
		描述	
		测量值/计算值/默认值	
		数据来源	
		监测参数的值	
		监测设备	
		测量/读数/记录频率	
		计算方法（如适用）	
		质量保证/质量控制措施	
		数据用途	
		附加注释	
	抽样方案实施情况	如监测的数据和参数采用了抽样的方式获得,请提供项目业主抽样方案的实施情况,包括抽样方案设计的描述、数据收集（提供可能的电子表格）、数据分析以及如何满足置信度或精度要求等	

	基准线排放量（或基准线人为净碳汇量）的计算	根据所选方法学进行分析和计算			
温室气体减排量（或人为净碳汇量）的计算	项目排放量（或实际人为净碳汇量）的计算	根据所选方法学进行分析和计算			
	泄漏的计算	根据所选方法学进行分析和计算			

温室气体减排量（或人为净碳汇量）的计算 — 减排量（或人为净碳汇量）的计算小结

按照下表填写：

项目	基准线排放量或基准线净碳汇量（吨二氧化碳当量）	项目排放量或实际净碳汇量（吨二氧化碳当量）	泄漏（吨二氧化碳当量）	减排量或人为净碳汇量（吨二氧化碳当量）
总计				

实际减排量（或净碳汇量）与登记项目设计文件中预计值的比较

按照下表填写：

项目	备案项目设计文件中的事前预计值	本监测期内项目实际减排量或净碳汇量
减排量或净碳汇量(吨二氧化碳当量）		

对实际减排量（或净碳汇量）与登记项目设计文件中预计值的差别的说明 — 若实际减排量大于或小于登记项目设计文件中的预计值,需对此进行合理性的解释说明,言之有理即可

表 10　减排量核查报告编制模板

<table>
<tr><td colspan="4" style="text-align:right;">报告编号：

 ×××项目
减排量核证报告
（监测期：　　　年　　　月　　　日—　　　年　　　月　　　日）
核证机构：
报告批准人：
报告日期：＿＿＿年＿＿＿月＿＿＿日</td></tr>
<tr><td rowspan="2">审定项目</td><td>名称</td><td colspan="2">备案号</td></tr>
<tr><td colspan="3">地址/地理坐标</td></tr>
<tr><td rowspan="2">项目委托方</td><td>名称</td><td colspan="2"></td></tr>
<tr><td colspan="3">地址</td></tr>
<tr><td colspan="4">适用的方法学及工具：</td></tr>
<tr><td colspan="2">提交核证的监测报告：

日期：
版本号：</td><td colspan="2">最终版监测报告：

日期：
版本号：</td></tr>
<tr><td colspan="4">核证结论：</td></tr>
<tr><td>报告完成人</td><td></td><td>技术评审人</td><td></td></tr>
<tr><td colspan="4">报告发放范围</td></tr>
<tr><td colspan="4">1. 项目减排量核证概述</td></tr>
<tr><td colspan="4">1.1 核证目的</td></tr>
<tr><td colspan="4">1.2 核证范围</td></tr>
<tr><td colspan="4">1.3 核证准则</td></tr>
<tr><td colspan="4">2. 项目减排量核证程序和步骤</td></tr>
<tr><td colspan="4">2.1 核证组安排</td></tr>
<tr><td colspan="4">2.2 文件评审</td></tr>
<tr><td colspan="4">2.3 现场访问</td></tr>
<tr><td colspan="4">2.4 核证报告的编写</td></tr>
<tr><td colspan="4">2.5 核证报告的质量控制</td></tr>
</table>

续表

3. 核证发现
3.1 自愿减排项目减排量的唯一性
3.2 项目的实施与项目设计文件的符合性
3.3 监测计划与方法学的符合性
3.4 监测与监测计划的符合性
3.5 校准频次的符合性
3.6 减排计算结果的合理性
3.7 备案项目变更的评审（适用时）

4. 核证结论			
附1：核证清单	**核证要求**	核证发现	核证结论
	4.1 自愿减排项目减排量的唯一性		
	4.1.1 核证委托方是否声明所核证的减排量没有在其他任何国际国内减排机制下获得签发		
	4.1.2 核证机构是如何审查确认减排量的		
	4.2 项目实施与项目设计文件的符合性		
	4.2.1 备案的减排项目是否按照项目设计文件实施		
	4.2.2 所有的物理设施是否按照备案的项目设计文件安装		
	4.2.3 项目实施中是否出现偏移或变更，如是，偏移或变更是否符合方法学的要求		
	4.2.4 项目是否具有多个现场，如是，监测报告是否描述了每一个现场的实施状态及其开始运行的日期		
	4.2.5 项目是否属于阶段性实施项目，监测报告是否描述了项目实施的进度		
	4.2.6 阶段性的实施是否出现延误，原因是什么，预估的开始运行日期是哪天		
	4.3 监测计划与方法学的符合性		
	4.3.1 备案的减排项目的监测计划是否符合所选择的方法学及其工具		
	4.3.2 是否需要向国家发展和改革委员会提出监测计划修订申请		

	核证要求	核证发现	核证结论
附1：核证清单	**4.4 监测与监测计划的符合性**		
	4.4.1 备案的减排项目是否按照批准的监测计划实施监测活动		
	4.4.2 监测计划中的所有参数，包括与项目排放、基准线排放以及泄漏有关的参数是否已经得到了恰当的监测		
	4.4.3 监测设备是否得到了维护和校准，维护和校准是否符合监测计划、应用方法学、地区、国家或设备制造商的要求		
	4.4.4 监测结果是否按照监测计划中规定的频次记录		
	4.4.5 质量保证和控制程序是否按照备案的监测计划（或修订的监测计划）实施		
	4.5 校准频次的符合性		
	4.5.1 项目业主是否按照监测方法学和/或监测计划中明确的校准频次对监测设备进行校准		
	4.5.2 是否存在校准延迟的情况，如是，项目业主如何进行保守计算		
	4.5.3 项目业主是否存在由于不可控因素而无法按照应用的方法学和备案的监测计划对设备进行校准		
	4.5.4 哪些参数在方法学或备案的监测计划中没有对监测设备的监测频次提出要求，这些监测设备是否按照地方标准、国家标准、设备制造商的要求以及国际标准的优先顺序的要求对设备进行了校准		
	4.6 减排量计算的评审		
	4.6.1 项目业主是否按照备案的项目设计文件对实际产生的减排量进行计算		
	4.6.2 监测期内是否出现由于未监测而导致的数据缺失，如是，项目业主是否对减排量进行保守计算		
	4.6.3 减排量在监测期内是否高于同期预估的减排量，如是，是否在监测报告中予以说明		
	4.6.4 核证过程中，核证组用哪些信息源对监测报告中的信息进行了交叉核对		

续表

附 1：核证清单	核证要求	核证发现	核证结论
	4.6.5 基准线排放、项目排放以及泄漏的计算是否与方法学和备案的监测计划相一致		
	4.6.6 计算中使用了哪些假设、排放因子以及默认值，数值是否合理		

	审定要求	审定发现	审定结论
附 2：备案项目变更审定清单（适用时）	**4.1 监测计划或者方法学的临时偏移**		
	4.1.1 项目实施过程中是否存在临时偏移监测计划或者方法学的情况		
	4.1.2 偏移发生的确切日期是哪天		
	4.1.3 偏移是否对减排量计算的精度产生了影响，如是，减排量是否进行了保守处理		
	4.2 项目信息或参数的纠正		
	4.2.1 项目业主是否对在审定阶段中确定的项目信息或参数进行过纠正		
	4.2.2 纠正的信息是否反映了项目的实际情况以及纠正的参数是否符合应用方法学和/或监测计划的要求		
	4.3 计入期开始时间的变更		
	4.3.1 项目业主是否计划变更项目减排计入期的开始时间		
	4.3.2 如是，拟议的变更是否处在一个更保守的基准线上		
	4.4 监测计划或者方法学永久性的变更		
	4.4.1 监测计划和／或方法学是否存在永久性的变更，如有：		
	4.4.2 拟议的变更是否符合应用方法学的要求且不会导致精度的降低，如是，核证组是如何处理的		
	4.4.3 如果拟议的变更符合更新版本的方法学，新版方法学的应用不会影响项目监测和减排量计算的保守		
	4.4.4 是否存在项目业主无法按照已备案的监测计划对项目实施监测，也无法根据监测方法学及其工具和指南对项目实施监测，核证组是否向国家发展和改革委员会提出申请获得指导意见		

	审定要求	审定发现	审定结论
附2：备案项目变更审定清单（适用时）	**4.5 项目设计的变更**		
	4.5.1 是否存在拟议的或实际的项目设计上的变更		
	4.5.2 该变更是否会引起项目规模、额外性、方法学的适用性以及监测与监测计划的一致性发生变化，从而影响之前审定的结论，如是，核证组是否出具负面的核证意见		
附3：不符合、澄清要求及进一步行动要求清单	不符合、澄清要求及进一步行动要求	项目业主原因分析及回复	项目业主原因分析及回复